Aspekte der Mathematik

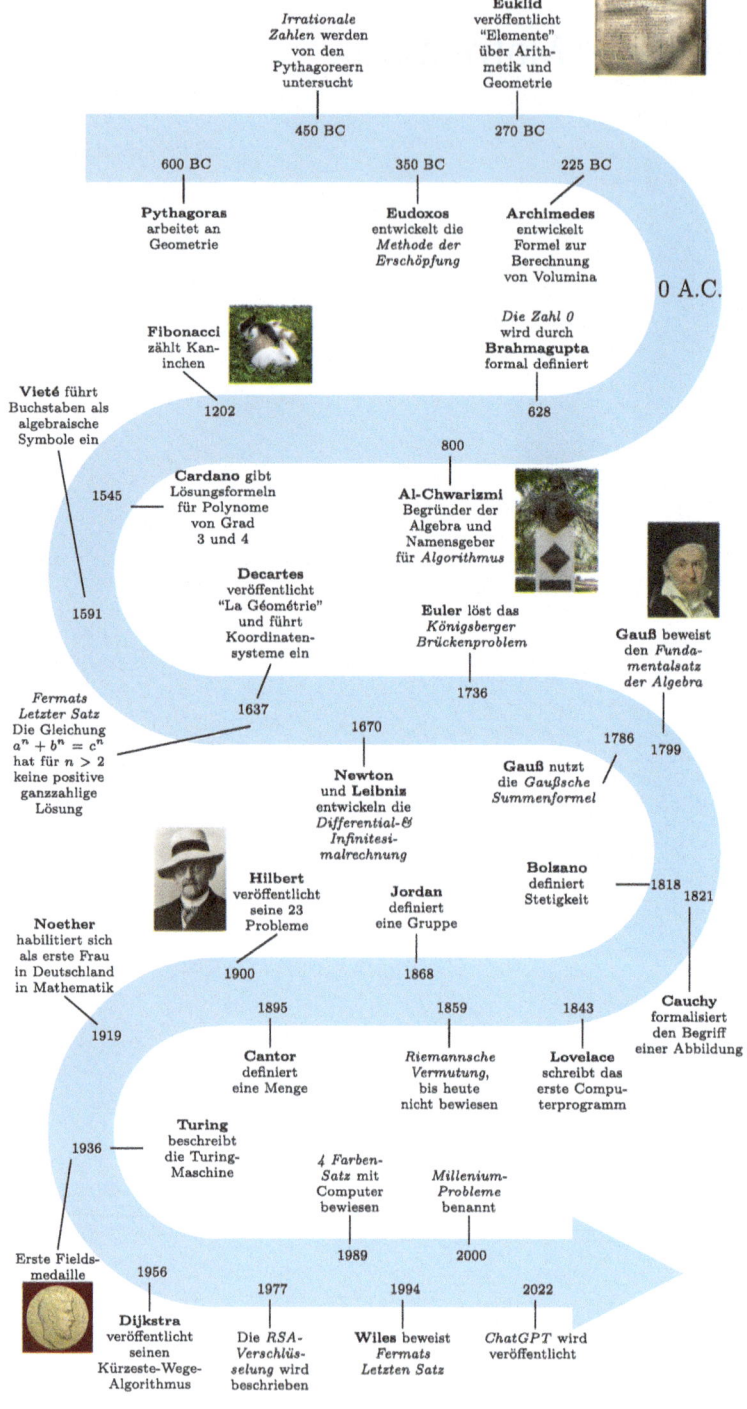

Ghislain Fourier · Verity Mackscheidt ·
Petra Schwer

Aspekte der Mathematik

Ein Buch zum Entdecken und
Weiterdenken

Ghislain Fourier
Fachgruppe Mathematik
RWTH Aachen University
Aachen, Deutschland

Verity Mackscheidt
Fachgruppe Mathematik
RWTH Aachen University
Aachen, Deutschland

Petra Schwer
Institut für Mathematik
Universität Heidelberg
Heidelberg, Deutschland

ISBN 978-3-662-70922-1   ISBN 978-3-662-70923-8   (eBook)
https://doi.org/10.1007/978-3-662-70923-8

Die Deutsche Nationalbibliothek verzeichnet diese Publikation in der Deutschen Nationalbibliografie; detaillierte bibliografische Daten sind im Internet über https://portal.dnb.de abrufbar.

© Der/die Herausgeber bzw. der/die Autor(en), exklusiv lizenziert an Springer-Verlag GmbH, DE, ein Teil von Springer Nature 2025

Das Werk einschließlich aller seiner Teile ist urheberrechtlich geschützt. Jede Verwertung, die nicht ausdrücklich vom Urheberrechtsgesetz zugelassen ist, bedarf der vorherigen Zustimmung des Verlags. Das gilt insbesondere für Vervielfältigungen, Bearbeitungen, Mikroverfilmungen und die Einspeicherung und Verarbeitung in elektronischen Systemen.
Die Wiedergabe von allgemein beschreibenden Bezeichnungen, Marken, Unternehmensnamen etc. in diesem Werk bedeutet nicht, dass diese frei durch jede Person benutzt werden dürfen. Die Berechtigung zur Benutzung unterliegt, auch ohne gesonderten Hinweis hierzu, den Regeln des Markenrechts. Die Rechte des/der jeweiligen Zeicheninhaber*in sind zu beachten.
Der Verlag, die Autor*innen und die Herausgeber*innen gehen davon aus, dass die Angaben und Informationen in diesem Werk zum Zeitpunkt der Veröffentlichung vollständig und korrekt sind. Weder der Verlag noch die Autor*innen oder die Herausgeber*innen übernehmen, ausdrücklich oder implizit, Gewähr für den Inhalt des Werkes, etwaige Fehler oder Äußerungen. Der Verlag bleibt im Hinblick auf geografische Zuordnungen und Gebietsbezeichnungen in veröffentlichten Karten und Institutionsadressen neutral.

Planung/Lektorat: Iris Ruhmann
Springer Spektrum ist ein Imprint der eingetragenen Gesellschaft Springer-Verlag GmbH, DE und ist ein Teil von Springer Nature.
Die Anschrift der Gesellschaft ist: Heidelberger Platz 3, 14197 Berlin, Germany

Wenn Sie dieses Produkt entsorgen, geben Sie das Papier bitte zum Recycling.

*Für Louie und Lili, weil ihr bald in die
Schule kommt.
Für die Entdeckerin in uns allen.
Für Raphael und Lucia, weil man nie genug
Bücher haben kann.*

Vorwort

Die Mathematik ist eine der ältesten und zugleich eine der aktuellsten und zukunftsweisendsten Wissenschaften. Sie hat die Menschheit seit jeher mit ihrer Fähigkeit, das Unbegreifliche zu erklären und das Unmögliche zu erreichen, fasziniert. In unserer zunehmend datengetriebenen Welt ist die Bedeutung der Mathematik unbestritten, da sie die Grundlage für Fortschritte in Wissenschaft, Technologie und Wirtschaft bildet. Doch trotz ihrer unbestreitbaren Relevanz wird die mathematische Ausbildung oft als herausfordernd und abstrakt wahrgenommen, insbesondere im Rahmen eines Lehramtsstudiums, das unter einer fortschreitenden Reduzierung von Inhalten leidet. Diese Entwicklungen und Beobachtungen motivierte die Entstehung dieses Buches, das aus Vorlesungen an der RWTH Aachen University und der OVGU Magdeburg hervorging. Beide Veranstaltungen offenbarten den dringenden Bedarf, das Lehrangebot in der Mathematik zu erweitern und zu vertiefen, um Studierenden ein umfassendes und kohärentes Bild dieser Disziplin zu vermitteln. Darüber hinaus sehen wir die Notwendigkeit interessierten Laien die Möglichkeit zu bieten einen umfassenden und zugänglichen Einblick in die Vielfalt der Mathematik zu bekommen.

Es ist unser Ziel, dass die Lesenden die Mathematik nicht nur als Werkzeug, sondern als lebendige und dynamische Wissenschaft erleben, die ständig neue Fragen aufwirft und zu kreativen Lösungen anregt. Mit diesem Buch bieten wir erste detaillierte Einblicke in die verschiedenen mathematischen Disziplinen und erläutern, wie diese sowohl in der akademischen Forschung als auch in realweltlichen Anwendungen genutzt werden können. Obwohl zahlreiche Werke tiefgehende Einblicke in spezifische mathematische Disziplinen bieten, existieren bislang nur wenige Quellen, die detaillierte, erste Einblicke in die gesamte Bandbreite der Mathematik kompakt zusammenführen, wie wir es hier anbieten. Dieses Buch soll nicht nur als Lehrmittel dienen, sondern Inspiration sein für eigene Projekte in der Mathematik.

Dieses Werk richtet sich an eine breite Zielgruppe: von (Lehramts-)studierenden im Bachelor-Studiengang über Mathematiklehrerinnen und -lehrer bis hin zu mathematisch Interessierten, die bereits über ein solides Grundwissen verfügen. Unser Anspruch ist es, ein tieferes Verständnis und eine größere Wertschätzung für Mathematik zu fördern, indem wir sowohl traditionelle als auch zeitgenössische mathematische Konzepte und Probleme aufgreifen. Wir präsentieren klassische

Fragen wie das Primzahlzwilling-Problem und moderne Herausforderungen wie das $P = NP$?-Problem, die nicht nur akademisch von Bedeutung sind, sondern auch praktische Relevanz in verschiedenen wissenschaftlichen und technologischen Feldern haben. Einige Lesende könnten Kapitel über Numerik, Statistik, Stochastik, Logik oder auch Finanzmathematik vermissen. Wir behalten uns vor, diese in späteren Editionen zu ergänzen. Für diese erste Edition haben wir uns jedoch aus Gründen der Kompaktheit dagegen entschieden, weitere Themen und Kapitel aufzunehmen.

Zusätzlich zu theoretischen Einblicken in die Mathematik enthält dieses Buch praxisnahe Anleitungen für Studierende, um ihre Fähigkeiten in der mathematischen Lektüre und Präsentation zu schärfen. Wir zeigen, wie mathematische Texte effektiv gelesen und verstanden werden können und was besonders beim Umgang mit komplexen Theorien und Beweisen hilfreich ist. Weiterhin bieten wir Ratschläge zur Vorbereitung und Durchführung mathematischer Vorträge, um Studierenden zu helfen, ihr Wissen klar und überzeugend zu präsentieren. Diese Anleitungen sind darauf ausgelegt, die Studierenden nicht nur zu befähigen, die Inhalte zu verstehen, sondern sie auch aktiv und selbstbewusst in verschiedenen akademischen Kontexten einzusetzen.

Darüber hinaus ist das Buch so gestaltet, dass es als umfassende Grundlage für Seminare und Proseminare dienen kann, die sich jeweils einem spezifischen Oberthema widmen. Jedes Kapitel behandelt ein Kernthema der Mathematik, wie Zahlentheorie oder Optimierung, und schließt mit kurzen Projektvorschlägen ab, die als Grundlage für Vorträge und Ausarbeitungen dienen. Diese Projekte sind dazu gedacht, die im Kapitel erörterten Konzepte praktisch zu vertiefen. Ausgewählte Projekte haben wir detailliert in Form von Jupyter-Notebooks ausgearbeitet, die ohne Vorkenntnisse in der Programmierung genutzt werden können. Alle Notebooks werden unter https://aspekte.rwth-aachen.de/ gemeinsam mit weiteren Materialien zum Buch frei zur Nutzung zur Verfügung gestellt und fortlaufend ergänzt. Diese Notebooks unterstützen das interaktive Visualisieren von und Experimentieren mit komplexen mathematischen Theorien und Modellen und erlauben den Einsatz von Computer-Algebra-Systemen, die über die Möglichkeiten herkömmlicher Taschenrechner hinausgehen. Durch diese praktische Anwendung können Studierende mathematische Konzepte nicht nur lernen, sondern sie auch aktiv umsetzen und erleben.

In den Anhängen des Buches finden sich detaillierte Zusammenstellungen von möglichen Seminaren zu Themen wie „Symmetrien", „Geschichten der Mathematik" oder „Mathematische Anwendungen". Jedes zusammengestellte (Pro-)Seminar bietet eine tiefgehende Exploration dieser Oberthemen durch eine sorgfältige Auswahl an spezifischen Inhalten und Fragestellungen, die sowohl historische Kontexte als auch moderne Anwendungen einbeziehen. Diese thematische Gliederung ermöglicht es den Studierenden, sich intensiv mit den vielschichtigen Aspekten eines Bereichs zu beschäftigen und fördert ein ganzheitliches Verständnis der mathematischen Prinzipien und deren Relevanz. Die (Pro)-Seminare sind so gestaltet, dass sie die Studierenden zur aktiven Teilnahme und Diskussion anregen und sie dazu motivieren, Verbindungen zwischen verschiedenen mathematischen Disziplinen und realweltlichen Anwendungen zu erkennen. Wir schlagen zu den einzelnen Kapiteln jeweils viele mögliche Projekte vor, so dass die Projekte auch selbst zu gewünschten Seminaren zusammengestellt werden können.

Wir hoffen mit diesem Buch ein breites Spektrum an Leser:innen zu erreichen und Sie für die unermessliche Tiefe und die Schönheit der Mathematik zu begeistern. Möge es Ihnen als Brücke dienen, über die Sie zu neuen Erkenntnissen und vielleicht sogar zu eigenen Beiträgen in der Welt der Mathematik gelangen.

Darüber hinaus möchten die Autor:innen den Studierenden der Vorlesung „Aspekte der Mathematik" im Wintersemester 2023/24 an der RWTH Aachen University für ihr umfangreiches und hilfreiches Feedback danken.

Aachen Ghislain Fourier
Heidelberg Verity Mackscheidt
Oktober 2024 Petra Schwer

Danksagung Die Autor:innen möchten sich ausdrücklich bei den Mitarbeitenden bedanken, die zur Erschließung und Ausarbeitung der Projekte beigetragen, die Kapitel Korrektur gelesen und sehr wertvolles Feedback geliefert haben. Ohne diese Rückmeldungen wäre das Buch nicht in seiner jetzigen Form möglich gewesen: Ibrahim Ahmad, Linda Biemans, Joa Fiege, Sebastian Ha, Carolin Heinen, Sydney Ligon, Jannika Lorenz, Lea Reiche, Anna Schilling, Raoul Schutzeichel Y Luqué, Isabelle Sedlaczek. Wir danken Bill Casselmann für die Bereitstellung der Abb. 2.1, 9.1 und 9.2. Abb. 10.7 wurde uns durch das Heidelberg Experimental Geometry Lab zur Verfügung gestellt und bei ein paar weiteren Bilder konnten wir von frei nutzbaren Bildern auf pixabay und Wikipedia profitieren.

Competing Interests Die Autor:innen haben keine für den Inhalt dieses Manuskripts relevanten Interessenkonflikte.

Inhaltsverzeichnis

1 Zahlentheorie 1
   1.1   Was ist Zahlentheorie? 1
   1.2   Wieso ist die Zahlentheorie wichtig? 12
   1.3   Was macht man mit Zahlentheorie? 13
   1.4   Ein Ausblick auf weitere Themen 17
   1.5   Projeke 18

2 Algebra 25
   2.1   Was ist Algebra? 25
   2.2   Womit beschäftigt sich die Algebra? 30
   2.3   Was macht man mit Algebra? 39
   2.4   Ein Ausblick auf weitere Themen 42
   2.5   Projekte 43

3 Lineare Algebra 47
   3.1   Was ist Lineare Algebra? 47
   3.2   Was macht man mit Linearer Algebra? 51
   3.3   Wie können wir in Linearer Algebra besser rechnen? 58
   3.4   Ein Ausblick auf weitere Themen 66
   3.5   Projekte 67

4 Gruppentheorie 71
   4.1   Was ist eine Gruppe? 71
   4.2   Wie kann man eine Gruppe angeben? 80
   4.3   Was macht man mit einer Gruppe? 86
   4.4   Ein Ausblick auf weitere Themen 89
   4.5   Projekte 89

5 Graphentheorie 93
   5.1   Was ist ein Graph? 93
   5.2   Wie kann man einen Graphen angeben? 99
   5.3   Was macht man mit Graphen? 102
   5.4   Ein Ausblick auf weitere Themen 109
   5.5   Projekte 110

6	**Optimierung**	115
	6.1 Was ist Optimierung?	115
	6.2 Wie formuliert man ein Optimierungsproblem?	117
	6.3 Was macht man mit Optimierung?	126
	6.4 Ein Ausblick auf weitere Themen	130
	6.5 Projekte	133
7	**Kombinatorik**	137
	7.1 Was ist Kombinatorik?	137
	7.2 Wie kann man Kombinatorik darstellen, welche Objekte gibt es?	141
	7.3 Was macht man mit Kombinatorik?	150
	7.4 Ein Ausblick auf weitere Themen	154
	7.5 Projekte	156
8	**Analysis**	161
	8.1 Was ist Analysis?	161
	8.2 Was sind bemerkenswerte Erkenntnisse der Analysis?	164
	8.3 Was macht man mit Analysis?	171
	8.4 Ein Ausblick auf weitere Themen	175
	8.5 Projekte	179
9	**Geometrie**	183
	9.1 Was ist Geometrie?	183
	9.2 Wie kann man geometrische Objekte angeben?	190
	9.3 Wo begegnet uns Geometrie?	200
	9.4 Ein Ausblick auf weitere Themen	203
	9.5 Projekte	205
10	**Topologie**	209
	10.1 Was ist Topologie?	209
	10.2 Welche Objekte spielen in der Topologie eine Rolle?	216
	10.3 Was macht man mit Topologie?	225
	10.4 Ein Ausblick auf weitere Themen	228
	10.5 Projekte	230
A Vorschläge für Querschnitts-Seminare		233
B Wie liest man mathematische Texte?		249
Literatur		257

Zahlentheorie

Die Zahlentheorie ist ein Fachbereich der Mathematik, der sich – wie der Name bereits sagt – mit Zahlen beschäftigt. Zahlen bilden seit Jahrtausenden die Basis für unser Zählen und Rechnen, und wurden entsprechend früh hinsichtlich verschiedener Fragestellungen untersucht. Hierbei kann es um Eigenschaften von Zahlen oder Zahlbereichen gehen, wie auch um Beziehungen von Zahlen miteinander.

1.1 Was ist Zahlentheorie?

Gegenstand des Interesses der Zahlentheorie sind also Zahlen und Zahlbereiche. Es gibt verschiedene Zweige der Zahlentheorie, die sich insbesondere in ihrer Herangehensweise unterscheiden:

1. Die *elementare Zahlentheorie:* Sie hat ihren Ursprung bereits in der Antike und beschäftigt sich mit der reinen Untersuchung von Zahlen und dem Rechnen, also der Arithmetik. Ein wesentliches Resultat, welches auch *Fundamentalsatz der Arithmetik* genannt wird, ist die *Primfaktorzerlegung:* Jede natürliche Zahl lässt sich als Produkt von Primzahlen darstellen. Zur Erinnerung: Eine Primzahl ist eine natürliche Zahl, die nur sich selbst und $1 \in \mathbb{N}$ als Teiler besitzt. Wir können also jede Zahl in kleinere und nicht weiter zerlegbare Bausteine zerlegen. Diese Bausteine sind genau die Primzahlen. Das ist einer der Gründe für die Relevanz und häufige Untersuchung von Primzahlen ist. Auch bekannte Teilbarkeitskonzepte wie der größte gemeinsame Teiler, oder das kleinste gemeinsame Vielfache, fallen in den Bereich der elementaren Zahlentheorie.

Beispiel: Primfaktorzerlegung
Jede natürliche Zahl kann also in ein Produkt von Primzahlen zerlegt werden. Das sieht wie folgt aus:

- $8 = 2 \cdot 2 \cdot 2$,
- $314 = 2 \cdot 157$,
- $56.782 = 2 \cdot 11 \cdot 29 \cdot 89$.

Denkanstoß
Überlegen Sie sich, ob die Primfaktorzerlegung einer natürlichen Zahl eindeutig ist.

Während die Primfaktorzerlegung der 8 schnell zu berechnen ist, werden Sie sich möglicherweise bei der zweiten Rechnung des Beispiels bereits Gedanken machen müssen, ob 157 eine Primzahl ist oder weiter zerlegt werden kann. Mit größer werdenden Zahlen wird auch die Bestimmung der Primfaktorzerlegung schwieriger: Die Zerlegung von 56.782 haben Sie vermutlich nicht schnell im Kopf gemacht. Dabei kann der nächste Zweig der Zahlentheorie helfen:

2. Die *algorithmische Zahlentheorie:* Einhergehend mit dem rasanten technologischen Fortschritt fragte man sich, wie man Probleme aus der Zahlentheorie mit Hilfe des Computers lösen kann. Eine wichtige Fragestellung hierbei ist die Suche nach einem effizienten Algorithmus, der die Primfaktorzerlegung einer gegebenen Zahl schnell bestimmen kann oder für eine gegebene Zahl entscheiden kann, ob diese prim ist. Dennoch beschränkt sich die algorithmische Zahlentheorie keinesfalls nur auf die Betrachtung von Primzahlen.
3. Die *analytische Zahlentheorie:* Hierbei werden Fragestellungen aus der Zahlentheorie mit Hilfe analytischer Methoden untersucht, was auf Euler im 18. Jahrhundert zurückgeht. Unter anderem kann man mit diesen Methoden auch Zahlen jenseits der natürlichen Zahlen, wie z. B. π oder e, untersuchen.
4. Die *algebraische Zahlentheorie:* Hier wird die Zahlentheorie mit Algebra kombiniert. Unter anderem geht es darum, Zahlbereiche so zu erweitern, dass bestimmte Gleichungen lösbar sind.

Denkanstoß
Einige Resultate der elementaren Zahlentheorie kennen Sie bereits aus der Vorlesung zur Linearen Algebra. Dazu gehören zum Beispiel auch der Euklidische Algorithmus und der Chinesische Restsatz. Schauen Sie sich diese beiden Resultate als Wiederholung an.

1.1.1 Der Beginn der Zahlentheorie: „Alles ist Zahl"

Der Ursprung der Zahlentheorie ist im alten Griechenland zu finden: Pythagoras gilt als Begründer der Zahlentheorie. Im 6. Jahrhundert v. Chr. sammelte er auf Reisen Wissen über Zahlen und über das Rechnen. Das Wissen, das bis dahin als gegeben angenommen wurde, hinterfragte er und wollte verstehen, wie und warum das Rechnen funktioniert. Entsprechend sah er Zahlen nicht nur als solche, sondern wollte ihre Eigenschaften untersuchen, zum Beispiel indem er Muster erkannte. Um ihn herum formierte sich eine Gruppe von Personen, die solche Untersuchungen durchführte: *Pythagoras' Schule*. Dort wurde die Hypothese formuliert, man könne die „geistigen Geheimnisse des Universums" aufdecken, wenn man Erkenntnisse über Zahlen und das Rechnen sammelt. So wurden verschiedene Anwendungen von Zahlen in diversen Bereichen entdeckt: Ein Beispiel dafür sind Harmonien in der Musik. Akkorde klingen für uns gut, weil die darin vorhandenen Töne harmonieren. Andere spannende Anwendungen von Zahlen im alltäglichen Leben liefert die interessante Zahl π, die Sie im Projekt Nr. 1.1 kennen lernen können, auch wenn diese Zahl noch nicht Gegenstand der Untersuchungen von Pythagoras' Schule war. Pythagoras' Schule beschäftigte sich nämlich zuerst mit natürlichen Zahlen, da diese zum Zählen genutzt wurden und entsprechend die meisten Rechnungen aus dieser Zeit mit natürlichen Zahlen auskamen. Auf natürliche Weise entwickelte sich hierdurch auch die Betrachtung ganzer und rationaler Zahlen, zum Beispiel um Schulden und Verhältnisse von Zahlen zueinander darstellen zu können.

Auf Pythagoras geht der Ausdruck „Alles ist Zahl" zurück, mit dem er und seine Schule die Bedeutung der Mathematik, insbesondere der Zahlen, in anderen Bereichen herausstellte. Er führte an, das Universum sei von Zahlen beherrscht – und das, obwohl zu dem Zeitpunkt die *Zahlen* nur ganze und rationale Zahlen umfassten, und entsprechend all die Anwendungen von π in der Natur noch unentdeckt waren.

Ein Bereich der Arbeit von Pythagoras befasste sich mit *vollkommenen Zahlen*, die auch *perfekte Zahlen* genannt werden.

> **Definition: Vollkommene Zahl**
> Eine natürliche Zahl wird *vollkommene* (oder perfekte) Zahl genannt, wenn sie gleich der Summe all ihrer Teiler außer sich selbst ist.

Die ersten vollkommenen Zahlen sind $6 = 1 + 2 + 3$ und $28 = 1 + 2 + 4 + 7 + 14$. Die nächsten vollkommenen Zahlen lauten 496 und 8.128. Im Mittelalter wurden vollkommene Zahlen mit Höherem in Verbindung gebracht: Im Rahmen der biblischen Exegese habe Gott die Welt in sechs Tagen erschaffen, und die Vollkommenheit der Zahl 6 unterstreiche dies. Die zweite vollkommene Zahl, nämlich 28, ist gerade die Anzahl der Tage, die der Mond braucht, um die Erde zu umkreisen.

Nach Pythagoras beschäftigten sich weitere Personen mit den vollkommenen Zahlen, unter ihnen Euklid. Er beschäftigte sich mit der Frage, ob vollkommene Zahlen immer von einer bestimmten Form seien und dadurch geschlossen angegeben werden können. Ebenfalls führt das Konzept der vollkommenen Zahlen mit leichten Abwandlungen zu weiteren Zahlkonzepten, darunter abundante Zahlen (Summe der echten Teiler größer als die Zahl selbst) und defiziente Zahlen (Summe der echten Teiler kleiner als die Zahl selbst). Mehr zu vollkommenen Zahlen erfahren Sie im Projekt Nr. 1.2 und im verwandten Projekt Nr. 1.7, in dem es um sogenannte Mersenne-Primzahlen geht. Diese hängen mit der Formel für vollkommene Zahlen zusammen, die Euklid zu finden versuchte.

Von vollkommenen Zahlen zurück zu Pythagoras und seinem wohl bekanntesten Resultat: Dem *Satz des Pythagoras* (vgl. auch Abschn. 2.1). Gegeben sei ein rechtwinkliges Dreieck. Seien a und b die Längen der Seiten des Dreiecks, die am rechten Winkel liegen (Katheten), und sei c die Länge der Seite, die dem rechten Winkel gegenüber liegt (Hypotenuse), so gilt

$$a^2 + b^2 = c^2. \tag{1.1}$$

Anders ausgedrückt: Der Flächeninhalt des Quadrats, das durch die Hypotenuse definiert ist, ist gleich der Summe der Flächeninhalte der Quadrate, die durch die Katheten definiert sind (siehe Abb. 1.1).

Dieser Zusammenhang war nach heutigen Erkenntnissen bereits einige Zeit vor Pythagoras bekannt, nämlich in Babylon und Indien. Dennoch ist der Satz nach Pythagoras benannt, weil diesem der erste universelle Beweis des Satzes zugeschrieben wird. Dies konnte historisch nicht eindeutig belegt werden; Aufzeichnungen zufolge sollen 100 Ochsen geopfert worden sein, um Pythagoras' Beweis zu feiern.

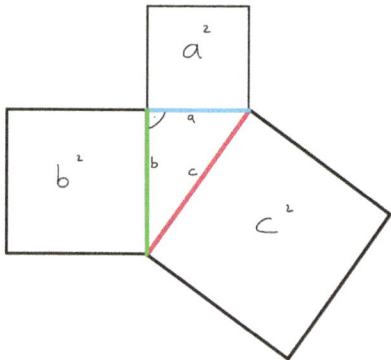

Abb. 1.1 Satz des Pythagoras

1.1 Was ist Zahlentheorie?

> **Satz des Pythagoras: Eine Anwendung**
> Der Satz des Pythagoras ist mehr als eine Formel zur Berechnung von Flächeninhalten: Er kann auch genutzt werden, um nachzuweisen, dass Dreiecke rechtwinklig sind. Das ist beispielsweise bei der Konstruktion von Ecken in Wohnungen wichtig, da Wände sonst schief laufen und Teppiche nicht gerade verlegt werden können. Hier wird die sogenannte $3-4-5$-*Regel* genutzt, die auf dem Satz des Pythagoras aufbaut:
> Bei einem Dreieck mit Kantenlängen 3, 4 und 5 Maßeinheiten handelt es sich zwangsläufig um ein rechtwinkliges Dreieck, bei dem sich der rechte Winkel zwischen den beiden kürzeren Seiten befindet. Setzen wir nämlich in Pythagoras' Formel 1.1 für $a=3$, $b=4$ und $c=5$ ein, so sehen wir, dass dieses Tripel den Satz des Pythagoras erfüllt. Somit eignet sich ein Dreieck dieser Größe als Testmaß, ob eine Ecke einen rechten Winkel besitzt: Bei der Konstruktion von Ecken kann man also ein solches Dreieck einfügen und erhält automatisch einen rechten Winkel.

Mittlerweile ist bekannt, dass es unendlich viele natürliche Zahlen (a, b, c) gibt, die der Gleichung $a^2 + b^2 = c^2$ genügen. Diese Erkenntnis geht auf Euklid im 3. Jahrhundert v. Chr. zurück. Später werden wir uns anschauen, wie eine versuchte Verallgemeinerung des Satzes des Pythagoras die mathematische Welt für Jahrhunderte fesselte (*Fermats letzter Satz,* Abschn. 1.1.4), doch zuvor wollen wir die Entwicklung der Zahlentheorie weiter verfolgen. Hier wird uns Euklid wieder begegnen.

1.1.2 Über rationale Zahlen hinaus

In den Anfängen der Zahlentheorie wurden also ausschließlich ganze Zahlen und rationale Zahlen betrachtet. Die Betrachtung von Zahlen erweiterte Euklid im 3. Jahrhundert v. Chr. um irrationale Zahlen: Er entdeckte, dass es Zahlen gab, die über unendlich viele Dezimalstellen verfügen, ohne dass diese Dezimalstellen einem bestimmten Muster folgen. Das bedeutet, dass die Darstellungen solcher Zahlen unendlich lang und nicht periodisch sind. Entsprechend sind diese Zahlen nicht als Bruch darstellbar. Euklid bewies beispielsweise, dass $\sqrt{2}$ irrational ist.

> **Denkanstoß**
> Beweisen Sie, dass $\sqrt{2}$ irrational ist.

Die wohl bekannteste irrationale Zahl ist π. Diese Zahl wurde zuerst dadurch hergeleitet, dass sie das Verhältnis vom Umfang zum Durchmesser eines Kreises bestimmt,

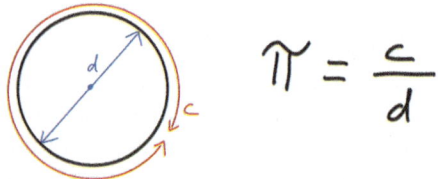

Abb. 1.2 Definition der Zahl π

weshalb π auch *Kreiszahl* genannt wird (siehe Abb. 1.2). Auch der Name der Zahl π, *Pi*, kommt von dieser Herleitung: Es ist der erste Buchstabe des griechischen Wortes περίμετρος (perímetros), was Umfang bedeutet.

Dieses Verhältnis von Umfang und Durchmesser war bereits in der Antike von Interesse. Damals wurde die Zahl π als $\left(\frac{16}{9}\right)^2$ angegeben, was ungefähr $3,1605$ entspricht und bereits eine brauchbare Näherung für π ($3,14159265358979323846\ldots$) darstellt. Da π unendlich viele Dezimalstellen besitzt, die sich nicht periodisch wiederholen, ist es unmöglich, π als Dezimalzahl jemals genau zu kennen. Dennoch ist merklich, wie sehr uns der technologische Fortschritt hilft, um mehr Dezimalstellen von π mittels Computer zu berechnen.

> **Denkanstoß**
> Recherchieren Sie, wo der aktuelle Rekord bei der Berechnung von π liegt.

Darüber hinaus ist an der Zahl π Folgendes interessant: Auch wenn wir sie nie als Dezimalzahl genau angeben werden können, so können wir trotzdem eine interessante Formel aufstellen, die uns π genau liefert:

$$\pi = 4 \cdot \left(\frac{1}{1} - \frac{1}{3} + \frac{1}{5} - \frac{1}{7} + \frac{1}{9} - \frac{1}{11} \pm \ldots \right). \tag{Gl. 1}$$

Die Zahl π kann durch diese Gleichung genau angegeben werden. Hierbei fällt jedoch auf, dass die Gleichung unendlich viele Terme besitzt, und in der Tat ist dies auch notwendig: π ist eine sogenannte *transzendente Zahl*. Das impliziert, dass π niemals Nullstelle eines Polynoms mit rationalen Koeffizienten sein kann, also niemals durch eine rationale Gleichung wie Gl. 1 angegeben werden kann, solange diese Gleichung nur endlich viele Terme besitzt.

In Projekt Nr. 1.1 lernen Sie mehr über die historische Annäherung an π, sowie über verschiedene Anwendungen dieser interessanten Zahl, beispielsweise in der Natur.

Bis zur Renaissance herrschte die Ansicht, damit seien alle Zahlen ergründet worden und lägen somit alle auf der Zahlengerade: Beginnend mit ganzen Zahlen, über rationale Zahlen als deren Quotienten, hin zu irrationalen Zahlen wie $\sqrt{2}$, π oder e. Doch es konnten mit diesen Zahlbereichen nicht alle Fragen beantwortet werden:

Was ist die Lösung der Gleichung $x^2 = -1$? Diese Frage führte zur Definition einer neuen Zahl, der *imaginären Einheit i*, die genau diese Gleichung löst ($i^2 = -1$) und darüber zu den *komplexen Zahlen* $\mathbb{C}$ als neuen Zahlbereich. Die komplexen Zahlen sind *algebraisch abgeschlossen*. Das bedeutet, dass jede algebraische Gleichung von positiven Grad eine Lösung über den komplexen Zahlen besitzt. Dies unterscheidet die komplexen Zahlen wesentlich von den reellen Zahlen, wo z. B. die oben genannte Gleichung $x^2 = -1$ keine Lösung besitzt; über den komplexen Zahlen ist ihre Lösung also $x = i$.

1.1.3 Untersuchungen bekannter Zahlen

Nun, da wir die historische Annäherung an die verschiedenen Zahlbereiche kennengelernt haben, möchten wir uns einige Aspekte von bestimmten Zahlen anschauen, die im Laufe der Zeit untersucht wurden.

Bereits gesehen haben wir die *vollkommenen Zahlen*, die auf Pythagoras zurückgehen. Das waren die Zahlen, die der Summe ihrer von sich selbst verschiedenen Teiler entsprachen. Ein ähnliches Konzept entwickelte Pierre de Fermat etwa zwei Jahrtausende später:

Definition: Befreundete Zahlen
Zwei natürliche Zahlen x und y heißen *befreundet*, wenn die Summe der von x verschiedenen Teiler von x gleich y ist, und gleichzeitig die Summe der von y verschiedenen Teiler von y gleich x ist.

Beispiel: Befreundete Zahlen
Die Zahlen 220 und 284 sind befreundet:

- Die von 220 verschiedenen Teiler von 220 sind 1, 2, 4, 5, 10, 11, 20, 22, 44, 55 und 110. Deren Summe ist 284.
- Die von 284 verschiedenen Teiler von 284 sind 1, 2, 4, 71 und 142. Deren Summe ist 220.

Im Mittelalter soll es Amulette gegeben haben, auf denen diese Zahlen abgebildet waren. Diese Amulette sollen als Talismane getragen worden sein.

Fermat beschäftigte sich im Allgemeinen viel mit Zahlen. Von ihm stammt zum Beispiel auch die Aussage, dass die Zahl 26 die einzige Zahl ist, die zwischen einer Quadratzahl ($25 = 5^2$) und einer Kubikzahl ($27 = 3^3$) liegt. Beweise zu den von ihm aufgestellten Aussagen veröffentliche er jedoch selten: Meist forderte er andere

Personen auf, Beweise für seine Aussagen zu finden. Dazu schauen wir uns im Folgenden ein prominentes Beispiel an, das die Welt der Mathematik für Jahrhunderte beschäftigt hat: *Fermats letzten Satz*.

1.1.4 Fermats letzter Satz

Eins der bedeutsamsten Rätsel der modernen Mathematik ist *Fermats letzter Satz* (auch *Großer Satz von Fermat*), also der letzte Satz, der von Pierre de Fermat Im Jahr 1637 aufgestellt wurde. Fermat hat die Aussage jedoch nur aufgestellt und keinen Beweis veröffentlicht, obwohl er behauptete, einen solchen zu kennen. Aus diesem Grund war Fermats letzter Satz für eine sehr lange Zeit als *Fermats letzte Vermutung* bekannt, bis Andrew Wiles im Jahr 1994 – also nach mehr als drei Jahrhunderten – ein Beweis gelang. Doch was macht Fermats letzten Satz so besonders?

Fermats letzten Satz zeichnet aus, dass seine Formulierung sehr einfach ist, und der Beweis dennoch über 300 Jahre nicht gefunden wurde. Er wird auch als „Himalayagipfel der Zahlentheorie"[1] bezeichnet. Das Fundament für Fermats letzten Satz bildet der Satz des Pythagoras, den wir früher in diesem Kapitel bereits gesehen haben:

Satz des Pythagoras
In einem rechtwinkligen Dreieck mit Katheten x und y sowie Hypotenuse z gilt $x^2 + y^2 = z^2$.

Euklid fand im 3. Jahrhundert v. Chr. heraus, dass es unendlich viele ganzzahlige Lösungen zu ebendieser Gleichung gibt. Fermat versuchte nun, die Gleichung zu verallgemeinern, indem er höhere Exponenten wählte. Dennoch fand er auch nach vielen Versuchen dann keine ganzzahligen Lösungen zu den Gleichungen mehr, weshalb er im Jahr 1637 folgenden Satz formulierte:

Fermats letzter Satz
Für natürliche Zahlen $n > 2$ gibt es keine ganzzahligen Lösungen x, y, z für die Gleichung $x^n + y^n = z^n$.

---

[1] So bezeichnet im Buch „Fermats letzter Satz" von Simon Singh.

1.1 Was ist Zahlentheorie?

Ausgehend von der Gleichung $x^2 + y^2 = z^2$, die unendlich viele ganzzahlige Lösungen besitzt, werden nun also unendlich viele Gleichungen betrachtet:

$$x^3 + y^3 = z^3$$
$$x^4 + y^4 = z^4$$
$$\ldots\ldots$$
$$x^{527} + y^{527} = z^{527}$$
$$\ldots\ldots$$

Fermat behauptete, dass keine einzige dieser unendlich vielen Gleichungen auch nur eine ganzzahlige Lösung besitzt. So verblüffend diese Aussage auch klingt, so leicht ist sie jedoch auch verständlich. Vor seinem Tod schrieb Fermat, er hätte einen Beweis zu dieser Vermutung, aber er veröffentlichte ihn nie. Trotz der klaren Formulierung der Aussage gelang für eine lange Zeit niemandem ein Beweis. Fermats letzte Vermutung stand über 350 Jahre im Raum, und es gab eine Vielzahl an fehlgeschlagenen Beweisversuchen.

In 350 Jahren geschehen in anderen Bereichen rasante Fortschritte – überlegen Sie mal, wie schnell der technologische Fortschritt im Bereich Computer und Internet allein in den letzten 20 Jahren voran ging. In anderen Bereichen der Mathematik geschahen in dieser Zeit auch Weiterentwicklungen, darunter in der Logik: Wurde zunächst jeder Aussage ein eindeutiger Wahrheitswert (*wahr* oder *falsch*) zugeordnet, so wurde in der Zwischenzeit herausgefunden, dass es auch Fragestellungen gibt, die unentscheidbar sind. Darunter fällt zum Beispiel:

In der Stadt Sevilla rasiert der Barbier alle Männer, die sich nicht selbst rasieren. Frage: Rasiert der Babier sich dann selbst oder nicht?

Wenn Sie darüber nachdenken, stellen Sie fest, dass diese Frage unentscheidbar ist. Entsprechend tat sich mit dieser Erkenntnis eine weitere Möglichkeit auf: Fermats letzte Vermutung könnte unentscheidbar sein, das heißt, es wäre möglich, dass man ihr keinen Wahrheitswert zuordnen kann.

Dennoch – oder vielleicht gerade deshalb – faszinierte die Aussage von Fermat die Mathematik über Jahrhunderte. Es soll sogar ein Graffiti in der New Yorker U-Bahn gegeben haben, das da las: „There is no solution for $x^n + y^n = z^n$". Einige Länder haben Briefmarken herausgegeben von Fermat und seiner letzten Vermutung (vgl. Abb. 1.3).

Fortschritte auf dem Weg zu einem Beweis waren schleppend, und es gab verschiedene Überlegungen, die jedoch nicht in der Gänze zielführend waren. So war eine Herangehensweise, die Exponenten $n > 2$ zunächst auf die Primzahlen einzuschränken, da diese aufgrund der Primfaktorzerlegung auch beliebige Exponenten liefern können. Dieser Ansatz, ebenso wie viele Weitere, führte jedoch nicht zu einem Beweis. Es stellte sich später heraus, dass neue Werkzeuge geschaffen werden mussten, um Fermats letzten Satz letztlich beweisen zu können. Trotz der einfachen Formulierung bedarf es also höchsten mathematischen Kenntnissen, um den Satz zu beweisen. Dies gelang letztlich Andrew Wiles (vgl. Abb. 1.4).

Abb. 1.3 Tschechische Briefmarke zu Fermats letztem Satz. (Quelle: Z. Ziegler, M. Ondrachek, https://commons.wikimedia.org/wiki/File:Czech_stamp_2000_m259.jpg, „Czech stamp 2000 m259", als gemeinfrei gekennzeichnet, Details auf Wikimedia Commons)

Abb. 1.4 Andrew Wiles vor der Statue von Pierre de Fermat in Beaumont-de-Lomagne (Oktober 1995). (Quelle: Klaus Barner, https://commons.wikimedia.org/wiki/File:Wiles_vor_Sockel.JPG, „Wiles vor Sockel", https://creativecommons.org/licenses/by-sa/3.0/legalcode)

Wiles beschäftigte sich bereits in seiner Schulzeit mit mathematischen Rätseln und war früh fasziniert von Fermats letzter Behauptung. Diese verstand er bereits in jungen Jahren und je mehr Mathematik er lernte, desto faszinierter war er davon, dass es nach wie vor keinen Beweis und keine Widerlegung für diese gut verständliche Vermutung gab. Seine Faszination führte dazu, dass er über Jahre hinweg an einem Beweis arbeitete. Hierbei legte er die in der Mathematik untypische Arbeitsweise an den Tag, allein an einem Beweis zu arbeiten und sich zu seinen Ideen nicht auszutauschen. Insgesamt arbeitete Wiles sieben Jahre lang im Geheimen an einem Beweis, den er letztlich im Jahr 1993 vorstellte.

Eine faszinierte Menge von Menschen aus verschiedensten Bereichen der Mathematik hörte sich den Vortrag von Andrew Wiles über seinen Beweis von Fermats letztem Satz an. Danach erschien Wiles auf den Titelseiten namhafter Zeitungen wie der New York Times, Le Monde, und The Guardian, die üblicherweise der reinen Mathematik keinen Platz bieten. Das People Magazin führte Wiles in ihrer Liste der 25 faszinierendsten Menschen des Jahres, wo Wiles' Name gemeinsam mit Prinzessin Diana und Oprah Winfrey geführt wurde.

Nach Wiles' Vortrag über seinen Beweis ging die zugrunde liegende Arbeit in einen Review-Prozess, bevor sie veröffentlicht werden sollte. Dies ist eine gängige Praxis in der Wissenschaft, bei der Artikel und andere wissenschaftliche Arbeiten von weiteren Personen geprüft und qualitätsgesichert werden. Durch die jahrelange Arbeit an dem Thema war Wiles ein so großer Experte geworden, dass die im Review-Prozess involvierten Personen einen hohen Aufwand hatten, sich zur Genüge in Wiles' Arbeit einzuarbeiten. Nach einem halben Jahr der Schreckensmoment für Wiles: Im Rahmen des Review-Prozesses war in seiner jahrelangen Arbeit ein Fehler entdeckt worden. Sein Beweis funktionierte nicht, und Fermats letzter Satz war wieder eine Vermutung. Doch Wiles war sich sicher, dass er den Fehler im Beweis beheben konnte, und tatsächlich: Ein Jahr danach, im Jahre 1994, stellte Andrew Wiles einen korrekten Beweis für Fermats letzten Satz vor. Dafür erhielt er den Abel-Preis, einen der renommiertesten Preise innerhalb der Mathematik, und wurde zum Ritter geschlagen.

In der Tat greift der Beweis von Wiles auf viele Bereiche und Erkenntnisse der Mathematik zurück, die zu Zeiten Fermats noch nicht bekannt waren. Er baut auf sogenannten elliptischen Kurven auf und arbeitet mit Modularität; es gehen zum Beispiel die Taniyama-Shimura-Weil-Vermutung oder das Theorem von Ribet in den Beweis ein. Ob Fermat tatsächlich, wie er behauptete, selbst einen Beweis für seinen letzten Satz besaß, ist nicht geklärt.

Somit gilt Fermats letzter Satz als mathematisches Rätsel, das am härtesten und längsten umkämpft war.

> **Denkanstoß**
>
> Wie Sie aus dieser kurzen Darstellung entnehmen können, hat Fermats letzter Satz die Welt der Mathematik für eine lange Zeit beschäftigt. Bei weiterem Interesse an dem Thema können Sie auch in die folgenden Quellen schauen:
>
> - Das Buch „Fermats letzter Satz" von Simon Singh. In diesem Buch wird nicht nur Fermats letzter Satz und die Geschichte dahinter durchleuchtet, sondern es werden auch weitere Meilensteine und Fragen der Zahlentheorie besprochen.
> - Die BBC-Horizon-Dokumentation „Fermat's Last Theorem" von Lohn Lynch.

1.2 Wieso ist die Zahlentheorie wichtig?

Zahlen bilden seit Jahrtausenden das Fundament zu vielen Bereichen des Lebens: Sie ermöglichen bereits sehr früh das Vermessen von Ländern oder auch den Handel, und auch heutzutage machen Berechnungen einen großen Teil jedes wirtschaftswissenschaftlichen Studiums aus. In Kunst und Natur finden wir Zahlen wieder, wie z. B. die Kreiszahl π (vergleiche Projekt 1.1). Durch den rasanten technologischen Fortschritt ergeben sich auch weitere Anwendungen der Zahlentheorie, wie z. B. in der Kryptographie, die wir uns im folgenden Abschn. 1.3 als Anwendungsbeispiel anschauen werden. Zunächst kehren wir jedoch zu den Primzahlen zurück:

Wie anfangs beschrieben sind Primzahlen von großer Bedeutung, da diese über die Primfaktorzerlegung als Bausteine der natürlichen Zahlen angesehen werden können. Auch werden Primzahlen in der Kryptographie genutzt, wie wir später sehen werden. Entsprechend sind Primzahlen auch innerhalb der Zahlentheorie von besonderem Interesse. Ein wichtiges Resultat geht auf Euklid zurück: Es gibt unendlich viele Primzahlen.

> **Exkurs: Größte bekannte Primzahl**
>
> Obwohl es bewiesenermaßen unendlich viele Primzahlen gibt, sind diese noch nicht alle bekannt. Die größte aktuell bekannte Primzahl besitzt mehr als 41 Mio. Stellen und wurde im Oktober 2024 vom Hobby-Mathematiker Luke Durant aus den USA entdeckt. Die entdeckte Primzahl ist damit über 16 Mio. Stellen größer als die bis dato größte bekannte Primzahl, die im Jahr 2018 entdeckt wurde.

Darüber hinaus gibt es eine Vielzahl von Resultaten dazu, wie Primzahlen darstellbar sind:

- Jede Primzahl $p \neq 2$ hat entweder die Form $4n + 1$ oder $4n + 3$ für eine natürliche Zahl n.
- Jede Primzahl $p \neq 3$ hat entweder die Form $3n + 1$ oder $3n + 2$ für eine natürliche Zahl n.
- Jede Primzahl $p > 3$ hat entweder die Form $6n + 1$ oder $6 - 1$ für eine natürliche Zahl n.
- Wenn eine Primzahl $p > 2$ von der Form $4n + 1$ für eine natürliche Zahl n ist, so lässt sich diese als Summe zweier Quadratzahlen darstellen (z. B. $5 = 1^2 + 2^2$ oder $13 = 2^2 + 3^2$).

Unter Kenntnis dieser Formen können Primzahlen auch hergeleitet werden. Mit wachsender Rechenkapazität von Computern ist es also möglich, immer größere Primzahlen kennen zu lernen: Während im Jahr 1588 die größte bekannte Primzahl noch 6 Dezimalziffern besaß, so besitzt die größte bekannte Primzahl aus dem Jahr 2018 bereits 24.862.048 Dezimalziffern.

Ebenfalls lassen sich sogenannte *Primzahlzwillinge* definieren:

Definition: Primzahlzwillinge
Zwei Primzahlen p_1 und p_2 (o. B. d. A. $p_2 > p_1$) heißen *Primzahlzwillinge*, wenn ihre Differenz $p_2 - p_1 = 2$ beträgt.

Die ersten Primzahlzwillinge lauten 3 und 5, 5 und 7 sowie 11 und 13. Es ist noch nicht geklärt worden, ob es unendlich viele Primzahlzwillinge gibt. Mehr zu Primzahlzwillingen können Sie in Projekt 1.5 erfahren.

Im Folgenden möchten wir uns nun mit einem Anwendungsbeispiel der Zahlentheorie und insbesondere von Primzahlen befassen, das verdeutlicht, warum Zahlen nicht nur in der Theorie interessant sind.

1.3 Was macht man mit Zahlentheorie?

Als Anwendungsbeispiel für die Zahlentheorie möchten wir uns nun die Kryptographie ansehen. In der Kryptographie geht es darum, dass zwei Personen Nachrichten austauschen können, ohne dass eine räumliche Nähe oder Sichtbarkeit dieser Personen besteht, und zwar auf eine Art und Weise, dass Dritte diese Nachrichten nicht verstehen. Eine historisch wichtige Anwendung hiervon stellen Nachrichten im Krieg dar, bei denen verschiedene Stationen einer Kriegspartei Nachrichten aneinander übermitteln können, ohne dass die gegnerische Partei diese versteht. Eine aktuelle Anwendung ist im Alltag zu finden: Die Kommunikation über das Internet wird in großen Teilen verschlüsselt übertragen, damit nur die Personen innerhalb einer Unterhaltung diese verstehen können, aber niemand von außerhalb sie abfangen kann. Darunter fällt auch die Eingabe von sensiblen Daten wie zum Beispiel persönlichen Angaben oder Zahlungsdaten, die gut verschlüsselt sein sollten.

Es soll also eine Nachricht zwischen Person A und Person B übertragen werden, sodass sie nicht von einer Person C, die die Nachricht abfängt, verstanden werden kann. Wie kann so etwas ablaufen? Schauen wir uns ein einfaches Beispiel an:

Nehmen wir an, wir wollen in Anlehnung an Pythagoras die Nachricht „Alles ist Zahl" übermitteln. Diese Nachricht besteht aus Text, also insbesondere aus Buchstaben. Sie soll nun aber nur für unseren Empfänger verständlich sein, und nicht für jemanden, der die Nachricht abfängt. In Absprache mit unserem Empfänger können wir nun ausmachen, dass wir die Buchstaben wie folgt verändern: Wir nummerieren die Buchstaben in der Reihenfolge des Auftauchens im Alphabet durch, also A ist der nullte Buchstabe, B der Erste, bis hin zu Z als 25. Buchstaben. Wir werden später sehen, warum wir mit der Nummerierung bei Null starten. Nun verschieben wir alle Buchstaben um eine bestimmte Anzahl, zum Beispiel um sechs Buchstaben: Was zuerst A war (nullter Buchstabe), wird nun G (sechster Buchstabe, also nullter Buchstabe um sechs weitergeschoben); was B war (erster Buchstabe), wird H (siebter Buchstabe, also erster Buchstabe um sechs weitergeschoben), und so weiter. Wenn wir bei den Buchstaben angelangt sind, für die es keine sechs Buchstaben zum Verschieben nach hinten gibt, so fangen wir wieder vorne an: So wird zum Beispiel V, der 21. Buchstabe des Alphabets, um vier nach hinten geschoben, bis er am Ende des Alphabets ist, und startet dann die verbliebenen zwei Shifts wieder zum Beginn des Alphabets und wird so zum Buchstaben B. Entsprechend können wir uns die Verschiebungen kreisförmig vorstellen, wie in Abb. 1.5 gezeigt: Das in blau geschriebene Alphabet des inneren Kreises wird auf das in schwarz geschriebene Alphabet des äußeren Kreises verschoben.

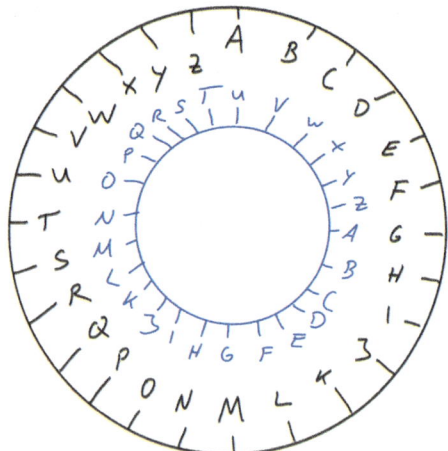

Abb. 1.5 Einfache Verschlüsslung des Alphabets

1.3 Was macht man mit Zahlentheorie?

Formal passiert Folgendes: Definieren wir unser Alphabet als $\Sigma := \{A, B, \ldots, Z\}$, so verschlüsseln wir unsere Nachricht, indem wie eine Funktion E (für *encoding*) auf jeden Buchstaben in der Nachricht anwenden. Eine solche Funktion nennen wir einen *Schlüssel*, in unserem Beispiel:

$$E_6 : \Sigma \to \Sigma, \quad x \mapsto (x + 6) \bmod 26.$$

Hierbei identifizieren wir jeden Buchstaben mit seiner Stelle im Alphabet und schieben diese Stelle um sechs. Wir rechnen anschließend modulo 26, um die kreisförmige Anordnung zu erhalten und, wie oben beschrieben, z. B. den Buchstaben V auf den Buchstaben B zu shiften. Hier sieht man nun auch, warum unser Zählen der Buchstaben mit A als nullten Buchstaben begann: Es stellt sicher, dass das Modulo-Rechnen an dieser Stelle korrekt ist.

Mit diesem Vorgehen können wir unsere Nachricht verschlüsseln:

```
A L L E S I S T Z A H L
G R R K Y O Y Z F G N R
```

Wird die Nachricht unterwegs abgefangen, so liest diese Person nur „GRRKYOYZFGNR" und wird unsere Nachricht nicht verstehen. Unser ursprünglicher Empfänger, der weiß, dass wir die Buchstaben um Sechs nach hinten verschoben haben, kann die Nachricht entschlüsseln: Er schiebt die Buchstaben aus der angekommenen Nachricht um sechs nach vorne, und erhält die von uns übermittelte Botschaft. Diese Entschlüsselung kann formal auch wieder durch eine Funktion D (für *decoding*) beschrieben werden:

$$D_6 : \Sigma \to \Sigma, \quad x \mapsto (x - 6) \bmod 26.$$

Zum Entschlüsseln der verschlüsselten Nachricht benötigt man also zum einen das Wissen darüber, mit welchem System verschlüsselt wurde – hier haben wir die Buchstaben im Kreis verschoben – und darüber, wie genau das System angewandt wurde – in unserem Fall also die Information, dass um sechs Stellen weitergeschoben wurde. Die zweite Information ist also der Schlüssel, der in unserem Beispiel mit der Funktion E_6 gegeben ist.

Gehen wir davon aus, dass als System das Verschieben des Alphabets im Kreis benutzt wird, so gibt es jedoch eine kleine Anzahl möglicher Schlüssel: Jeder Schlüssel hat nun die Form

$$E_a : \Sigma \to \Sigma, \quad x \mapsto (x + a) \bmod 26,$$

wobei $a \in \{0, \ldots, 25\}$. Fängt jemand eine verschlüsselte Nachricht ab, so muss diese Person nur alle Möglichkeiten ausprobieren und kann spätestens nach 26 Versuchen die Nachricht lesen. Diese Methode zur Verschlüsselung ist also nicht sonderlich sicher.

Denkanstoß
Überlegen Sie sich eine kurze Nachricht und einen Schlüssel E_a. Verschlüsseln Sie Ihre Nachricht und senden Sie diese an eine Person Ihrer Wahl – Sie können sich überlegen, ob Sie der Person den Schlüssel mitliefern, oder sie etwas ausprobieren lassen, bis diese Ihre Nachricht entschlüsseln kann.

Aus diesem Grund kann nach einer Verschlüsselungsmethode gesucht werden, die schwieriger zu knacken ist, zum Beispiel weil es deutlich mehr mögliche Schlüssel zu dieser Methode gibt. Dazu kann man die Buchstaben des Alphabets auf eine andere Art tauschen, die nicht der kreisförmigen Verschiebung entspricht: Zuerst ersetzt man den Buchstaben A durch einen beliebigen Buchstaben des Alphabets. Hierfür gibt es 26 Möglichkeiten. Im nächsten Schritt ersetzt man den Buchstaben B durch einen Buchstaben des Alphabets, den man nicht im ersten Schritt gewählt hat. Entsprechend bleiben für diese Wahl 25 Möglichkeiten. Dann wählt man für den Buchstaben C einen noch nicht vergebenen Buchstaben, also kann man aus 24 Buchstaben aussuchen. So verfährt man von A bis Z, bis jeder Buchstabe ersetzt wurde. Insgesamt gibt es also

$$26 \cdot 25 \cdot 24 \cdot \ldots \cdot 2 \cdot 1 = 26! = 403291461126605635584000000$$

Möglichkeiten, um einen Schlüssel zu wählen. Hier wird es deutlich schwieriger, per Zufall oder durch Ausprobieren den richtigen Schlüssel herauszufinden. Allerdings ist auch dieses System nicht unfehlbar: Es wurde herausgefunden, dass viele Nachrichten mit dieser Verschlüsselungsmethode trotzdem gelesen werden können, indem die Häufigkeit der vorkommenden Buchstaben gezählt wird. Diese Erkenntnis wurde im englischsprachigen Raum gewonnen, wo der häufigste Buchstabe ein E ist (ca. 13,11%[2] aller Buchstaben in englischsprachigen Texten sind der Buchstabe E). Entsprechend kann in verschlüsselten Botschaften analysiert werden, welcher Buchstabe darin am häufigsten vorkommt, und dieser Buchstabe ist mit hoher Wahrscheinlichkeit ein verschlüsseltes E. Mit anderen Buchstaben kann man analog verfahren, und so mit hoher Wahrscheinlichkeit durch diese Technik verschlüsselte Nachrichten entschlüsseln, ohne den Schlüssel zu kennen.

Ein großer und historisch wichtiger Schritt in der Nachrichten-Entschlüsselung gelang dem britischen Mathematiker Alan Turing. Während des zweiten Weltkriegs arbeitete Turing erfolgreich daran, deutsche Funksprüche zu entschlüsseln. Insbesondere gelang es ihm, verschlüsselte Nachrichten durch die damals als unknackbar bekannte Schlüsselmaschine *Enigma* zu entschlüsseln. Die Entschlüsselung einiger deutscher Funksprüche während des zweiten Weltkriegs wird als kriegsentscheidende Komponente für die Alliierten betrachtet. Turing gilt als einer

---

[2] Quelle: Hoffstein, Pipher, Silverman: An introduction to mathematical cryptography, S. 6.

der einflussreichsten Personen in der frühen Computertechnik, und die nach ihm benannte Turingmaschine ist als wesentliches Konzept der theoretischen Informatik bekannt.

> **Denkanstoß**
> Die Geschichte um Alan Turing ist so facettenreich und interessant, dass sie mehrfach verfilmt wurde. Dabei geht es nicht nur um Enigma, sondern auch um Turing als Person. Die erfolgreichste Verfilmung, *The Imitation Game*, stammt aus dem Jahr 2014. Alan Turing wird von Benedict Cumberbatch verkörpert, und der Film erhielt einen Oscar. In dieser Verfilmung wird unter anderem auch thematisiert, wie schlimm sich die Situation für homosexuelle Personen wie Turing in der Zeit um den zweiten Weltkrieg darstellte.

In den Siebziger Jahren wurde durch Diffie und Hellmann die Idee angeführt, dass zum Verschlüsseln und zum Entschlüsseln verschiedene Schlüssel benutzt werden könnten, die entsprechend die Wahrscheinlichkeit weiter senken, dass die Nachricht durch Dritte entschlüsselt wird. Hierfür gibt es verschiedene Möglichkeiten, in denen die Zahlentheorie eine wesentliche Rolle spielt: Eine Möglichkeit wurde von Rivest, Shamir und Adleman im Jahr 1977 am MIT entwickelt. Diese Methode benötigt zwei sehr große Primzahlen a und b mit etwa 80 Stellen, und ihr Produkt $m := ab$ wird zum Verschlüsseln benutzt. Zum Entschlüsseln der Nachricht wird jedoch die Kenntnis über a und b selbst benötigt; diese aus m zu rekonstruieren, ist jedoch aufgrund der Größe der Zahlen kaum möglich. Primzahlen können also auch zum Ver- und Entschlüsseln benutzt werden und haben damit eine tragende Rolle in der Kryptographie, die durch die zunehmende digitale Kommunikation immer wichtiger wird. Es gibt verschiedene Arten zur Verschlüsselung mittels Primzahlen, z. B. mittels RSA; Details können Sie in Projekt Nr. 1.9 lernen.

In der Kryptographie haben wir also eine Anwendung der Zahlentheorie gesehen, die im Informationszeitalter nur an Bedeutung gewinnt. Im Folgenden schauen wir uns, jeweils ohne ins Detail zu gehen, einige offene Fragestellungen aus der Zahlentheorie an.

1.4 Ein Ausblick auf weitere Themen

Auch wenn viele Zahlen und Zahlbereiche bereits gut verstanden und detailliert untersucht worden sind, gibt es noch offene Fragen in der Zahlentheorie. Darunter die Folgenden:

1.4.1 Wie sieht die Verteilung der Primzahlen aus?

In diesem Kapitel haben wir gesehen, dass wir Primzahlen aufgrund der Primfaktorzerlegung als Bausteine der natürlichen Zahlen verstehen können. Aus diesem und weiteren Gründen sind Primzahlen sehr interessante Zahlen, und es ist bekannt, dass es unendlich viele Primzahlen gibt. Unklar ist jedoch, wie diese verteilt sind: Geht man die natürlichen Zahlen beginnend bei Eins der Größe nach aufsteigend durch, so sind anfangs viele Primzahlen mit geringem Abstand zueinander zu finden (1, **2**, **3**, 4, **5**, 6, **7**, 8, 9, 10, **11**, 12, **13**). In diesem Bereich finden wir maximal drei Nicht-Primzahlen zwischen zwei Primzahlen. Zwischen manch größeren Primzahlen finden wir deutlich mehr Nicht-Primzahlen (z. B. **631**, 632, 633, 634, 635, 637, 638, 639, 540, **641**), allerdings scheint sich der Abstand zwischen Primzahlen nicht automatisch zu vergrößern, sobald die Primzahlen größer werden (z. B. **1781**, 1788, **1789**). Es ist nicht vollends geklärt, wie die Verteilung der Primzahlen aussieht. Ein richtungsweisendes Resultat ist jedoch der *Primzahlsatz,* der besagt, dass sich die Anzahl der Primzahlen, die kleiner oder gleich einer Zahl x sind, für großes x asymptotisch wie $\frac{x}{\ln x}$ verhält.

1.4.2 Gibt es unendlich viele Primzahlzwillinge?

Wir haben Primzahlzwillinge im Laufe dieses Kapitels kurz kennen gelernt: Dabei handelte es sich um zwei Primzahlen, zwischen denen genau eine andere Zahl liegt (z. B. 3 und 5). Obwohl Euklid bereits um 300 v. Chr. bewies, dass es unendlich viele Primzahlen gibt, ist bis heute ungeklärt, ob es unendlich viele Primzahlzwillinge gibt. Über den aktuellen Stand der Forschung erfahren Sie mehr in Projekt Nr. 1.5.

1.4.3 Was kann man über vollkommene Zahlen sagen?

Ebenfalls kennengelernt haben wir vollkommene Zahlen: Das waren solche Zahlen, bei denen die Summe ihrer von der Zahl selbst verschiedenen Teiler der Zahl selbst entspricht. Beispiele für vollkommene Zahlen sind 6, 28 oder 496. Auch hier ist unklar, ob es unendlich viele solcher vollkommener Zahlen gibt. Ebenfalls beobachten wir in den Beispielen, dass all diese vollkommenen Zahlen gerade sind, und tatsächlich wurde bisher noch keine ungerade vollkommene Zahl entdeckt – sind vollkommene Zahlen immer gerade?

1.5 Projeke

Auf https://aspekte.rwth-aachen.de/ finden Sie interaktive Jupyter-Nootbooks zu ausgewählten Projekten, sowie weitere Materialien zum Buch.

1.5 Projeke

1.1 Die Kreiszahl π
Fast jeder weiß, dass π das Verhältnis von Durchmesser und Umfang eines Kreises ist. Verblüffenderweise lässt sich die Kreiszahl aber in vielen weiteren Stellen der Natur wiederfinden, nicht nur bei der Konstruktion des Kreises. Das glauben Sie nicht? Rechnen Sie selbst nach!

1.2 Vollkommene Zahlen
Was sind vollkommene Zahlen und warum faszinieren sie die Mathematik seit Jahrtausenden? In diesem spannenden Projekt erforschen wir ihre Geheimnisse und fragen uns: Wie viele gibt es wirklich? Neben vollkommenen Zahlen betrachten wir auch fast perfekte Zahlen, sogenannte abundante und defiziente Zahlen, und untersuchen, ob die Summe ihrer Teiler größer oder kleiner als die Zahl selbst ist. Gemeinsam mit Euklid entdecken wir, dass es keine leicht abundanten Zahlen gibt – ein Rätsel, das Sie in Staunen versetzen wird!

1.3 Surreale Zahlen
Was sind die surrealen Zahlen und woher stammen sie? In diesem faszinierenden Projekt erkunden wir die Konsequenzen der Bildungs-, Vergleichs- und Rechenregeln dieser außergewöhnlichen Zahlen. Begleiten Sie uns auf eine Reise bis zur Unendlichkeit und darüber hinaus, um die Grenzen der Mathematik zu erweitern!

1.4 Der goldene Schnitt
Was ist der goldene Schnitt? In diesem Projekt wollen wir die Entdeckung des goldenen Schnitts und seine Bedeutung in Kultur und Natur verstehen. Dabei beschäftigen wir uns auch mit verschiedenen Methoden, diesen faszinierenden Proportionswert zu konstruieren. Entdecken Sie, wie der goldene Schnitt Kunst, Architektur und die Natur beeinflusst!

1.5 Primzahlzwillinge

Entdecken Sie die Welt der Primzahlzwillinge! Diese spezielle Art von Primzahlen besteht aus Paaren $(x, x+2)$, wobei sowohl x als auch $x+2$ prim sind. Eine der faszinierendsten offenen Fragen der Zahlentheorie beschäftigt sich damit, ob es unendlich viele solcher Primzahlzwillinge gibt.

Dieses Projekt untersucht den aktuellen Stand bezüglich Primzahlzwillingen und umfasst historische Vermutungen, bekannte Ergebnisse und aktuelle Forschungen. Ein praktischer Teil des Projekts besteht darin, Primzahlzwillinge mithilfe eines Jupyter-Notebooks zu berechnen. Wir werden verschiedene Algorithmen verwenden, um Primzahlen zu generieren und Paare von Primzahlzwillingen zu identifizieren.

1.6 Quaternionen

Tauchen Sie ein in die faszinierende Welt der Quaternionen! Diese besonderen mathematischen Objekte sind eine Erweiterung der komplexen Zahlen und spielen eine wichtige Rolle in verschiedenen Anwendungen, insbesondere in der 3D-Computergrafik und der Raumorientierung.

In diesem Projekt werden wir die Grundlagen der Quaternionen kennenlernen und verstehen, wie sie aus einem Realteil und drei Imaginärteilen aufgebaut sind. Wir werden entdecken, dass Quaternionen eine nicht-kommutative Multiplikation haben, was sie von den komplexen Zahlen unterscheidet, aber gleichzeitig ihre Vielseitigkeit in Anwendungen wie der Raumorientierung unterstreicht.

1.7 Mersenne und Fermatsche Primzahlen

Entdecken Sie die faszinierenden Welt der Mersenne- und Fermat-Primzahlen! Diese besonderen Primzahlen sind nicht nur mathematisch interessant, sondern haben auch bedeutende Anwendungen in verschiedenen Bereichen.

In diesem Projekt werden wir die Definitionen und Eigenschaften von Mersenne- und Fermat-Primzahlen kennenlernen und verstehen, warum sie aufgrund ihrer speziellen Formen und Eigenschaften von großem Interesse sind. Wir werden uns auch damit befassen, warum es so herausfordernd ist, sie zu finden, und welche speziellen Tests dabei angewendet werden.

1.8 Error correcting codes

Sichern Sie Ihre Datenübertragung! In diesem Projekt werden wir uns mit Techniken zur sicheren Datenübertragung befassen und lernen, wie Fehler in der Übermittlung effektiv beseitigt werden können.

Wir beginnen mit einer Einführung in die grundlegenden Begriffe der Fehlerkorrekturcodes und untersuchen den Hamming-Abstand, der ein wichtiger Parameter für die Fehlererkennung und -korrektur ist. Wir werden den Hamming-Code kennenlernen, der einer der bekanntesten Fehlerkorrekturcodes ist und dessen Eigenschaften und Anwendungen erforschen.

1.9 Kryptographie

Entdecken Sie die faszinierende Welt der Kryptographie und ihre Verbindung zur Zahlentheorie! In diesem Projekt werden wir uns mit den Grundlagen der Kryptographie befassen und verstehen, warum Zahlentheorie eine entscheidende Rolle spielt.

Wir beginnen mit einer Einführung in die Grundkonzepte der Kryptographie und betrachten erste naive Verschlüsselungsmethoden. Anschließend steigern wir uns zu fortgeschritteneren Techniken, insbesondere zu Primzahl-Verschlüsselungen. Hier werden wir die berühmte RSA-Verschlüsselung kennenlernen, die auf dem mathematischen Konzept der Primzahlen basiert.

Das Projekt umfasst auch praktische Übungen zur Umsetzung der RSA-Verschlüsselung mit einem Computer-Algebra-System (CAS). Wir werden die Funktionalitäten des CAS nutzen, um Primzahlen zu generieren, Verschlüsselungsschlüssel zu erstellen und Nachrichten zu verschlüsseln und zu entschlüsseln.

1.10 Riemannsche Vermutung

Entdecken Sie eine der faszinierendsten Vermutungen der Mathematik: die Riemannsche Vermutung über die Nullstellen der Zeta-Funktion. In diesem Projekt werden wir verstehen, worum es bei dieser Vermutung geht, was die Riemannsche Zeta-Funktion ist und welche Bedeutung sie für die Zahlentheorie hat, sowie wie sie mit den Primzahlen zusammenhängt.

Das Projekt beinhaltet auch eine Betrachtung des aktuellen Standes bezüglich eines Beweises der Riemannschen Vermutung. Wir werden sehen, wie weit die Mathematik bereits in der Untersuchung dieser Vermutung vorangeschritten ist und welche Herausforderungen noch bestehen.

1.11 Gauß und seine Mathematik

Carl Friedrich Gauß gilt als einer der größten Mathematiker aller Zeiten. Dieses Projekt widmet sich der herausragenden Rolle von Gauß in der Zahlentheorie und beleuchtet zwei seiner bahnbrechenden Entdeckungen: das quadratische Reziprozitätsgesetz und den Primzahlsatz.

Wir werden das quadratische Reziprozitätsgesetz kennenlernen, eine fundamentale Aussage über die Lösbarkeit quadratischer Kongruenzen, die von Gauss entdeckt und bewiesen wurde. Zudem werden wir den Primzahlsatz untersuchen, der eine tiefe Einsicht in die Verteilung der Primzahlen unterhalb einer gegebenen Zahl bietet und ebenfalls auf Gauss' Arbeiten zurückgeht.

Das Projekt beinhaltet auch eine historische Einordnung von Gauss und seiner mathematischen Einflussbereiche. Wir werden sehen, wie Gauss nicht nur in der Zahlentheorie, sondern auch in anderen Bereichen der Mathematik, wie der Geometrie und der Analysis, wegweisende Beiträge geleistet hat.

1.12 Faktorisieren in verschiedenen Zahlbereichen

In diesem Projekt werden wir uns mit verschiedenen Zahlbereichen befassen und untersuchen, wie wir Elemente in diesen Bereichen faktorisieren können. Wir beginnen mit einer Einführung in grundlegende Konzepte des Faktorisierens und betrachten dann verschiedene Zahlbereiche wie die ganzen Zahlen, Polynome und komplexe Zahlen. Wir werden Techniken zur Faktorisierung von Elementen in diesen Bereichen kennenlernen und praktische Übungen durchführen, um das Faktorisieren von verschiedenen Arten von Elementen zu üben.

1.13 Kettenbrüche

In diesem Projekt werden wir uns mit Kettenbrüchen befassen, einer besonderen Darstellung von irrationalen Zahlen, die auf eine unendliche Folge von Bruchteilungen zurückgeht. Wir beginnen mit einer Einführung in die Grundlagen der Kettenbrüche und untersuchen ihre Eigenschaften, insbesondere ihre Konvergenz und ihre Beziehung zu irrationalen Zahlen. Wir werden Techniken zur Berechnung von Kettenbruchentwicklungen kennenlernen und praktische Übungen durchführen, um die Anwendung von Kettenbrüchen zu üben.

1.14 Irrationale Zahlen

Entdecken Sie die faszinierende Welt der Irrationalität von mathematischen Konstanten wie π und der Eulerschen Zahl e! In diesem Projekt werden wir uns mit den Irrationalitätsbeweisen für diese beiden fundamentalen mathematischen Konstanten befassen. Wir beginnen mit einer Einführung in die Grundlagen der Irrationalität und betrachten dann speziell die Irrationalität von π und e. Wir werden verschiedene Beweistechniken kennenlernen, die zeigen, dass diese Konstanten irrational sind, und ihre faszinierenden mathematischen Eigenschaften erkunden. Das Projekt beinhaltet auch eine Diskussion über die Bedeutung der Irrationalität dieser Konstanten in verschiedenen mathematischen Anwendungen und wie sie in der Mathematik und anderen Wissenschaften verwendet werden.

1.15 Kleiner Fermatscher Satz und Satz von Euler

In diesem Projekt werden wir uns mit zwei fundamentalen Sätzen der Zahlentheorie befassen und ihre Beziehung zueinander untersuchen: der kleine Fermatsche Satz und der Satz von Euler. Wir werden die Beweise für diese Sätze untersuchen und ihre Anwendungen in verschiedenen Bereichen der Mathematik kennenlernen. Darüber hinaus werden wir sehen, wie der kleine Fermatsche Satz als spezieller Fall des Satzes von Euler betrachtet werden kann und wie beide Sätze miteinander verbunden sind.

Algebra 2

Die Algebra ist ein Teilgebiet der Mathematik, das historisch gewachsen ist und sich in verschiedene Richtungen entwickelt hat. Innerhalb der Algebra arbeiten Forschende an einer Vielzahl von Themen, die häufig nicht miteinander verwandt sind, und es ist schwierig, das Teilgebiet *Algebra* exakt zu definieren. Aus diesem Grund wollen wir uns im Folgenden in einem ersten Schritt ansehen, welche Bereiche es in der Algebra gibt, und auf welche Aspekte wir uns in diesem Buch fokussieren.

2.1 Was ist Algebra?

Laut Wikipedia[1] befasst sich die Algebra mit „den Eigenschaften von Rechenoperationen" und wird als das „Rechnen mit Unbekannten in Gleichungen" bezeichnet. Das haben Sie selbst bereits häufig gemacht:

> **Beispiel**
> Gibt es eine ganzzahlige Lösung für die Gleichung $3x + 5 = 2$? Sie wissen sicher, wie Sie vorgehen müssen: subtrahiere 5 auf beiden Seiten und teile dann durch 3. Man erhält
>
> $$3x + 5 = 2 \Leftrightarrow 3x = -3 \Leftrightarrow x = -1.$$
>
> Hierbei nutzten Sie das Umformen von Gleichungen, und natürlich auch Rechenoperationen.

---

[1] https://de.wikipedia.org/wiki/Algebra, Abrufdatum 24.04.23.

Mit Rechenoperationen beschäftigten sich Menschen erwiesenermaßen bereits vor 20.000 bis 30.000 Jahren, und das Umformen von Gleichungen lässt sich in Babylonien und Ägypten vor etwa 4000 Jahren belegen. Anwendungen waren damals zum einen der Handel, und zum anderen das Vermessen von Land. Hierin wird heutzutage die Geburtsstunde der Algebra verortet.

Der Fokus des Fachbereichs Algebra hat sich seitdem sehr gewandelt: Standen zu Beginn solche konkreten Rechnungen im Vordergrund, so ist der Fokus der modernen Algebra auf das Abstrakte dahinter gerichtet. Ein wesentliches Ziel der Algebra ist es, vom Konkreten zum Abstrakten zu kommen: Im Gegensatz zu einzelnen Beispielen befasst sich die Algebra nun vermehrt mit übergreifenden Strukturen, also algebraischen Objekten, sowie ihren Eigenschaften und ihren Beziehungen zueinander. In dieser Form ist Ihnen die Algebra auch bereits in Ihrem bisherigen Studium untergekommen, nämlich in Form von Gruppen, Ringen, Körpern oder Vektorräumen, die Sie in der Vorlesung zur Linearen Algebra kennen gelernt haben. Bei all diesen Strukturen handelt es sich um Strukturen aus dem Bereich der Algebra, die überwiegend im 19. Jahrhundert definiert wurden. Später wurden weitere Strukturen definiert, wie zum Beispiel *Schemata* in den 1960er Jahren. Diese Strukturen sind Gegenstand der heutigen Algebra; sie sind jedoch inhaltlich zu komplex, um sie in diesem Rahmen einzuführen. Stattdessen möchten wir hier in der Zeit zurückgehen und die Entwicklung der Algebra, angefangen bei ihrem Grundstein, studieren.

Woher stammt der Begriff *Algebra?* Das Wort geht zurück auf den Titel eines Rechenlehrbuchs, das vom persischen Mathematiker al-Chwarizmi im 9. Jahrhundert geschrieben wurde. In seinem Buch mit dem Titel *al-Kitāb al-muhtaṣar fī ḥisāb al-ğabr wa-'l-muqābala* („Das kurz gefasste Buch über die Rechenverfahren durch Ergänzen und Ausgleichen") beschäftigt sich al-Chwarizmi mit Methoden, mit denen Gleichungen so umgeformt werden können, dass sie durch geometrische Überlegungen lösbar sind. Eine dieser Methoden nannte er *al-ğabr* („das Ergänzen"), woraus sich das Wort *Algebra* entwickelte.

Einer der Begründer der Algebra ist Diophantos von Alexandria, im deutschsprachigen Raum auch als Diophant bekannt. Über ihn persönlich ist nicht viel bekannt, und sein Wirken wird zeitlich zwischen 100 v. Chr. bis 350 n. Chr. verortet. Laut eines überlieferten Gedichts[2] lautete die Inschrift seines Grabes wie folgt:

---

[2] https://de.wikipedia.org/wiki/Diophantos_von_Alexandria, Abrufdatum 24.04.23.

2.1 Was ist Algebra?

> „Hier das Grabmal deckt Diophantos – ein Wunder zu schauen:
> Durch des Entschlafenen Kunst lehrt dich sein Alter der Stein.
> Knabe zu bleiben verlieh ein Sechstel des Lebens ein Gott ihm;
> Fügend das Zwölftel hinzu, ließ er ihm sprossen die Wang;
> Steckte ihm drauf auch an nach dem Siebtel die Fackel der Hochzeit,
> Und fünf Jahre nachher teilt' er ein Söhnlein ihm zu.
> Weh! unglückliches Kind, so geliebt! Halb hatt' es des Vaters
> Alter erreicht, da nahms Hades, der schaurige, auf.
> Noch vier Jahre den Schmerz durch Kunde der Zahlen besänft'gend
> Langte am Ziele des Seins endlich er selber auch an."

Aus diesem Gedicht können wir ablesen, mit welchem Alter Diophantos gestorben ist. Dazu übersetzen wir das Gedicht in eine Gleichung und lösen diese. Im Gedicht sind Angaben zu seinem Alter zu finden, die sich zur Gleichung

$$x = \frac{1}{6}x + \frac{1}{12}x + \frac{1}{7}x + 5 + \frac{1}{2}x + 4$$

zusammenfassen lassen, wobei x Diophantos' Alter bei dessen Tod darstellt.

Denkanstoß
Wie alt ist Diophantos geworden, wenn man dem Gedicht auf seinem Grabstein Glauben schenkt?

Die Grabinschrift gibt auch bereits einen Hinweis auf sein mathematisches Wirken: Diophantos hat daran gearbeitet, wie man Probleme mit Hilfe von Gleichungen modellieren und dadurch lösen kann. Dazu schrieb er 13 Bücher, die *Arithmetica*, die erst im 15. Jahrhundert in Teilen wiedergefunden wurden. Weitere Teile wurden erst 1968 wiedergefunden; drei Bücher bleiben bis heute verschwunden.

Ein wesentlicher Aspekt in seinen Werken ist das Umschreiben von Gleichungen, um möglichst einfach Lösungen ablesen zu können (sofern die Gleichungen lösbar sind). Diophantos beschäftigte sich also unter anderem mit Verfahren, die heute als *Äquivalenzumformungen* bekannt sind – zum Beispiel Umformungen, die auf eine Gleichung angewandt werden können, ohne die Lösung zu verändern. Wegen seiner Entdeckungen in diesem Bereich gilt Diophantos als einer der Begründer der Algebra.

Doch bereits vor Diophantos gibt es eindeutige Hinweise auf weit entwickeltes mathematisches Verständnis: Im heutigen Irak wurden Tontafeln gefunden, die mathematische Kenntnisse belegen und schätzungsweise aus dem 18. Jahrhundert v. Chr. stammen. Die vermutlich Bekannteste heißt *Plimpton 322* (s. Abb. 2.1. Bei ihr handelt es sich vermutlich um die älteste, numerisch exakte trigonometrische Tabelle der Welt, auf der sogenannte *pythagoreische Tripel* abgebildet sind:

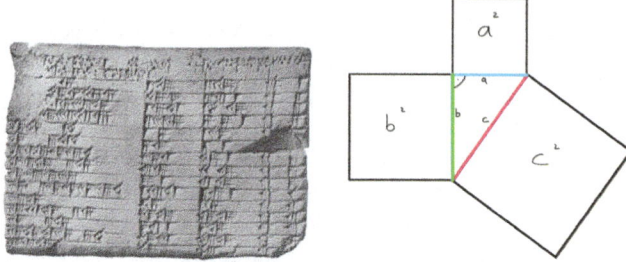

Abb. 2.1 Links die bablylonische Tontafel Plimpton 322 mit pythagoreischen Tripeln (bereitgestellt von William Casselmann) und rechts ein einzelnes illustriertes pythagoreisches Tripel (a, b, c). (Quelle (links): https://personal.math.ubc.ca/~cass/courses/m446-03/pl322/pl322.html, Abrufdatum 26.06.2024)

Beispiel: Pythagoreische Tripel

Bereits in der Schule haben Sie den *Satz des Pythagoras* kennen gelernt: Gegeben sei ein rechtwinkliges Dreieck. Seien a und b die Längen der Seiten des Dreiecks, die am rechten Winkel liegen (Katheten), und sei c die Länge der Seite, die dem rechten Winkel gegenüber liegt (Hypothenuse), so gilt

$$a^2 + b^2 = c^2.$$

Anders ausgedrückt: Der Flächeninhalt des Quadrats, das durch die Hypothenuse definiert ist, ist gleich der Summe der Flächeninhalte der Quadrate, die durch die Katheten definiert sind.

Solche drei Seitenlängen a, b und c nennt man ein *pythagoreisches Tripel*. Ein pythagoreisches Tripel hat also eine schöne Anschauung, da wir es nach dem Satz von Pythagoras mit einem rechtwinkligen Dreieck in Verbindung bringen können.

Auf der erwähnten Tontafel Plimpton 322 aus Abb. 2.1 ist eine Vielzahl pythagoreischer Tripel gelistet – das bedeutet, dass im 18. Jahrhundert v. Chr. bereits das Verständnis für deren mathematischen Zusammenhang erarbeitet worden war. Warum diese Tripel damals untersucht wurden, geht aus der Steintafel nicht hervor. Eine Vermutung ist, dass Land in Dreiecke unterteilt wurde und dadurch vermessen wurde; die Nutzung von rechtwinkligen Dreiecken ist in der babylonischen Vermessung auch tatsächlich nachgewiesen.

Pythagoras, nach dem der Satz und die entsprechenden Tripel benannt sind, lebte erst um 570 v. Chr., also über 1000 Jahre nachdem die pythagoreischen Tripel in Babylonien genutzt wurden. Tatsächlich ging dieses und weiteres mathematisches Wissen in der Zwischenzeit verloren, weshalb die Kenntnisse und Wissensstände neu aufgebaut werden mussten.

Mehr über die Anfänge der Algebra in Babylonien können Sie in Projekt Nr. 2.12 lernen.

2.1 Was ist Algebra?

Von dieser geschichtlichen Entwicklung ausgehend schauen wir uns einige Bereiche der Algebra als Fachbereich der Mathematik an:

- *Elementare Algebra:* Rechenregeln sowie Umformungen, z. B. zwecks Lösen algebraischer Gleichungen.
- *Abstrakte Algebra:* Das Studieren algebraischer Strukturen wie Gruppen, Ringen und Körpern. Eine dieser Strukturen, nämlich Gruppen, werden im Kap. 4 näher betrachtet. Übrigens gibt es auch eine algebraische Struktur namens *Algebra* (Plural: Algebren), bei der es sich um eine Verallgemeinerung des Begriffs eines Rings handelt.
- *Lineare Algebra:* Das Studieren von Vektorräumen und linearen Abbildungen, sowie linearen Gleichungssystemen (vgl. Kap. 3).
- *Multilineare Algebra:* Das Verallgemeinern von linearen Abbildungen zu multilinearen Abbildungen, sowie das Studium dieser. Eine Einführung hierzu wird im Projekt Nr. 3.2 gegeben.
- *Computer-Algebra:* Algebraische Ausdrücke sollen so umgeformt werden, dass sie eine möglichst einfache Darstellung bekommen; häufig mit Hilfe von Computeralgebrasystemen.

Die Algebra umfasst weitere Bereiche wie homologische Algebra, algebraische Zahlentheorie oder algebraische Geometrie, die wir uns an dieser Stelle nicht anschauen werden. In diesem Kapitel zur Algebra möchten wir uns primär mit der elementaren Algebra, also dem Lösen von Gleichungen, beschäftigen. Diese unterscheidet sich von der Linearen Algebra, die in Kap. 3 besprochen wird, dahingehend, als dass in der Linearen Algebra nur *lineare* Gleichungen – also solche von Grad Eins in der Unbekannten, z. B. $4x - 2 = 8$ – auftauchen, während wir in der Algebra auch Gleichungen höherer Grade studieren möchten, z. B. $2x^2 + x + 5 = -3$ (quadratische Gleichung) oder $-x^3 + 5x^2 - 3x = 0$ (kubische Gleichung). Ein wesentliches Ziel der Algebra ist also das Lösen polynomieller Gleichungen, womit sich z. B. der deutsche Mathematiker David Hilbert beschäftigte. Als Teilaspekte dieser Fragestellung kann auch betrachtet werden, ob oder unter welchen Bedingungen polynomielle Gleichungen überhaupt lösbar sind (vgl. pq-Formel in Abschn. 2.2) oder auch, wie man sich die Lösungen polynomieller Gleichungen vorstellen kann (vgl. Varietäten in Abschn. 2.2).

In der historischen Entwicklung sehen Sie, dass sich die Menschheit bereits sehr früh mit dem Rechnen und dem Umformen von Gleichungen beschäftigt hat. Heutzutage wird Algebra in vielen Bereichen angewandter betrachtet, indem man vieles mit Hilfe von Computeralgebrasystemen berechnen oder vereinfachen möchte. Einen Wendepunkt hin zur modernen Algebra stellten die Arbeiten von David Hilbert und Emmy Noether dar, die wir uns im folgenden Abschn. 2.2 näher ansehen möchten.

2.2 Womit beschäftigt sich die Algebra?

Wir wollen uns also mit Gleichungen verschiedener Grade beschäftigen – aber warum eigentlich? Für Gleichungen von Grad eins, also linearen Gleichungen, haben Sie in der Vorlesung zur Linearen Algebra bereits eine Vielzahl an Beispielen gesehen: Sie können genutzt werden, um Fragestellungen aus dem täglichen Leben zu modellieren, wie das folgende Beispiel nochmals aufzeigt:

Motivation für (lineare) Gleichungssysteme
Ben will am Kiosk eine bunte Tüte mit Süßigkeiten für sich und seine Schwester kaufen. Dafür hat er von seinen Eltern 5 € bekommen. Er hat folgende Süßigkeiten zur Auswahl:

1. Colafläschen für 10 Cent das Stück;
2. Kracher für 15 Cent das Stück;
3. Schaumerdbeeren für 15 Cent das Stück;
4. Saure Zungen für 20 Cent das Stück;
5. Schlümpfe für 30 Cent das Stück.

Bennen wir die Süßigkeiten nun in der obigen Reihenfolge mit den Variablen $x_1, \ldots, x_5$ und gehen davon aus, dass Ben das komplette Budget für die Süßigkeitentüte ausgeben möchte, so ergibt sich für ihn die Gleichung

$$0{,}1x_1 + 0{,}15x_2 + 0{,}15x_3 + 0{,}2x_4 + 0{,}3x_5 = 5.$$

Hierbei handelt es sich um ein lineares Gleichungssystem aus einer Gleichung und fünf Unbekannten.

Für Ben, sowie in vielen anderen Anwendungen des täglichen Lebens und der Wirtschaft, ist nicht nur das Gleichungssystem als solches interessant, sondern vor allem seine Lösung. Sie haben ebenfalls in der Vorlesung zur Linearen Algebra gesehen, wie und unter welchen Voraussetzungen Sie lineare Gleichungssysteme lösen können, und dass diese stets keine, eine oder beliebig viele Lösungen haben. Das wesentliche Werkzeug zum Lösen linearer Gleichungssysteme ist hierbei der Gauß-Algorithmus (vgl. Kap. 3). Die Lösungsmenge des Gleichungssystems ist von besonderem Interesse:

Beispiel: Lösungsmengen von Gleichungen

Die lineare Gleichung $2x + 5 = -3$ in einer Variablen $x \in \mathbb{R}$ hat genau eine Lösung, die wir durch Äquivalenzumformungen leicht finden:

$$2x + 5 = -3 \Leftrightarrow 2x = -8 \Leftrightarrow x = -4.$$

Anders sieht es bei der linearen Gleichung $x - y = 1$ in zwei Variablen $x, y \in \mathbb{R}$ aus. Diese Gleichung wird durch beliebig viele Paare $(x, y) \in \mathbb{R} \times \mathbb{R}$ erfüllt. Diese Paare können wir grafisch darstellen, nämlich durch die Gerade, die Sie in der Abbildung sehen. Die Gerade ergibt sich dadurch, dass für jedes gegebene x der Wert für y eindeutig durch $y = -1 + x$ bestimmt ist, und diese Geradengleichung haben wir gezeichnet.

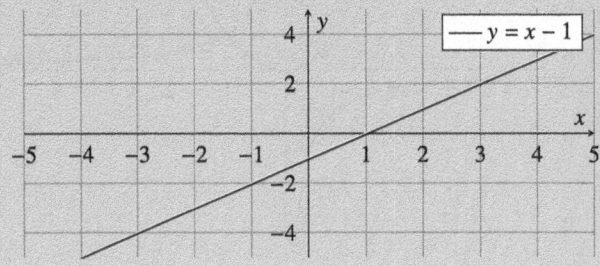

Die blaue Gerade ist die Lösungsmenge der Gleichung $y = x - 1$.

Die Lösungsmenge ist also etwas, das wir uns grafisch vorstellen können: Im Fall der ersten Gleichung ist es eine einzelne Zahl – also ein Punkt auf dem Zahlenstrahl – und im zweiten Fall ist es eine Gerade in $\mathbb{R}^2$. Lösen wir uns nun von linearen Gleichungen und betrachten stattdessen polynomielle Gleichungen in beliebigen Graden, und betrachten nicht nur eine einzelne Gleichung sondern mehrere Gleichungen, so führt uns dies zum Begriff einer sogenannten algebraischen *Varietät*. Wir möchten Varietäten an dieser Stelle nicht definieren, sondern sie nur grundlegend als geometrisches Objekt verstehen, das durch Polynomgleichungen beschrieben werden kann; mehr über Varietäten können Sie im Projekt Nr. 2.7 lernen.

Beispiele von Varietäten

In dieser Box und in Abb. 2.2 sehen Sie drei Varietäten, die durch die folgenden Polynome definiert sind (die ersten beiden hier, das dritte in Abb. 2.2):

- $x^2 - y$;
- $xy - 1$;
- $xz - y^2$ und $yw - z^2$ und $xw - yz$. Diese Varietät nennt sich auch *twisted cubic*.

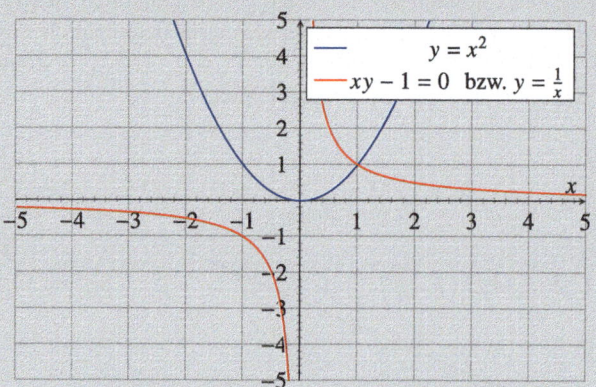

Verschiedene algebraischen Varietäten

Die Varietät ergibt sich jeweils als Nullstellenmenge dieser Polynome – Sie werden zum Beispiel die in der Abbildung gezeichneten Graphen als Funktionsgraphen der Abbildungen $y = x^2$ und $y = \frac{1}{x}$ erkennen. Diese Graphen korrespondieren zur Nullstellenmengen von Polynomen. Das Polynom $x^2 - y$ hat den blauen Graphen als Nullstellenmenge und das Polynom $xy = 1$ den roten.

Varietäten sind auch aus dem Grund interessant, dass sie uns helfen, Strukturen zu erkennen: Wir beschreiben Objekte nicht nur über ihre Konstruktion, sondern durch ihre Eigenschaften. Dazu können wir aus Beispielen Eigenschaften abstrahieren, und dann sehen, welche anderen Objekte diese Eigenschaften erfüllen, um dann universell geltende Eigenschaften für die entsprechenden Objekte herauszufinden. So können wir Objekte losgelöst von ihrer Anschauung studieren.

Die Anwendung von der Algebra auf die Geometrie, wie zum Beispiel bei algebraischen Varietäten, wurde im 16. Jahrhundert vom französischem Mathematiker François Viète, auch bekannt als Vieta, begründet. Vieta führte eine konsequente Verwendung von Variablen sowohl auf der algebraischen als auch auf der geometrischen

2.2 Womit beschäftigt sich die Algebra?

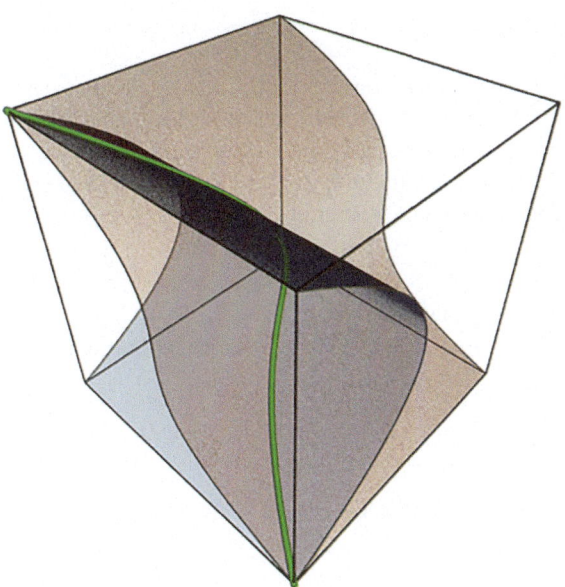

Abb. 2.2 Twisted cubic curve. (Quelle: Rocchini bei Wikimedia Commons; (Abrufdatum 30.10.2024) https://commons.wikimedia.org/wiki/File:Twisted_cubic_curve.png)

Seite ein. Infolgedessen verstand sich die Algebra zu diesem Zeitpunkt als Studium von Gleichungen mit Variablen. Daraus formulierte sich auf natürliche Weise ein Ziel: Man wollte Gleichungen auf Normalformen oder möglichst einfache Gestalt bringen, sodass man die Lösungen der Gleichung aus dieser Gestalt mit möglichst wenig Arbeit ablesen kann. Das möchten wir uns im Folgenden näher anschauen, und starten zunächst mit einer Reduktion des Problems.

Im ersten Schritt schauen wir uns das Lösen einer einzigen Gleichung an, wir wollen also noch keine Gleichungssysteme mit mehreren Gleichungen lösen. Ebenfalls wollen wir uns auf Gleichungen in einer Variable beschränken, d. h. wir untersuchen Gleichungen der Form $x - 2 = 4$ oder $3x^4 + 2x^3 - x + 1 = 3$. Diese Arten von Gleichungen können wir durch Äquivalenzumformungen so umstellen, dass auf einer Seite der Gleichung eine Null steht: $x - 2 = 4$ wird zu $x = 6$ – und ist somit schon gelöst – und $3x^4 + 2x^3 - x + 1 = 3$ wird zu $3x^4 + 2x^3 - x - 2 = 0$. Insbesondere können wir das Lösen einer solchen Gleichung also in die Suche nach Nullstellen von Polynomen übersetzen.

Für Polynome von Grad eins ist dies einfach: Ein solches Polynom hat die Form $ax + b$ für $a, b \in \mathbb{R}$ ($a \neq 0$, da unser Polynom Grad eins haben soll). Die einzige Nullstelle dieses Polynoms ist also $x = \frac{-b}{a}$. Auch für Polynome zweiten Grades wissen Sie bereits, wie Sie Nullstellen bestimmen können:

> **pq-Formel**
> Nullstellen von Polynomen von Grad zwei können Sie mit der sogenannten *pq-Formel* (auch *Mitternachtsformel* genannt) bestimmen, die Sie schon aus der Schule kennen. Für ein beliebiges quadratisches Polynom, $ax^2 + bx + c$ für $a, b, c \in \mathbb{R}$ ($a \neq 0$, da unser Polynom Grad zwei haben soll), haben Sie gelernt, wie man Nullstellen bestimmt:
>
> 1. Normieren: $ax^2 + bx + c = 0$ wird zu $x^2 + \frac{b}{a}x + \frac{c}{a} = 0$. Weiterhin definieren wir $p := \frac{b}{a}$ und $q := \frac{c}{a}$.
> 2. Die Nullstellen ergeben sich dann gemäß der pq-Formel:
>
> $$x_{1,2} = -\frac{p}{2} \pm \sqrt{\left(\frac{p}{2}\right)^2 - q}$$
>
> 3. Je nachdem, ob der Ausdruck unter der Wurzel $-\left(\frac{p}{2}\right)^2 - q$ – größer, kleiner oder gleich Null ist, hat das gegebene Polynom zwei, keine oder eine reelle Nullstelle.

Nullstellen von Polynom von Grad zwei Ordnung konnten schon 2000 v. Chr. in Babylonien bestimmt werden. Damals wurde das äquivalente System von Gleichungen

$$\begin{cases} x_1 + x_2 = p \\ x_1 \cdot x_2 = q \end{cases} \quad (2.1)$$

gelöst. Auch dieses Wissen ist verloren gegangen und wurde im 16. Jahrhundert erneut aufgebaut – entsprechend ist das Lösen des Gleichungssystems 2.1 nun als *Satz von Vieta* bekannt.

> **Denkanstoß**
> Zeigen Sie, dass das Gleichungssystem 2.1 äquivalent ist zu
>
> $$x^2 - px + q = 0.$$

Auch für die Bestimmung von Nullstellen von Polynomen von Grad drei oder vier gibt es je eine Formel, auch wenn diese komplizierter werden als die pq-Formel. Für Polynome von Grad fünf oder höher gibt es keine Lösungsformel: Lange Zeit war unklar, ob es eine Formel zur Bestimmung der Nullstellen gibt und man sie nur nicht finden kann. Mit Hilfe des Satzes von Abel-Ruffini (1799) kann jedoch bewiesen werden, dass es keine solche Formel für Polynome von Grad größer gleich fünf geben kann. Dies ist eine der Besonderheiten der Mathematik: Es lässt sich beweisen, dass etwas nicht existieren kann.

Eins ist aber weiterhin bekannt: Ein (reelles) Polynom von Grad $n \in \mathbb{N}$ hat höchstens n Nullstellen; weiterhin sagt uns der *Fundamentalsatz der Algebra*, dass das Polynom über den komplexen Zahlen genau n Nullstellen $x_1, \ldots, x_n$ hat. Dann kann das Polynom faktorisiert werden und in die Normalform

$$(x - x_1) \cdot \ldots \cdot (x - x_n)$$

gebracht werden. Wenn ein Polynom in dieser Normalform gegeben ist, können wir also seine Nullstellen direkt ablesen, was die Besonderheit dieser Normalform ist. Mehr zu Lösungsformeln von polynomiellen Gleichungen können Sie im Projekt Nr. 2.4 lernen.

Nachdem wir uns nun mit der Suche nach Nullstellen von Polynomen beschäftigt haben, nähern wir uns wieder der allgemeineren Frage: Wie lassen sich Lösungen zu Gleichungssystemen finden? Hierbei dürfen in einem Gleichungssystem nun mehrere Gleichungen in mehreren Unbekannten von beliebigem Grad auftauchen. In der Vorlesung zur Linearen Algebra haben Sie diese Fragestellung bereits für lineare Gleichungssysteme untersucht: Sie haben Gleichungssysteme von m linearen Gleichungen in n Variablen gelöst, und zwar im Wesentlichen, indem Sie den Gauß-Algorithmus nutzten. Nun verallgemeinern wir also lineare Gleichungen zu polynomiellen Gleichungen. Ein Beispiel solcher Gleichungssysteme haben Sie bereits gesehen:

Beispiele von Varietäten (fortgesetzt)
Im Beispiel zu Varietäten haben wir bereits die *twisted cubic* gesehen. Dies war die gemeinsame Nullstellenmenge der Polynome

$$xz - y^2, \; yw - z^2 \text{ und } xw - yz,$$

was uns also zum Gleichungssystem

$$\begin{cases} xz - y^2 = 0 \\ yw - z^2 = 0 \\ xw - yz = 0 \end{cases}$$

führt. Eine Zeichnung dieser Nullstellenmenge sehen Sie in Abb. 2.2.

Weiterhin wollen wir uns fragen, wie man solche Gleichungssysteme allgemein lösen kann. Tatsächlich blieb diese Frage noch für viele Jahrzehnte bis ins 19. Jahrhundert unbeantwortet, und die Annäherung an diese Frage stellte den Wendepunkt hin zur modernen Algebra dar: Im Jahr 1920 veröffentlichte die deutsche Mathematikerin *Emmy Noether* ein Werk zur sogenannten *Idealtheorie* und verlagerte den Fokus von Gleichungen auf ebendiese Ideale. Sie revolutionierte das Verständnis von algebraischen Strukturen und entwickelte die richtige Sprache für den *Hilbertsche Nullstellensatz*, bewiesen 1893 durch den deutschen Mathematiker *David Hilbert*. Der Satz besagt, dass jedes Ideal in einem Polynomring über einem Körper endlich erzeugt ist; ohne diese Aussage an dieser Stelle näher zu erklären, möchten wir die Relevanz des Hilbertschen Nullstellensatz dadurch verdeutlichen, dass er für polynomielle Gleichungssysteme eine ähnliche Signifikanz hat wie der Gauß-Algorithmus für lineare Gleichungssysteme und eine fundamentale Verbindung zwischen Algebra und Geometrie liefert.

Exkurs: Wer war Emmy Noether?
Die Arbeit von Emmy Noether gilt nach wie vor als zu einer der Bedeutsamsten der modernen Mathematik, und auch in der Physik hat sie großen Einfluss genommen. Dennoch ist ihr Name – insbesondere außerhalb der Mathematik – kaum bekannt. Wie kommt es dazu?

Emmy Noether wurde 1882 als Tochter eines Mathematik-Professors in Erlangen geboren. Sie interessierte sich früh für Mathematik und bildete sich, oft selbst oder gemeinsam mit ihrem älteren Bruder, mit den Fachbüchern ihres Vaters weiter, da sich der Mathematikunterricht für Mädchen auf die Grundrechenarten beschränkte. Sie entschied sich, Mathematik zu studieren, was für Noether mit Hürden verbunden war: Sie wollte gern an der Universität Göttingen studieren, wo die damalige Elite der Mathematik lehrte und forschte. Göttingen war damals das Weltzentrum der Mathematik und anderer Naturwissenschaften: Hier wirkten zuvor Gustav Lejeune Dirichlet und Bernhard Riemann, gefolgt von Felix Klein und David Hilbert, und auch Physiker wie Albert Einstein, Max Born oder Robert Oppenheimer und Werner Heisenberg haben Verbindungen zur Universität Göttingen.

Als Emmy Noether[3] sich im Jahre 1904 zu einem Mathematikstudium entschloss, waren Frauen an der Universität Göttingen allerdings nicht zum Studium zugelassen, weshalb sie sich stattdessen an der Universität Erlangen immatrikulierte.

Emmy Noether

Im Jahr 1907 schloss sie ihr Studium dort mit einer Promotion im Bereich der sogenannten *Invariantentheorie* ab, die später signifikante Auswirkungen auf die Physik haben sollte (mehr dazu später in Abschn. 2.3). Noether war (nach Marie Gernet) die zweite deutsche Frau, die eine Promotion in Mathematik an einer deutschen Universität absolvierte. Nach ihrer Promotion blieb sie zunächst an der Universität Erlangen, um dort weiter zu forschen – allerdings bekam sie keine offizielle Position und wurde für ihre Arbeit auch nicht bezahlt. Sie lebte zu diesem Zeitpunkt sparsam von einem Erbe.

Im Jahr 1915 wurde Emmy Noether von den Göttinger Mathematikern Klein und Hilbert nach Göttingen eingeladen. Im Alter von 35 Jahre strebte sie dort eine Habilitation an, um Professorin zu werden. Auch dies gestaltete sich schwierig: Seit 1908 konnten Frauen zwar an der Universität Göttingen studieren, allerdings durften sie sich weiterhin nicht habilitieren. Noether reichte dennoch einen Antrag auf Habilitation bei der Universität Göttingen ein und löste dadurch eine Vielzahl an Diskussionen innerhalb der Universität aus. Ihr Antrag wurde zunächst blockiert und über zwei Jahre liegen gelassen; in dieser Zeit setzte sich Hilbert stark für sie ein und sorgte dafür, dass Noether an der Universität lehren durfte. Allerdings durfte sie keine eigene Lehre anbieten, sondern wurde offiziell unter Hilberts Namen geführt. Neben dieser Lehre forschte sie weiter und arbeitete unter anderem auch mit Albert Einstein zusammen an verschiedenen Fragestellungen, die mit der Relativitätstheorie zusammenhängen.

Im Jahr 1919 wurde ihr mittlerweile dritter Antrag auf Habilitation angenommen – vermutlich auch, weil Hilbert und Einstein sich für sie einsetzten – und sie durfte somit ihre erste eigene Vorlesung halten. Dadurch wurde sie zur ersten Frau in Deutschland, die Mathematik lehrte. Für Noether wurde von der Universität Göttingen eine Sonderregelung getroffen, denn Frauen durften hier erst ein Jahr später habilitieren. Sie hatte dadurch eine Stellung an der Universität inne, die einer Privatdozentin entspricht; den Titel „nicht beamteter außerordentlicher Professor" erhielt sie erst im Jahre 1922, was sie zur ersten weiblichen Professorin in Deutschland machte. Nichtsdestotrotz wurde sie nach wie vor nicht bezahlt, was sich erst ein Jahr später mit einem gering bezahlten Lehrauftrag änderte.

Als Jüdin wurde Noether im Jahre 1933 zunächst beurlaubt, und letztlich wurde ihr die Lehrbefugnis entzogen. Da sie das ihr vererbte Geld in den vielen Jahren ohne Bezahlung und in Verbindung mit der Hyperinflation ab dem Jahre 1914 verbraucht hatte, verlor sie dadurch ihr Einkommen und sah sich gezwungen, Deutschland zu verlassen. Sie emigrierte in die USA und verstarb dort im Jahre 1935 an den Folgen einer Operation.

Emmy Noethers Forschung konzentrierte sich auf abstrakte Mathematik, da sie kein Interesse an konkreten Rechnungen hatte. Sie leistete bahnbrechende Arbeit im Bereich der Algebra (u. A. Idealtheorie) und in der Physik (u. A. Noether-Theoreme). Für ihre Arbeit bekam sie jedoch kaum Anerkennung: Sie wurde zur unsichtbaren Autorin vieler Werke der Relativitätstheorie, für die ihre Arbeit der Invariantentheorie essentiell war. In vielen Werken, an denen sie wesentlich beteiligt war, wurde ihr Name nicht einmal genannt oder kurz als Fußnote aufgeführt. Die Noether-Theoreme durfte sie den Göttinger Mathematikern nicht selbst vorstellen, sondern musste dies an den Mathematiker Klein abgeben. Obwohl sie zu ihrer Zeit zur Weltspitze gehörte, blieb ihr die Anerkennung verwehrt und auch heute ist ihr Name noch viel zu wenigen Menschen bekannt.

Auch wenn die formalen Hürden für Frauen mittlerweile aus dem Weg geräumt wurden, ist auch heute nur jede sechste Professur in der Mathematik von einer Frau besetzt.

---

[3] Bildquelle: https://en.wikipedia.org/wiki/Emmy_Noether, unknown author, gemeinfrei gekennzeichnet.

> **Denkanstoß**
> Wenn Sie sich für die Geschichte von Emmy Noether interessieren, empfehlen wir Ihnen das Podcast-Porträt „Emmy Noether – Pionierin der modernen Mathematik" des SWR2[4].

Insgesamt ist der Themenbereich zu Idealen und dem Hilbertschen Nullstellensatz zu komplex, um ihn im Rahmen dieses Buchs zu erläutern. Stattdessen können Sie mitnehmen, dass es im 19. und 20. Jahrhundert eine Entwicklung hin zur modernen Algebra gab, in der die richtige Sprache formuliert wurde, um sich diesen komplizierten Fragestellungen zu nähern.

2.3 Was macht man mit Algebra?

Die Algebra ist ein Teilbereich der theoretischen Mathematik, den ein hoher Abstraktionsgrad auszeichnet. Ein wichtiger Aspekt der Algebra ist das Studium von Strukturen, was als Basis für verschiedene Erkenntnisse in der Mathematik und darüber hinaus gesehen werden kann.

Eine Anwendung von Algebra in Verbindung mit Geometrie haben Sie bereits gesehen, als wir uns Varietäten als Verbildlichung von Nullstellenmengen polynomieller Gleichungen angesehen haben. Dies wird in der *algebraischen Geometrie* näher studiert.

Ein weiteres Beispiel, in dem Algebra „anfassbar" wird, sind Konstruktionsaufgaben, über die Sie in Projekt Nr. 2.8 mehr erfahren können: Hierbei konstruiert man geometrische Objekte nur mit Hilfe von Zirkel und Lineal, indem man nur Kreise und Geraden zeichnen darf. Durch Schnittpunkte von Kreisen miteinander, von Kreisen mit Geraden, und von Geraden miteinander können verschiedene geometrische Objekte konstruiert werden. Mit Hilfe dieser Techniken können verschiedene Fragestellungen untersucht werden, wie zum Beispiel:

- *Quadratur des Kreises:* Zu einem gegebenen Kreis soll ein Quadrat mit gleichem Flächeninhalt konstruiert werden.
- *Winkel-Dreiteilung:* Ein gegebener Winkel soll in drei gleich große Winkel geteilt werden.
- *Würfelverdopplung:* Zu einem gegebenen Würfel soll ein Würfel mit doppeltem Volumen konstruiert werden.

---

[4] https://www.swr.de/swr2/wissen/emmy-noether-pionierin-der-modernen-mathematik-100.html

Keins dieser Probleme ist mit den Konstruktionstechniken mit Zirkel und Lineal lösbar, und mit Hilfe der Algebra lässt sich beweisen, warum das der Fall ist.

Neben der Mathematik bietet die Algebra auch Anwendungen in anderen Bereichen wie den Wirtschaftswissenschaften oder anderen Naturwissenschaften. Im Folgenden möchten wir uns in Kurzfassung ansehen, welchen Mehrwert das Noether-Theorem, das Emmy Noether im Jahre 1915 aufstellte, für die Physik hatte; dazu sei gesagt, dass im Noether-Theorem, sowie den damit verbundenen mathematischen Überlegungen, nicht nur die Algebra eine Rolle spielt, sondern auch andere Bereiche wie die Analysis (siehe Kap. 8).

Die wesentliche Aussage des Noether-Theorems ist Folgende:

Noether-Theorem
Zu jeder kontinuierlichen Symmetrie eines physikalischen Systems gehört eine Erhaltungsgröße.

Um zu verstehen, was Emmy Noether damit meinte, schauen wir uns die Begriffe innerhalb des Theorems näher an:

1. *Kontinuierliche Symmetrie:*
    Mit einer Bedeutung des Begriffs *Symmetrie* – ohne den Zusatz *kontinuierliche* – beschäftigen wir uns im Kap. 4 näher. Dort verstehen wir eine Symmetrie als Eigenschaft eines Objekts, die es uns ermöglicht, das Objekt durch nicht-triviale Operationen auf sich selbst abzubilden, ohne dass es sich optisch verändert. Zum Beispiel ist das Gemälde von Da Vinci aus Abb. 2.3 (links) symmetrisch bezüglich der eingezeichneten Achse. Allerdings ist dieses Gemälde nicht symmetrisch bezüglich einer um 90° gedrehten Achse.
    Betrachten wir stattdessen eine Kugel, wie in Abb. 2.3 rechts zu sehen, so ist diese symmetrisch für eine beliebige durch die Mitte laufende Achse. Ebenfalls können wir die Kugel an jeder solcher Achse nur minimal rotieren und werden keinen Unterschied zur Ausgangsposition finden – das wollen wir als *kontinuierliche Symmetrie* verstehen, also eine Symmetrie, die auch bei minimalen Veränderungen des Objekts besteht. Für eine kontinuierliche Symmetrie gibt es also beliebig viele Operationen, die den Anfangszustand des Objekts unverändert lassen.
    Weiterhin soll der Symmetrie-Begriff im physikalischen Kontext nicht auf geometrische Formen oder Objekte beschränkt sein: Die Physik versteht unter einer Symmetrie die Eigenschaft eines Systems, nach einer bestimmten Änderung unverändert auszusehen.
2. *Erhaltungsgröße:*
    Unter einer *Erhaltungsgröße* verstehen wir eine Invariante des Systems, also eine Größe, die auch bei Veränderung des Systems gleich bleibt.

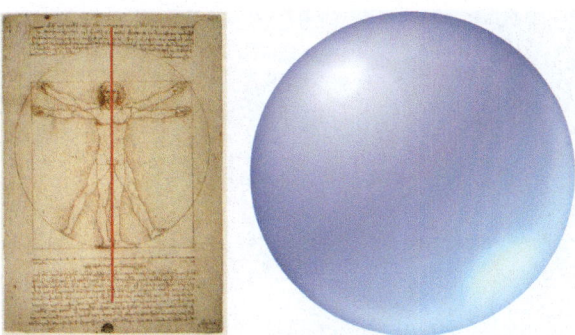

Abb. 2.3 Verschiedene Bedeutungen von Symmetrie

Insgesamt sagt uns das Noether-Theorem also: Zu jeder Veränderung eines Systems, das seinen Zustand nicht merklich verändert, existiert eine Invariante. Nehmen wir zum Beispiel eine Kugel und bewegen diese mit gleichbleibender Geschwindigkeit von links nach rechts, so ist diese Geschwindigkeit unabhängig davon, ob ich die Kugel von vorne, von hinten, von nah oder fern betrachte. Also ist die kontinuierliche Symmetrie hier der Raum, und die Erhaltungsgröße die Geschwindigkeit. Ebenfalls kann ich die Kugel nach oben halten und warten. Die Kugel wird immer dieselbe (Lage-)Energie haben, egal, wie lange ich warte. Hier ist die kontinuierliche Symmetrie also die Zeit, und die Invariante die Energie.

Aus dem Noether-Theorem ergeben sich so Aussagen, die Sie in der Physik vermutlich als Naturgesetze kennen gelernt haben:

- Der Impulserhaltungssatz: In einem abgeschlossenen System ist der Gesamtimpuls konstant, unabhängig von der Wahl des Standortes (vgl. Abb. 2.4).
- Der Energieerhaltungssatz: In einem abgeschlossenen System ist die Energie konstant, unabhängig von der Wahl der Startzeit.
- Der Drehimpulserhaltungssatz: In einem abgeschlossenen System ist der Drehimplus konstant, unabhängig von der Richtung im Raum.

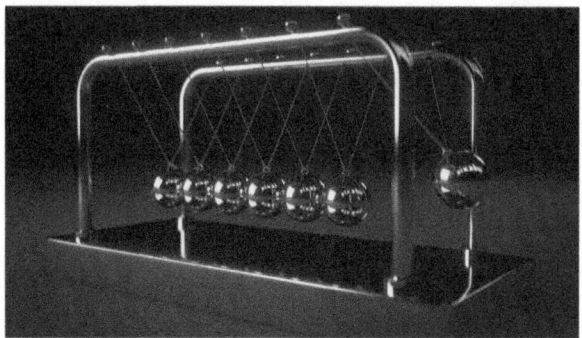

Abb. 2.4 Ein Beispiel für Impulserhaltung

Diese wichtigen physikalischen Gesetze konnte Emmy Noether aus dem Noether-Theorem herleiten, indem sie zeigte, dass jede kontinuierliche Symmetrie eine solche Erhaltungsgröße (in den Naturgesetzen: Impuls, Energie, Drehimpuls) hat. Ihre mathematische Arbeit lieferte also bedeutende Erkenntnisse für die Physik.

2.4 Ein Ausblick auf weitere Themen

Wie Sie im Laufe dieses Kapitels gesehen haben, ist die Geschichte der Algebra sehr lebendig: Viele wesentliche Erkenntnisse wurden schon Jahrtausende v. Chr. entdeckt, gerieten dann aber wieder in Vergessenheit und mussten neu erarbeitet werden. Ebenfalls hat sich der Bereich der Algebra entwickelt: Er ist insgesamt breit aufgestellt und in verschiedene Unterbereiche gegliedert. Auch die abstrakte Algebra hat sich stark weiterentwickelt, und wir sprechen seit Hilbert und Noether von der modernen Algebra. Stellvertretend durch die Algebra zeigt dies nochmals auf, dass Entwicklung ein wesentlicher Teil der Mathematik ist.

Ebenfalls haben wir am Beispiel des Noether-Theorems gesehen, dass wir die Algebra nicht immer isoliert betrachten möchten, sondern mit und durch sie auch Wissen in anderen Bereichen generieren können. Dabei ist es sinnvoll, algebraische Strukturen in der Anwendung zu untersuchen.

Auch hilft der technologische Fortschritt, gerade in Bereichen wie der Computeralgebra: Es können, zum Beispiel dank Computeralgebrasystemen, neue Wege gegangen werden, die der Schlüssel zu neuem Wissen sein können. Doch auch hier gibt es offene Fragen: Neben theoretischen Fragestellungen direkt aus der Algebra ist es auch von Interesse, solche Compueralgebrasysteme möglichst gut zu programmieren, damit sie in möglichst kurzer Zeit auch komplexe Rechnungen durchführen können.

Auch in der theoretischen Algebra gibt es eine Vielzahl offener Fragestellungen, auch wenn viele davon bereits sehr spezialisiert sind. Eine interessante Frage im Kontext von Nullstellen von Polynomen ist es, dies über den ganzen Zahlen zu untersuchen: Was kann man über ganzzahlige Nullstellen von ganzzahligen Polynomen aussagen?

Eine berühmte ungelöste Frage in der Algebra ist das sogenannte *Umkehrproblem der Galoistheorie:* Hierbei wird ein bekanntes Resultat aus der Galoistheorie umgedreht, und untersucht, ob diese Umkehrung wahr ist. Galoistheorie und das Umkehrproblem an dieser Stelle einzuführen, würde jedoch den Rahmen dieses Kapitels sprengen.

2.5 Projekte

Auf https://aspekte.rwth-aachen.de/ finden Sie interaktive Jupyter-Nootbooks zu ausgewählten Projekten, sowie weitere Materialien zum Buch.

2.1 Die Raumzeit-Algebra
Es ist weithin bekannt, dass man Raum und Zeit physikalisch nicht so trennen kann, wie man es aus dem Alltag gewohnt ist. Aber welche mathematische Struktur steckt hinter Albert Einsteins Relativitätstheorie, die das moderne Denken so fundamental geprägt hat? In diesem Notebook widmen wir uns der Raumzeit-Algebra, einem algebraischen Modell der Raumzeit. Dabei werden wir von wichtigen algebraischen Konstruktionen wie dem Tensorprodukt Gebrauch machen.

2.2 Eine Konstruktion der rationalen Zahlen
Wir alle kennen die rationalen Zahlen, doch wie kann man sie konstruieren? In diesem Notebook lernen wir eine mögliche Konstruktion kennen, durch die Sie auch einen Einblick in algebraische Konzepte erhalten: Über Grothendieck-Gruppen und Quotientenkörper von den natürlichen zu den rationalen Zahlen.

2.3 Elliptische Kurven
Elliptische Kurven zeichnen sich durch eine besondere Eigenschaft aus: Auf ihnen lässt sich eine Gruppenstruktur definieren. Wie man diese geometrisch herleiten kann und warum sich elliptische Kurven daher besonders gut für Kryptographie eignen, lernen wir in diesem Notebook. Wir beschäftigen uns intensiv mit der sogenannten Elliptischen-Kurven-Kryptographie und entdecken in ihr eine spannende Anwendung von endlichen Körpern.

2.4 Lösungsformeln für polynomielle Gleichungen

In diesem Projekt wollen wir uns Verallgemeinerungen der bekannten pq-Formel angucken. Diese funktioniert für Polynome von Grad 2, ähnliche Formeln gibt es auch für Polynome vom Grad 3 oder 4. Und dann wird es es richtig spannend: Man kann beweisen, dass man niemals eine allgemeine Lösungsformel für Polynome vom Grad 5 oder höher finden kann!

2.5 Der algebraische Abschluss

Anhand der Konstruktion von der imaginären Einheit i wird sich an die Konstruktion neuer Körper herangetastet, bis man zum algebraischen Abschluss kommt. Dabei beschäftigen wir uns mit Körpererweiterungen, und damit, wie sie aussehen, was Zerfällungskörper sind und was das mit Polynomen zu tun hat.

2.6 Hilberts 3. Problem: Zerlegungsgleiche Polyeder

Das Problem der Zerlegung und Wiederzusammensetzung von Körpern ist ein faszinierendes mathematisches Thema, das historische Wurzeln hat und zahlreiche interessante Anwendungen bietet. In einem historischen Kontext betrachten wir Beispiele wie den berühmten Satz des Pythagoras, der besagt, dass ein rechtwinkliges Dreieck sich in vier rechtwinklige Dreiecke gleicher Größe zerlegen lässt.

Für zweidimensionale Polyeder diskutieren wir die Lösung des Problems der Zerlegung und Wiederzusammensetzung, während wir für dreidimensionale Körper die Dehn-Invariante kennenlernen. Diese Invariante hilft uns, festzustellen, ob zwei Polyeder äquivalent sind, indem sie die Eigenschaften ihrer Oberflächen und Volumina vergleicht. Durch die Erforschung dieser Konzepte erweitern wir unser Verständnis der geometrischen Strukturen und ihrer Eigenschaften.

2.7 Visualisierungen von Varietäten

Nullstellen von Polynomen werden bereits in der Schule bestimmt. Doch wie sieht die Nullstellenmenge eines Polynoms in mehreren Variablen aus? Diese Menge wird als algebraische Varietät bezeichnet. Welche Aussagen lassen sich darüber treffen und welche Varietäten gibt es überhaupt? Vor allem interessiert uns, wie wir diese Varietäten visualisieren können. In diesem Projekt lernen

2.5 Projekte

wir „imagine" kennen, ein Programm, mit dem wir diese Varietäten grafisch darstellen können. Wir erkunden die Vielfalt algebraischer Varietäten und ihre geometrischen Eigenschaften, indem wir sie in Bildern zum Leben erwecken.

2.8 Quadratur des Kreises

In diesem Projekt wollen wir das Konzept der *Quadratur des Kreises* verstehen und warum diese Aufgabe nicht lösbar ist. Darüber hinaus werden wir weitere klassische Algebra-Probleme wie die Winkeldrittelung und die Volumenverdopplung ansprechen. Diese Probleme haben eine lange mathematische Geschichte und sind eng mit der Entwicklung der Algebra und Geometrie verbunden. Durch die Untersuchung dieser Probleme werden wir nicht nur die Grenzen der mathematischen Konstruktionen erkennen, sondern auch tiefere Einsichten in die Struktur der Zahlen und geometrischen Objekte gewinnen.

2.9 Origami

Mathematisches Origami ist eine faszinierende Disziplin, die geometrische Probleme durch Falttechniken löst, die mit Zirkel und Lineal allein nicht lösbar sind. Ein bekanntes Beispiel ist die Dreiteilung eines Winkels, die nicht mit klassischen Konstruktionswerkzeugen möglich ist, jedoch durch Origami-Konstruktionen erreicht werden kann.

In diesem Projekt werden wir untersuchen, welche geometrischen Fragen durch mathematisches Origami lösbar sind. Wir werden verschiedene Probleme wie die Konstruktion des Goldenen Schnitts oder die Herstellung regelmäßiger Polygone betrachten und ihre Lösungen durch Faltungen demonstrieren. Durch die praktische Anwendung von Origami-Techniken werden wir ein tieferes Verständnis für geometrische Konstruktionen entwickeln und die kreative Seite der Mathematik entdecken.

2.10 Hilberts Basissatz

Hilberts Basissatz hat die moderne Mathematik maßgeblich geprägt und das Prinzip des Existenzbeweises als zentrales Beweismittel etabliert, obwohl es anfangs auf erheblichen Widerstand in der mathematischen Gemeinschaft stieß. Der Basissatz besagt, dass jedes Polynom mit mehreren Variablen über einem unendlich dimensionalen Vektorraum eine Nullstelle hat. Dieser Satz war von großer Bedeutung, da er eine Verallgemeinerung des Fundamentaltheorems der Algebra darstellt und damit die Existenz von Lösungen für algebraische Gleichungen garantiert, die in der modernen Mathematik unerlässlich ist.

In unserem Projekt betrachten wir den Basissatz genauer und untersuchen, warum er so wichtig ist. Wir werden einen relativ elementaren Beweis für den Basissatz durchgehen und dabei die historische Einordnung dieses wichtigen Ergebnisses in die Entwicklung der Mathematik beleuchten. Durch die Auseinandersetzung mit Hilberts Basissatz werden wir nicht nur seine Bedeutung für die moderne Mathematik verstehen, sondern auch Einblicke in die mathematische Methodik und den Wandel mathematischer Denkweisen gewinnen.

2.11 Galoistheorie

Evariste Galois hat Grundlagen dafür gelegt, dass wir beweisen können, dass es keine allgemeine Lösungsformel für Polynome vom Grad 5 oder höher gibt (so wie die pq-Formel eine Lösungsformel für Polynome vom Grad 2 darstellt). Seine Arbeit verband Algebra mit Zahlentheorie und Gruppentheorie, und seine Galois-Korrespondenz ist ein Schlüsselkonzept, das viele weitere Zusammenhänge in der Mathematik inspirierte. Sein mathematisches Werk endete jedoch abrupt nach wenigen Jahren, da er im Alter von nur 20 Jahren tragisch starb, kurz nachdem er seine bedeutenden Ergebnisse veröffentlicht hatte. In diesem Projekt beschäftigen wir uns mit der nach ihm benannten Galoistheorie.

2.12 Babylonische Algebra

In Babylon entwickelte sich die Algebra bereits vor Tausenden von Jahren zu einer hochentwickelten mathematischen Disziplin. Das babylonische Zahlensystem basierte auf einem sexagesimalen System, das bis heute in der Zeitmessung verwendet wird. In diesem Projekt werden wir uns näher mit der Tontafel Plimpton 322 befassen, einem bemerkenswerten mathematischen Artefakt aus der babylonischen Zeit, das Pythagoreische Tripel enthält. Durch die Analyse dieser Tontafel können wir Einblicke in die mathematischen Kenntnisse und Fähigkeiten der Babylonier gewinnen und ihre Beiträge zur Algebra und Geometrie würdigen.

Lineare Algebra 3

In diesem Kapitel möchten wir uns mit der Linearen Algebra beschäftigen. Zu dem Zeitpunkt, zu dem Sie dies hier lesen, werden Sie vermutlich Vorlesungen zu Linearer Algebra bereits gehört haben. Wozu also an dieser Stelle noch ein Kapitel zur Linearen Algebra?

Wir möchten die Lineare Algebra hier angewandt betrachten und uns auf Umsetzungen hinter der Theorie konzentrieren. Dazu werden wir als Grundstein zusammenfassen, worin das Wesentliche in den üblichen Vorlesungen zur Linearen Algebra besteht, bevor wir dies dann in Anwendungen übertragen werden.

3.1 Was ist Lineare Algebra?

Laut Wikipedia ist die Lineare Algebra „ein Teilgebiet der Mathematik, das sich mit Vektorräumen und linearen Abbildungen zwischen diesen beschäftigt"[1]. Das primäre Ziel der Vorlesung zur Linearen Algebra ist es, diese beiden Begriffe – *Vektorräume* und *lineare Abbildungen* – besser zu verstehen. Ein wesentliches Resultat ist, dass lineare Abbildungen zwischen endlich-dimensionalen Vektorräumen durch Matrizen dargestellt werden können. Aus diesem Grund sind auch Matrizen ein wichtiges Objekt in den Vorlesungen zur Linearen Algebra.

Da seit der Vorlesung zur Linearen Algebra für Sie bereits einige Zeit vergangen sein könnte, führen wir hier ein kleines Beispiel an, um die Erinnerung wieder anzustoßen:

---

[1] https://de.wikipedia.org/wiki/Lineare_Algebra; Abrufdatum 14.03.2023.

Beispiel: Lineare Abbildungen und Matrizen
Gegeben sei eine lineare Abbildung

$$\phi: \mathbb{R}^3 \to \mathbb{R}^2, \quad \begin{pmatrix} x \\ y \\ z \end{pmatrix} \mapsto \begin{pmatrix} x + 2y - z \\ -x - z \end{pmatrix}.$$

Wir wählen die Standardbasen $B = (e_1, e_2, e_3) = \left(\begin{pmatrix} 1 \\ 0 \\ 0 \end{pmatrix}, \begin{pmatrix} 0 \\ 1 \\ 0 \end{pmatrix}, \begin{pmatrix} 0 \\ 0 \\ 1 \end{pmatrix} \right)$ von $\mathbb{R}^3$ sowie $C = (e_1, e_2) = \left(\begin{pmatrix} 1 \\ 0 \end{pmatrix}, \begin{pmatrix} 0 \\ 1 \end{pmatrix} \right)$ von $\mathbb{R}^2$, und bestimmen die Bilder der Basisvektoren B unter der Abbildung ϕ:

$$\begin{pmatrix} 1 \\ 0 \\ 0 \end{pmatrix} \overset{\phi}{\mapsto} \begin{pmatrix} 1 \\ -1 \end{pmatrix}, \quad \begin{pmatrix} 0 \\ 1 \\ 0 \end{pmatrix} \overset{\phi}{\mapsto} \begin{pmatrix} 2 \\ 0 \end{pmatrix}, \quad \begin{pmatrix} 0 \\ 0 \\ 1 \end{pmatrix} \overset{\phi}{\mapsto} \begin{pmatrix} -1 \\ -1 \end{pmatrix}.$$

Daraus lesen wir die Abbildungsmatrix $A_\phi^{C,B}$ von ϕ bezüglich der Basen B und C ab:

$$A_\phi^{C,B} = \begin{pmatrix} 1 & 2 & -1 \\ -1 & 0 & -1 \end{pmatrix}.$$

Ein großer Schritt, um Matrizen und damit lineare Abbildungen gut zu verstehen, besteht darin, diese auf eine möglichst einfache Form zu bringen. *Möglichst einfach* bedeutet hierbei, dass in der zur linearen Abbildung gehörenden Matrix nur wenige Einträge von Null verschieden sind. Dies ist zum Beispiel bei Diagonalmatrizen oder Matrizen in Zeilenstufenform der Fall. Diese einfachen Formen helfen uns zum Beispiel dabei, die Potenzen oder das Exponential einer Matrix zu berechnen, oder abzulesen, ob die Matrix invertierbar ist.

Beispiel: Lineare Abbildungen und Matrizen (fortgesetzt)
Die Darstellungsmatrix der im obigen Beispiel eingeführten linearen Abbildung ϕ kann jedoch auch eine schönere Gestalt haben, wenn wir andere Basen für die Vektorräume $\mathbb{R}^3$ und $\mathbb{R}^2$ wählen:
Wir wählen nun die Basen $B' = (e_1 + e_2, e_1 - e_2, e_1 - e_2 - e_3) = \left(\begin{pmatrix} 1 \\ 1 \\ 0 \end{pmatrix}, \begin{pmatrix} 1 \\ -1 \\ 0 \end{pmatrix}, \begin{pmatrix} 1 \\ -1 \\ -1 \end{pmatrix} \right)$ von $\mathbb{R}^3$ sowie $C' = (3e_1 - e_2, -e_1 - e_2) =$

3.1 Was ist Lineare Algebra?

$\left(\begin{pmatrix} 3 \\ -1 \end{pmatrix}, \begin{pmatrix} -1 \\ -1 \end{pmatrix}\right)$ von $\mathbb{R}^2$, und bestimmen die Bilder der Basisvektoren B' unter der Abbildung ϕ:

$$\begin{pmatrix} 1 \\ 1 \\ 0 \end{pmatrix} \overset{\phi}{\mapsto} \begin{pmatrix} 3 \\ -1 \end{pmatrix}, \quad \begin{pmatrix} 1 \\ -1 \\ 0 \end{pmatrix} \overset{\phi}{\mapsto} \begin{pmatrix} -1 \\ -1 \end{pmatrix}, \quad \begin{pmatrix} 1 \\ -1 \\ -1 \end{pmatrix} \overset{\phi}{\mapsto} \begin{pmatrix} 0 \\ 0 \end{pmatrix}.$$

Daraus lesen wir die Abbildungsmatrix $A_\phi^{C,B}$ von ϕ bezüglich der Basen B' und C' ab:

$$A_\phi^{C',B'} = \begin{pmatrix} 1 & 0 & 0 \\ 0 & 1 & 0 \end{pmatrix}.$$

Diese Darstellungsmatrix sieht nun einfacher aus als die zuvor aufgestellte Darstellungsmatrix $A_\phi^{C,B}$. Dennoch handelt es sich hierbei um Darstellungsmatrizen von ein und derselben Abbildung, nur mit verschieden gewählten Basen.

Manchmal sind wir jedoch nur an einer einfachen Form der Matrix interessiert, und nicht an der Basis, die wir dafür benötigen. Einen Weg, um eine einfache Matrizenform – nämlich die Zeilenstufenform – zu erhalten, haben Sie in der Vorlesung zur Linearen Algebra kennen gelernt: Wir benutzen dafür den *Gauß-Algorithmus*. Dieser, auch als Gauß'sches Eliminationsverfahren bekannte, Algorithmus ist das vermutlich wichtigste Tool aus der Linearen Algebra.

Denkanstoß
Wiederholen Sie, was eine (reduzierte) Zeilenstufenform ist und wie man eine Matrix mit Hilfe vom Gauß-Algorithmus auf diese Form bringen kann.
   Bestimmen Sie dann mittels Gauß-Algorithmus die Zeilenstufenform der Matrix

$$M_1 = \begin{pmatrix} 1 & -1 & 2 \\ -2 & 1 & -6 \\ 1 & 0 & -2 \end{pmatrix}.$$

Der Gauß-Algorithmus wird in der Linearen Algebra-Vorlesung eingeführt, um lineare Gleichungssysteme zu lösen, allerdings taucht er auch danach noch in weiteren Anwendungen in der Vorlesung auf:

- Bestimmung der Lösbarkeit eines linearen Gleichungssystems
- Angabe der Lösungsmenge eines linearen Gleichungssystems
- Umformung einer Matrix auf ihre (reduzierte) Zeilenstufenform
- Erkennen, ob eine gegebene Matrix invertierbar ist, d. h. ob ihre Determinante von Null verschieden ist
- Erkennen, ob eine lineare Abbildung injektiv, surjektiv oder bijektiv ist
- Bestimmen der Inversen einer gegebenen, invertierbaren Matrix
- Bestimmung des Rangs einer gegebenen Matrix, also die Dimension des Bildes der zugehörigen linearen Abbildung; gemeinsam mit der Dimensionsformel also auch die Bestimmung der Dimension des Kerns der zugehörigen linearen Abbildung
- Prüfen, ob ein gegebener Vektor als Linearkombination anderer gegebener Vektoren dargestellt werden kann und somit auch die Überprüfung, ob gegebene Vektoren ein Erzeugendensystem bilden
- Prüfen, ob gegebene Vektoren linear unabhängig sind
- Prüfen, ob gegebene Vektoren eine Basis bilden
- Bestimmung von Basiswechselmatrizen.

Wie Sie sehen, können wir hiermit bereits einen großen Teil der Themen der Linearen Algebra I-Vorlesung abdecken, und auch Vektorräume und lineare Abbildungen – und deshalb Matrizen – mit Hilfe des Gauß-Algorithmus untersuchen.

Vielleicht ist Ihnen aufgefallen, dass ein großer Themenbereich der Linearen Algebra in der obigen Liste fehlt: Diagonalisierbarkeit und Trigonalisierbarkeit von Matrizen mittels Eigenwerten. In diesem Kontext wird in der Linearen Algebra-Vorlesung die Jordan-Normalform besprochen, bei der es sich um eine besonders schöne Form einer Matrix handelt, die nur wenige von Null verschiedene Einträge besitzt. Diese von Null verschiedenen Einträge befinden sich auf der Diagonalen – hier entsprechen sie den Eigenwerten der Matrix – und auf der Nebendiagonalen – hier bestimmen sie die Größe der Jordan-Blöcke zu den Eigenwerten. Die Eigenwerte können wir dadurch ermitteln, dass wir Nullstellen des charakteristischen Polynoms bestimmen. An dieser Stelle stößt der Gauß-Algorithmus an seine Grenzen: Nullstellen von Polynomen bestimmen kann er nicht. Mit der Suche nach Nullstellen beschäftigen wir uns stattdessen in Kap. 2, dem Kapitel zur *Algebra*. Dennoch werden wir im Laufe dieses Kapitels zur Linearen Algebra auch über Eigenwerte sprechen, allerdings werden wir hierbei einen anderen Ansatz verfolgen.

Durch die Vorlesung Lineare Algebra haben wir also Vektorräume und lineare Abbildungen verstanden, und zwar zu großen Teilen durch den Gauß-Algorithmus. Allerdings ist der Gauß-Algorithmus auch mit Aufwand verbunden:

> **Denkanstoß**
> Bestimmen Sie mittels Gauß-Algorithmus die Zeilenstufenform der Matrix
> $$M_2 = \begin{pmatrix} 2 & 4 & -10 & 6 & 24 \\ -2 & -4 & -2 & -4 & -9 \\ 0 & 0 & 12 & 1 & 14 \\ 1 & 2 & 4 & 2 & 6 \end{pmatrix}.$$
> Stellen Sie die Bestimmung der Zeilenstufenform der Matrizen M_1 aus dem vorigen Denkanstoß und der Matrix M_2 aus diesem Denkanstoß gegenüber: Wie viele Schritte im Gauß-Algorithmus müssen Sie nun zusätzlich durchführen?

Sie sehen also, dass das Rechnen mit dem Gauß-Algorithmus bereits für eine 4×5-Matrix einige Zeit in Anspruch nimmt. Deshalb möchten wir uns im Folgenden mit einem Ansatz beschäftigen, dessen Ziel es ist, den Gauß-Algorithmus oder ähnlich hilfreiche Verfahren einfacher oder schneller umzusetzen: Diesen Bereich bezeichnen wir als *Numerische Lineare Algebra,* in dem Lösungsalgorithmen für Probleme aus der Linearen Algebra entwickelt werden.

3.2 Was macht man mit Linearer Algebra?

Nach den Vorlesungen zur Linearen Algebra haben wir also lineare Abbildungen verstanden und wissen, dass wir diese im endlich-dimensionalen Fall durch Matrizen darstellen können. Diese Matrizen können wir mittels Gauß-Algorithmus auf Zeilenstufenform bringen und dadurch verschiedene Aspekte untersuchen. In den Vorlesungen zur Linearen Algebra haben wir dies allerdings nur für kleine Dimensionen gemacht und bereits hier gesehen, dass das Durchführen des Gauß-Algorithmus mit wachsender Dimension der zugrunde liegenden Vektorräume anspruchsvoller wird, weil wir mehr Operationen durchführen müssen: Den Gauß-Algorithmus auf eine 5×5-Matrix anzuwenden dauert wesentlich länger als ihn auf eine 2×2-Matrix anzuwenden. Das wollen wir uns im Folgenden näher ansehen:

Für eine $n \times n$-Matrix hat der Gauß-Algorithmus eine Laufzeit (siehe Abschn. 6.2.3) von $\mathcal{O}(n^3)$. Das bedeutet, dass sich der Rechenaufwand im Gauß-Algorithmus kubisch zur Input-Größe verhält – verdoppeln wir beispielsweise die Input-Größe von einer $n \times n$-Matrix zu einer $2n \times 2n$-Matrix, so steigt der Rechenaufwand um den Faktor $2^3 = 8$ an. Für eine 2×2-Matrix braucht der Gauß-Algorithmus also etwa $2^3 = 8$ Operationen, während er für eine 5×5-Matrix bereits $5^3 = 125$ Operationen braucht.

Mit unserem Verständnis von linearen Abbildungen können wir nun über die vergleichsweise kleinen Dimensionen hinaus gehen und uns fragen, wie wir Rechnungen auch in großen Dimensionen ausführen können. Wir sehen, dass der Gauß-Algorithmus in großen Dimensionen sehr lange laufen kann:

> **Denkanstoß**
> Überlegen Sie, ausgehend von obigen Ausführungen zur Laufzeit des Gauß-Algorithmus, wie viele Operationen der Gauß-Algorithmus durchführt, wenn man ihn auf eine Matrix der Größe
>
> 1. 10×10
> 2. 100×100
> 3. 1000×1000
> 4. $1.000.000 \times 1.000.000$
>
> anwendet.

Doch warum sollten wir uns überhaupt für Matrizen dieser Größenordnung interessieren?

Im heutigen Zeitalter des Internets gibt es unzählbar viele Informationen, die sofort abrufbar sind. Um diese Informationen zu speichern, zu sortieren und zu verlinken, bedarf es einer sinnvollen Methode, um mit dieser Masse an Daten umzugehen. Eine Möglichkeit hierzu kann sein, diese Daten in Form von Matrizen zu speichern. Ein Beispiel hierfür finden Sie in Abschn. 5.3, in dem der PageRank Algorithmus erklärt wird: Man kann die Verlinkungen von Webseiten aufeinander in einer Matrix speichern. Das kann geschehen, indem für n Webseiten eine $n \times n$-Matrix A aufgestellt wird, deren Eintrag $a_{i,j}$ Eins ist, wenn es eine Verlinkung von der Webseite i auf die Webseite j gibt, und Null sonst. Die Größe der Matrix entspricht also der Anzahl an betrachteten Webseiten – Ende des Jahres 2022 gab es über 1.14 Mrd. Webseiten[2]. Entsprechend ist es sinnvoll, auch Matrizen solcher Größen zu untersuchen.

Eine weitere Anwendung von sehr großen Matrizen findet sich in *Künstlichen Neuronalen Netzen,* einem Spezialbereich der Künstlichen Intelligenz. Hierbei handelt es sich um eine bestimmte Art von Algorithmen aus dem *Machine Learning* (siehe hierzu auch Abschn. 6.4), bei denen eine Maschine – also ein Computer – Probleme dadurch löst, dass sie eigenständig lernt, ohne explizit auf die Lösung des Problems programmiert worden zu sein. Die Algorithmen sind dabei den Neuronalen Netzen, also der Struktur des menschlichen Gehirns, nachempfunden, um komplexe Probleme zu lösen. Da Künstliche Neuronale Netze ein aktuelles Thema, u.A. in der Informatik, sind, machen wir einen Exkurs:

---

[2] Quelle: https://www.websiterating.com/de/research/internet-statistics-facts/, Abrufdatum 27.03.2023.

3.2.1 Exkurs: Künstliche Neuronale Netze

Um ein Grundverständnis dafür zu entwickeln, was Künstliche Neuronale Netze sind, schauen wir uns im ersten Schritt ihr biologisches Vorbild an: Neuronale Netze.

Neuronen sind Nervenzellen, die darauf spezialisiert sind, Erregungen zu übertragen. Man geht nach aktuellem Forschungsstand davon aus, dass es im menschlichen Gehirn etwa 100 Mrd. solcher Nervenzellen gibt. Um Erregungen übertragen zu können, sind die Neuronen miteinander verbunden, und diese Verbindungen werden *Synapsen* genannt. In Abb. 3.1 sehen Sie die Neuronen und Synapsen eines Fadenwurms; dieser verfügt über etwa 300 Neuronen, die über die eingezeichneten Synapsen miteinander verbunden sind. In diesem Bild wird ersichtlich, warum wir von neuronalen *Netzen* sprechen.

Wenn Sie nun die Zahlen vergleichen – 300 Neuronen beim Fadenwurm vs. 100 Mrd. Neuronen im menschlichen Gehirn – können Sie sich in etwa vorstellen, wie komplex und vernetzt es im menschlichen Gehirn aussieht. Forschende gehen davon aus, dass es im menschlichen Gehirn etwa 100 Billionen Verknüpfungen gibt. Wofür diese Verknüpfungen gut sind, erleben Sie täglich: Wird die Ampel rot, bleiben Sie stehen, ohne darüber nachzudenken. Wenn Sie Auto fahren, werden Sie beim Abbiegen den Blinker setzen, ohne darüber nachzudenken. Wenn jemand von hinten Ihren Namen ruft, drehen Sie sich um, ohne darüber nachzudenken. Dass all dies

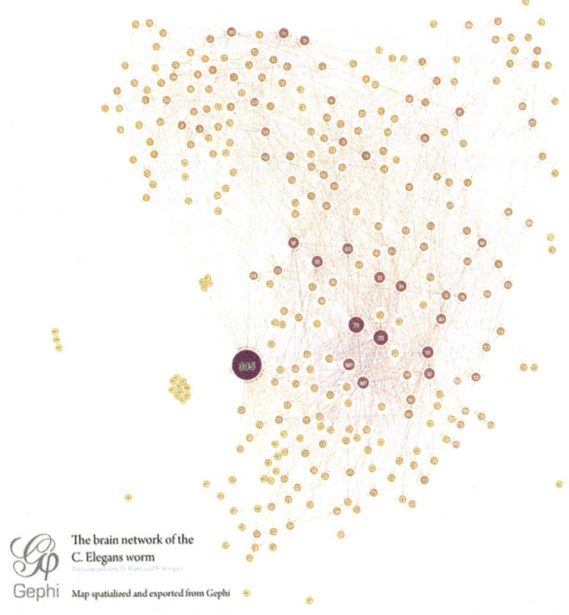

Abb. 3.1 Neuronale Verknüpfungen im Fadenwurm Caenorhabditis elegans. (Quelle: Mentatseb, https://commons.wikimedia.org/wiki/File:C.elegans-brain-network.jpg, „C.elegans-brain-network", https://creativecommons.org/licenses/by-sa/3.0/legalcode)

ohne bewusstes Nachzudenken funktionieren kann, liegt an der Funktionsweise Ihres Gehirns, die wir uns im Folgenden kurz anschauen werden.

Es gibt im Wesentlichen Neuronen mit drei verschiedenen Zwecken. Das sind:

1. Sensorische Nervenzellen: Diese Nervenzellen sind für die Wahrnehmung zuständig. Hier werden Eindrücke, die z. B. die Sinnesorgane wahrnehmen, an das Gehirn weitergeleitet: Eine Ampel wird rot, eine Straße macht eine Biegung, jemand ruft Ihren Namen.
2. Interneuronen: Hierbei handelt es sich um Nervenzellen, die Informationen von einem Punkt zu einem anderen Punkt weitergeben. So gelangt beispielsweise die Information, dass die Ampel rot geworden ist, innerhalb des Gehirns zu dem Hirnareal weiter, das diese Informationen verarbeitet.
3. Motorische Nervenzellen: Diese Nervenzellen geben die Impulse vom Gehirn an die Muskeln, woraufhin Muskelzellen kontrahieren können und Bewegung verändert werden kann. Wenn also an diesen Nervenzellen die Information ankommt, dass die Ampel rot ist, geben diese Nervenzellen den Impuls zum Stehen Bleiben an die Muskeln weiter.

Warum müssen wir überhaupt automatisiert handeln, also Handlungen ausführen, ohne darüber nachzudenken? Der Grund hierfür ist die Komplexität unserer Umwelt – das Gehirn filtert bereits nur die Sinneseindrücke heraus, die es für relevant hält, da wir sonst überfordert wären. Durch Erfahrungen haben wir verschiedene Muster erlernt, die unsere Kapazitäten für bewusstes Denken und Entscheiden für andere Punkte frei halten: Zum Beispiel stehen zu bleiben, wenn eine Ampel rot wird.

Doch wie entscheidet unser Gehirn, was es für relevant hält? Ein Neuron hat meist mehrere Eingänge, und die eingehenden Erregungen werden summiert. Wenn die Summe dieser eingehenden Erregungen dann größer ist als ein gewisser Schwellenwert, wird das Neuron getriggert und gibt die Erregung weiter. Wenn Sie zum Beispiel spazieren gehen und eine Person in der Ferne rennt, werden Sie dies kaum bemerken. Wenn aber statt einer nun zehn Personen in die selbe Richtung rennen und Sie im Hintergrund Rauch erahnen können, wird diese Szenerie Ihre volle Aufmerksamkeit bekommen. Ebenfalls können die Erregungen verschieden gewichtet sein: Wenn Sie beim Kochen das Radio im Hintergrund laufen lassen und nur passiv zuhören, werden Sie dennoch mit einer hohen Wahrscheinlichkeit registrieren, wenn Ihr Lieblingslied läuft, und dieses dann aktiv hören.

Nun, da Sie einen Eindruck davon gewinnen konnten, wie neuronale Netze funktionieren, wenden wir uns Künstlichen Neuronalen Netzen zu. Diese werden in einem Teilbereich der Informatik, nämlich der Künstlichen Intelligenz, genutzt, um Informationen zu verarbeiten. Sie werden dem Bereich der Künstlichen Intelligenz zugeordnet, weil ihre Funktionsweise nicht auf vorher klar definierten Regeln aufbaut, sondern Künstliche Neuronale Netze selbstständig komplexe Muster erlernen können. Das Lernen funktioniert also nicht explizit, d. h. über klar diktierte Regeln, sondern implizit durch Lernen aus Erfahrung und dem Erkennen von Mustern. Dies ist vergleichbar mit dem Erlernen einer Sprache im menschlichen Gehirn: Die Muttersprache lernt es beim Aufwachsen implizit und schnell, während das Erlernen

3.2 Was macht man mit Linearer Algebra?

einer Fremdsprache über explizite Regeln meist viel länger dauert und mühsamer ist. Ähnlich kann auch ein Künstliches Neuronales Netz Regeln explizit beigebracht bekommen, allerdings muss dies trainiert werden und ist oft aufwendiger als das implizite Lernen über Mustererkennung.

Auch in diesem Beispiel sehen Sie den gezogenen Vergleich zwischen Künstlichen Neuronalen Netzen und dem menschlichen Denken. Die neuronalen Netze im Gehirn sind namensgebend und das Vorbild für Künstliche Neuronale Netze, und auch im strukturellen Aufbau sind die Künstlichen Neuronalen Netze den neuronalen Netzen im Gehirn nachempfunden:

Es gibt auch hier drei verschiedene Schichten, wie man in Abb. 3.2 sieht. Zunächst kommt in Künstlichen Neuronalen Netzen eine Eingabeschicht vor, der zum Beispiel Datentabellen, Videos, Tonspuren, Texte oder Fotos übergeben werden. In einer oder mehreren verborgenen Schichten werden diese Informationen dann weitergegeben und verarbeitet, bevor im letzten Schritt über die Ausgabeschicht ein Ergebnis übermittelt wird.

Wie kann man mit Künstlichen Neuronalen Netzen arbeiten? In der Regel verfolgt man eine zuvor spezifizierte Fragestellung, für die man die Hilfe Künstlicher Intelligenz nutzen möchte. Diese Fragestellungen können vielfältig sein: Das Vorhersagen von Wetter, das maschinelle Erkennen von gesprochener Sprache, das Fortführen eines Textes in einem gewissen Schreibstil, den Stil einer Malerin auf die eigenen Fotos übertragen (vgl. Abb. 3.3), und viele Weitere. Auch Deepfakes, also künstlich generierte Inhalte, die realistisch wirken, werden mit Künstlichen Neuronalen Netzen erstellt.

Im Sinne der Fragestellung, an der man mittels Künstlichen Neuronalen Netzen arbeiten möchte, baut man im ersten Schritt das Netz auf. Man baut zunächst die Grundstruktur des Netzes, indem im Wesentlichen definiert wird, wie das Netz aussehen soll: Welche Neuronen soll es geben und zwischen welchen sollen Verbindungen laufen? Das Netz kann dann je nach Fragestellung verschieden aussehen. Diese Konstruktion ist allerdings nicht starr, sondern kann vom Künstlichen Neuro-

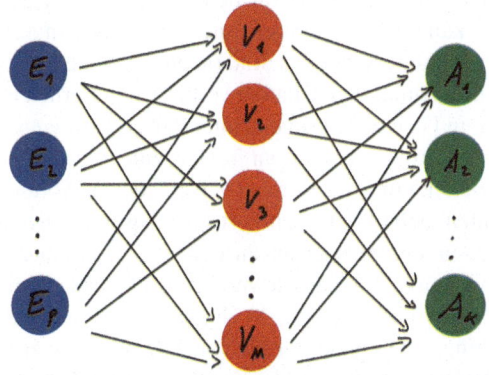

Abb. 3.2 Künstliches Neuronales Netz mit Eingabeschicht E, verborgener Schicht V und Ausgabeschicht A

Abb. 3.3 Originalfoto (links) sowie dasselbe Foto im Stil von Van Gogh; von einer Künstlichen Intelligenz erstellt. (Quelle: rechtes Bild mit der KI *Data Chef* von https://tech-lagoon.com erstellt)

nalen Netz selbst im nächsten Schritt verändert werden – nun folgt die Trainingsphase. In dieser Phase lernt das Künstliche Neuronale Netz, beispielsweise indem es neue Verbindungen zwischen Neuronen baut, vorhandene Verbindungen löscht, oder auch neue Neuronen hinzufügt oder Vorhandene entfernt. Ebenfalls können Neuronen oder Verbindungen je nach Signifikanz gewichtet werden. Dieses Lernen basiert das Künstliche Neuronale Netz auf Trainingsdaten: Ihm werden Paare von Input und erwartetem Output übergeben, sodass das Künstliche Neuronale Netz sich schrittweise verändert, bis sein eigener Output möglichst nah an den erwarteten Outputs der Trainingsdaten liegt.

3.2.2 Künstliche neuronale Netze und große Matritzen

Was haben Künstliche Neuronale Netze nun mit Matrizen in großen Dimensionen zu tun? Das schauen wir uns anhand des Beispiels eines Chatbots an. Im Jahr 2023 ist der aktuellste Chatbot *ChatGPT* vom US-amerikanischen Unternehmen OpenAI, dem Vorgänger wie *GPT2* und *GPT3* vorausgehen. Man kann mit ChatGPT chatten; es gibt also eine Eingabe-Ebene für den User, und eine Ausgabe-Ebene von ChatGPT. ChatGPT kann Texte verfassen, die von menschengeschriebenen Texten vom Stil her kaum noch unterscheidbar sind (auch wenn die Inhalte nicht notwendigerweise korrekt sind). Hinter dem Chatbot verbirgt sich Lernen mittels Künstlichen Neuronalen Netzen, in Form eines sogenannten *Large Language Models (LLM)*.

Dem LLM werden große Mengen an Texten zum Lernen gegeben, aus denen die Benutzung, Beziehung und der Kontext verschiedener Wörter extrahiert werden. Aufgrund des rasanten technologischen Fortschritts gibt es auch hier schnelle Weiterentwicklungen, da immer mehr Daten ausgewertet und immer mehr Beziehungen gespeichert werden können. Lag der zur Verfügung stehende Speicherplatz für Trainingsdaten der Version GPT2 noch bei 40 Gigabyte, so standen dessen Nachfolger, GPT3, bereits Trainingsdaten in der Größe von 570 Gigabyte zur Verfügung.

Das *GPT* in ChatGPT steht für *Generative Pre-trained Transformer: Generative,* weil ein Output generiert wird, *Pre-trained,* weil das Training des zugrunde liegenden Künstlichen Neuronalen Netzes bereits vor dem Kontakt zum User erfolgt, und *Transformer*, da es über zwei Schichten – eine zum Verarbeiten von Input, eine zum Generieren von Output, verfügt. ChatGPT unterscheidet sich darüber hinaus von seinen Vorgängern, indem die Testphase von Menschen begleitet wird: Menschen stellen dem Künstlichen Neuronalen Netz Konversationen zur Verfügung, in denen beide Seiten des Chats von Menschen geschrieben wurden. Anhand dieser Trainingsdaten lernt das LLM, wie es einem User nach der Eingabe antworten kann.

Wie kommt ChatGPT nun zu den Antworten, die es gibt? Um ein einfaches Beispiel zu betrachten, nehmen wir an, der User würde den Chatbot Folgendes fragen: „Vervollständige folgenden Satz: *Aus großer Macht folgt große...*". Der Chatbot hat in seiner Trainingsphase so viele Texte gelesen, als dass er nun durchgeht, wie häufig welche Wörter in welchen Verbindungen miteinander stehen. Er konnte beim Lernen gewichten, welche Wörter an welchen Stellen die meiste Signifikanz haben, um den weiteren Satz zu bestimmen, und gewichtet diese Wörter entsprechend. Zum Beispiel werden Artikel eine eher geringe Relevanz haben, während Verben von größerer Bedeutung sind. Aus diesen Erfahrungen wird gelernt, und der Chatbot kann den Output mit der größten empirischen Wahrscheinlichkeit basiert auf diesem Erfahrungen zurückgeben: „Aus großer Macht folgt große Verantwortung" (nach Voltaire und/oder Ben Parker aus *Spiderman*).

Da der Chatbot nun keine Sprache versteht, muss er mit den Wörtern anders umgehen: Er legt eine Vokabelliste an. In den Vorgängermodellen GPT2 und GPT3 belief sich die englischsprachige Vokabelliste auf 50.257 Wörter. Das Künstliche Neuronale Netz speichert die Wörter dann als Vektor: Eine 1 an der Stelle, an der das entsprechende Wort in der Vokabelliste auftaucht, und sonst ist der Vektor mit Nullen gefüllt. Zum Beispiel entspricht das Wort *Aaron* dem Vektor $\begin{pmatrix} 0 & 1 & 0 & ... \end{pmatrix} \in \mathbb{R}^{1 \times 50.257}$. Ein Satz, der aus N Wörtern besteht, wird also als $N \times 50.257$-Matrix kodiert. Man geht davon aus, dass eine Sprache im Durchschnitt 337.200 Wörter umfasst, wovon etwa 95 % auch in den meisten Texten genutzt wird. Mittlerweile sind 46 Sprachen an den Chatbot angebunden, weshalb wir auf eine Gesamt-Vokabelliste von fast 15 Mio. Wörtern kommen. Wie Sie sehen, können die Matrizen, die hier auftauchen, sehr groß werden, sind aber dünn besetzt (d. h. ein Großteil der Einträge ist Null).

Wir haben also nun, zum Beispiel anhand von Künstlichen Neuronalen Netzen, gesehen, wieso wir uns für Matrizen interessieren, die um einiges größer sind als diejenigen, die Sie in der Vorlesung zur Linearen Algebra studiert haben. Da wir

Matrizen und die zugrunde liegenden linearen Abbildungen dank der Linearen Algebra-Vorlesung bereits gut verstehen können, bleibt nun die Frage zu klären, wie wir mit Matrizen in diesen Größen rechnen können.

3.3 Wie können wir in Linearer Algebra besser rechnen?

Im Denkanstoß in Abschn. 3.2 haben Sie einen Eindruck davon erhalten, wie viel Rechenaufwand sich hinter dem Gauß-Algorithmus für große Matrizen verbirgt. Eine Überlegung, um in der Linearen Algebra besser rechnen zu können, ist also, nach weiteren Algorithmen oder Rechenwegen zu suchen. Nun werden wir mit Matrizen in diesen Größenordnungen kaum selbst rechnen, sondern diese primär an den Computer übergeben. Der Computer braucht allerdings nicht nur Rechenaufwand für Algorithmen, sondern auch Speicherplatz, um die Einträge der Matrizen zu speichern. Häufig ist die Frage nach Speicherplatz für den Computer sogar relevanter als die Rechenausführungen, woraus sich für diesen Abschnitt zwei wesentliche Fragen ergeben: Wie können große Matrizen gespeichert werden, und wie kann man mit diesen rechnen?

3.3.1 Speichern von großen Matrizen

In diesem Abschnitt möchten wir in Kurzfassung die Frage beleuchten, wie Computer mit großen Matrizen umgehen können, ohne tief in die Informatik einzutauchen.

Üblicherweise speichert ein Computer eine Matrix als Array, also als eine Art Liste, auf die über zwei Parameter i und j – korrespondierend zu den Zeilen und Spalten der eigentlichen Matrix – zugegriffen wird. Jeder Eintrag einer Matrix wird also gespeichert und auf jeden Eintrag kann separat zugegriffen werden – für eine $m \times n$-Matrix heißt das konkret, dass $m \cdot n$ Einträge gespeichert werden müssen. Je größer die Matrix, desto größer also der benötigte Speicherplatz. Beispielsweise wird für das Speichern einer Matrix der Größe $1.000.000 \times 1.000.000$ etwa acht Terabyte Speicherplatz benötigt.

Auch an dieser Stelle kommt uns die Zeilenstufenform, oder andere Matrix-Formen wie die Jordan-Normalform, in denen viele Einträge Null sind, zugute. Hierbei handelt es sich um sogenannte *dünn besetzte* Matrizen (im Englischen *sparse matrices*), bei denen die Anzahl der von Null verschiedenen Einträge in etwa der Anzahl von Zeilen oder Spalten der Matrix entspricht[3].

Bei dünn besetzten Matrizen bieten sich nun andere Formen der Speicherung an. Es ist möglich, nur die von Null verschiedenen Elemente zu speichern, wodurch – gerade bei großen Matrizen – enorm viel Speicherplatz eingespart werden kann.

---

[3] Es gibt keine konkrete Definition; der Begriff *dünn besetzt* wird weitestgehend einheitlich gemäß dieser Überlegung genutzt.

3.3 Wie können wir in Linearer Algebra besser rechnen?

Im Falle einer 1000 × 1000-Matrix würden mit dem zuerst beschriebenen Weg der Speicherung als Array alle Elemente, also $1000 \cdot 1000 = 1.000.000$ viele Elemente gespeichert werden müssen; handelt es sich jedoch um eine dünn besetzte Matrix, die zum Beispiel in jeder Zeile nur einen von Null verschiedenen Eintrag hat, so reicht es, genau diese Einträge, also 1000 Stück, zu speichern. Allerdings kann es dann komplizierter sein, diese Einträge in der richtigen Reihenfolge und im richtigen Abstand zu speichern sowie auf diese Einträge zuzugreifen, da diese nicht notwendigerweise in der Matrix aufeinander folgen: Speichert man von der Matrix $A = \begin{pmatrix} 0 & 2 \\ 0 & 0 \end{pmatrix}$ nur den von Null verschiedenen Eintrag, also speichert man A in der Form $A = (2)$, so kann man diese Speicherung nur richtig interpretieren, wenn man die Größe der Matrix kennt sowie die Position, an der der Eintrag stehen soll.

Hierzu gibt es verschiedene Ansätze, die wir an dieser Stelle nicht weiter vertiefen möchten.

> **Denkanstoß**
> Wenn Sie sich für das Speichern von dünn besetzten Matrizen interessieren, empfehlen wir Ihnen eine Recherche zu
>
> - DOK (Dictionary of keys), LIL (List of lists), oder COO (Coordinate list) – Ziel dieser Verfahren ist es, Einträge schnell modifizieren zu können;
> - CSR (Compressed Sparse Row) oder CSC (Compressed Sparse Column) – Ziel dieser Verfahren ist es, schnell auf Einträge zugreifen zu können und Matrixoperationen schnell ausführen zu können.

Dünn besetzte Matrizen tauchen in verschiedenen Kontexten auf natürliche Weise auf. Ein Beispiel hierfür sind Adjazenzmatrizen von Graphen (definiert in Abschn. 5.2.2 zu Graphentheorie), in denen gespeichert wird, welche Knoten eines Graphen miteinander verbunden sind.

3.3.2 Algorithmen

Bevor wir über weitere Rechenverfahren sprechen, schauen wir uns kurz an, was beim Rechnen mit Matrizen im Computer passiert: Ein Computer rundet beim Rechnen sowie bei Ergebnissen, weil die Zahldarstellung im Computer endlich ist. So können von reellen Zahlen nur endlich viele Nachkommastellen ausgegeben und in der Rechnung mitgenommen werden. Wendet man den Gauß-Algorithmus per Hand an, so erhält man eine exakte Lösung – der Algorithmus im Computer ist dagegen sehr anfällig für Rechenfehler, die zum Beispiel beim Runden entstehen. Daher kann der

Computer die Ergebnisse nur bis auf Rundungsfehler – sowohl im Ergebnis als auch in der Rechnung – angeben.

> **Denkanstoß**
> Wenn Sie sich für die Zahldarstellung im Computer interessieren, empfehlen wir Ihnen eine Recherche zu diesem Thema. Dazu können Sie sich beispielsweise die 8-Bit-Zahldarstellung, das Binärsystem sowie die Darstellung reeller Zahlen als Gleitkommazahlen ansehen.

3.3.2.1 Zerlegungen

Zunächst schauen wir uns Zerlegungen von Matrizen an. Hierbei wird eine Matrix als Produkt von Matrizen angegeben, die eine einfachere Struktur haben als die ursprüngliche Matrix. Diese Zerlegungen können uns dabei helfen, schneller zu Ergebnissen zu kommen, z. B. beim Lösen von linearen Gleichungssystemen. Eine dieser Zerlegungen ist die *LR-Zerlegung:*

> **LR-Zerlegung**
> Bei der LR-Zerlegung wird eine Matrix A in das Produkt zweier Matrizen, L und R, zerlegt (vergleiche linkes Bild in Abb. 3.4). Diese haben jeweils eine einfache Form: L steht für *left* – es handelt sich hierbei um eine untere Dreiecksmatrix mit Einsen auf der Diagonalen, also um eine Matrix, die nur auf ihrer linken Seite von Null verschiedene Einträge hat. Bei R, für *right*, handelt es sich um eine obere Dreiecksmatrix, also um eine Matrix, bei der nur die Einträge auf der rechten Seite von Null verschieden sind.
>
> Was ist nun der Mehrwert davon, die Matrix A in das Produkt von L und R zu zerlegen? L und R haben durch ihre Dreiecksform eine sehr einfache Struktur. Mit ihrer Hilfe können wir das Gleichungssystem $Ax = b$ einfacher lösen: Dazu schreiben wir $Ax = b$ in $LRx = b$ um, und machen daraus wiederum zwei Gleichungssysteme: $Rx = y$, und $Ly = b$. Durch die Struktur von L können wir das zweite Gleichungssystem für bekanntes b und unbekanntes y mit Vorwärtseinsetzen sehr einfach lösen:

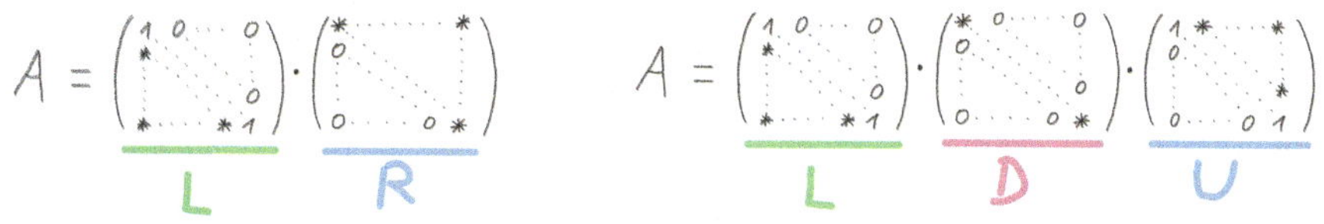

Abb. 3.4 LR-Zerlegung (links) und LDU-Zerlegung (rechts)

3.3 Wie können wir in Linearer Algebra besser rechnen?

$$Ly = b \Leftrightarrow \begin{pmatrix} 1 & 0 & 0 & \cdots & 0 & 0 \\ l_{2,1} & 1 & 0 & \cdots & \cdots & 0 \\ \cdots & \cdots & \cdots & \cdots & \cdots & \cdots \\ l_{n-1,1} & l_{n-1,2} & \cdots & 0 & 1 & 0 \\ l_{n,1} & l_{n,2} & \cdots & \cdots & l_{n,n-1} & 1 \end{pmatrix} \cdot \begin{pmatrix} y_1 \\ y_2 \\ \cdots \\ y_{n-1} \\ y_n \end{pmatrix} = \begin{pmatrix} b_1 \\ b_2 \\ \cdots \\ b_{n-1} \\ b_n \end{pmatrix}$$

$$\Rightarrow \qquad\qquad\qquad\qquad\qquad 1 \cdot y_1 = b_1$$
$$\Rightarrow \qquad l_{2,1} \cdot y_1 + 1 \cdot y_2 = b_2 \Leftrightarrow y_2 = b_2 - l_{2,1} \cdot b_1$$
$$\Rightarrow \qquad\qquad\qquad\qquad\qquad\qquad\qquad \text{etc.}$$

Durch Vorwärtseinsetzen erhalten wir also direkt eine Lösung y für das lineare Gleichungssystem $Ly = b$. Diese können wir nun nutzen, um das lineare Gleichungssystem $Rx = y$ ebenso einfach mittels Rückwärtseinsetzen nach x zu lösen, und haben damit die gesuchte Lösung zum linearen Gleichungssystem $Ax = b$ gefunden. Wenn wir die LR-Zerlegung von A also kennen, können wir lineare Gleichungssysteme mit bedeutend weniger Aufwand lösen, als wenn wir beispielsweise den Gauß-Algorithmus auf $Ax = b$ anwenden würden.

Die schlechte Nachricht ist jedoch Folgende: Wenn die LR-Zerlegung noch nicht bekannt ist sondern noch bestimmt werden muss, so ist der Rechenaufwand dieser Zerlegung mit dem Rechenaufwand des Gauß-Algorithmus zu vergleichen. Das liegt daran, dass die LR-Zerlegung durch Anwenden des Gauß-Algorithmus auf A entsteht. Ausgehend von A wird mittels Gauß-Algorithmus die Zeilenstufenform bestimmt, während man sich die durchgeführten Operationen – sprich, welche Zeile wird mit welchem Skalar multipliziert und dann auf welche andere Zeile addiert – merkt. Die Matrix R entspricht dann der Zeilenstufenform von A, während in der Matrix L die durchgeführten Operationen kodiert werden. Details dazu können Sie im Projekt Nr. 3.3 lernen.

Eine Variation der LR-Zerlegung ist die LDU-Zerlegung (auch LDR-Zerlegung gennant; vgl. rechtes Bild in Abb. 3.4). Hierbei zerlegen wir eine Matrix in das Produkt von drei Matrizen – eine untere Dreiecksmatrix mit Einsen auf der Diagonalen (L für *lower*), eine Diagonalmatrix (D für *diagonal*) und eine obere Dreiecksmatrix mit Einsen auf der Diagonalen (U für *upper*). Im Vergleich zur LR-Zerlegung wird hierbei also die Matrix R noch in ihren Diagonal- und Dreiecksteil unterteilt, wodurch die zwei Matrizen D und U entstehen.

In der Vorlesung zur Linearen Algebra haben Sie auch Beispiele gesehen, in denen uns die Struktur einer Matrix, bzw. der zugrundeliegenden linearen Abbildung, hilft: Beispielsweise sagt der Spektralsatz für hermitesche Matrizen aus, dass diese stets diagonalisierbar sind. Für eine weitere Klasse von Matrizen mit schöner Struktur können wir eine interessante und einfache Zerlegung finden:

Wir betrachten dazu *symmetrische, positiv definite Matrizen*. Hierbei handelt es sich um symmetrische Matrizen, bei denen alle Eigenwerte positiv sind. Für jede solche Matrix lässt sich eine eindeutige Zerlegung in das Produkt einer unteren Dreiecksmatrix und ihrer Transponierten finden – die sogenannte *Cholesky-Zerlegung*.

Cholesky-Zerlegung
Sei $A \in \mathbb{R}^{n \times n}$ eine symmetrische, positiv definite Matrix. Dann existieren eindeutige Matrizen $L, D \in \mathbb{R}^{n \times n}$, sodass

$$A = LDL^t$$

gilt. Hierbei ist L eine untere Dreiecksmatrix mit Einsen auf der Diagonalen, und D eine Diagonalmatrix mit positiven Einträgen, die zu den positiven Eigenwerten von A korrespondieren.

Definiert man $G := LD^{\frac{1}{2}}$, so kann man die Cholesky-Zerlegung alternativ als

$$A = GG^t$$

angeben.

Die Cholesky-Zerlegung kann man ebenfalls nutzen, um das lineare Gleichungssystem $Ax = b$ zu lösen: Man löst dazu zunächst $Gy = b$, ehe man $G^t x = y$ löst.

Wir haben also nun in Kurzform verschiedene Zerlegungen kennen gelernt, die uns unter anderem dabei helfen können, lineare Gleichungssysteme schneller zu lösen. Im Folgenden schauen wir uns Verfahren an, die uns bei einem weiteren großen Thema der Linearen Algebra helfen können: Wie können wir Eigenwerte einer gegebenen Matrix bestimmen?

3.3.2.2 Eigenwerte bestimmen
Die folgende Definition kennen Sie bereits aus der Vorlesung zur Linearen Algebra:

Definition: Eigenwert, Eigenvektor
Sei $n \in \mathbb{N}$ sowie $A \in \mathbb{R}^{n \times n}$. Ein *Eigenvektor* $v \in \mathbb{R}^n$ ist ein Vektor, der die Gleichung

$$Av = \lambda v$$

für ein $0 \neq \lambda \in \mathbb{R}$ erfüllt. λ wird *Eigenwert* genannt.

3.3 Wie können wir in Linearer Algebra besser rechnen?

Warum interessieren wir uns überhaupt für Eigenwerte und Eigenvektoren? Die Definition sagt aus: Wenn wir einen Eigenvektor mit der Matrix multiplizieren – das bedeutet, wenn wir die zugrunde liegende lineare Abbildung auf ihn anwenden – dann erhalten wir ein Vielfaches des Eigenvektors selbst. Eigenvektoren helfen uns also, die lineare Abbildung besser zu verstehen, da sie genau den „Achsen" entsprechen, anhand derer die lineare Abbildung nur wie eine Streckung, Stauchung oder Spiegelung wirkt. Die Eigenwerte wiederum sind dann genau die Faktoren, um die gestreckt, gestaucht oder gespiegelt wird. Je mehr solcher Achsen man nun kennt, desto besser versteht man die lineare Abbildung selbst; kennt man bei einer diagonalisierbaren Matrix alle Eigenwerte, so kann man sie auf Diagonalgestalt bringen. Diese Diagonalgestalt unterscheidet sich von der ursprünglichen Matrix nur durch Basiswechsel, es handelt sich also um dieselbe Abbildung in einer anderen Basis. Insbesondere helfen uns die Eigenwerte und Eigenvektoren also, die lineare Abbildung besser zu verstehen.

Eigenwerte grafisch dargestellt

Betrachten wir die lineare Abbildung, die durch die Matrix $A = \begin{pmatrix} 2 & 1 \\ 1 & 2 \end{pmatrix} \in \mathbb{R}^{2 \times 2}$ gegeben ist. In Abb. 3.5 sehen Sie links das Koordinatensystem, auf das in der rechten Abbildung die lineare Abbildung A angewandt worden ist. Sie sehen, dass die in blau gezeichneten Pfeile – also die Vektoren parallel zu $v_1 = \begin{pmatrix} 1 \\ 1 \end{pmatrix}$ – nach Anwenden von A in dieselbe Richtung zeigen wie vorher: v_1 ist also ein Eigenvektor. Nach Anwenden von A sind die blauen Pfeile jedoch dreimal so lang wie zuvor: Das sagt uns, dass der zugehörige Eigenwert 3 ist.

Des Weiteren wird die Richtung der rosa gezeichneten Pfeile – also die Vektoren parallel zu $v_2 = \begin{pmatrix} 1 \\ -1 \end{pmatrix}$ nicht verändert, weshalb es sich bei v_2 auch um einen Eigenvektor handelt. Bei diesem Eigenvektor wird durch Anwenden von A auch die Länge nicht verändert, weshalb der zugehörige Eigenwert 1 ist.

Die in rot eingezeichneten Pfeile verändern durch Anwenden von A ihre Richtung, also handelt es sich hierbei nicht um Eigenvektoren.

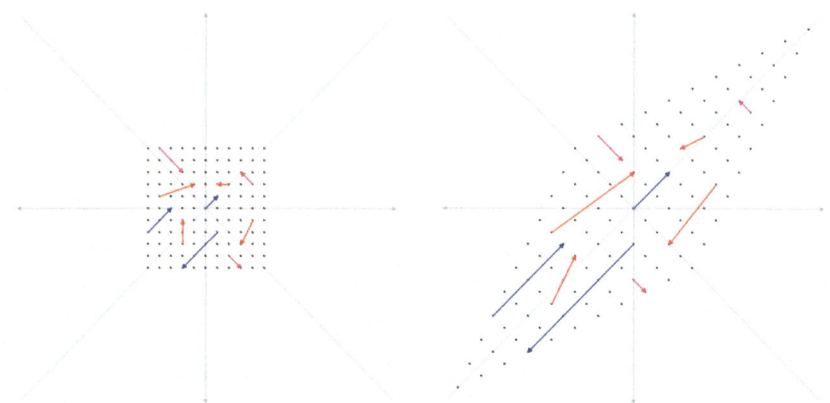

Abb. 3.5 Verhalten von Eigenvektoren, grafisch dargestellt. (Quelle: Lucas Vieira, https://commons.wikimedia.org/wiki/File:Eigenvectors.gif, „Eigenvectors", als gemeinfrei gekennzeichnet)

> **Denkanstoß**
> Verifizieren Sie rechnerisch, dass v_1 und v_2 tatsächlich Eigenvektoren zu den angeführten Eigenwerten sind.

Wenn Sie im Rahmen der Vorlesung zu Linearer Algebra selbst Eigenwerte einer gegebenen Matrix bestimmten wollten, so haben Sie diese wohl meistens als Nullstellen des charakteristischen Polynoms dieser Matrix bestimmt. Für eine $n \times n$-Matrix hat das charakteristische Polynom allerdings Grad n, und insbesondere existiert für $n \geq 5$ keine geschlossene Formel, mit der wir die Nullstellen bestimmen können (vergleiche Kap. 2 zur Algebra). Doch wie können wir dann, insbesondere für große Matrizen, Eigenwerte finden, oder uns diesen zumindest annähern?

Im Folgenden möchte wir uns auf solche Matrizen $A \in \mathbb{R}^{n \times n}$ konzentrieren, die n reelle Eigenwerte $\lambda_1, \ldots, \lambda_n \in \mathbb{R}$ haben.

In der Linearen Algebra haben Sie gesehen, dass ähnliche Matrizen – also zwei Matrizen $A, B \in \mathbb{R}^{n \times n}$, für die es eine invertierbare Matrix $Q \in \mathbb{R}^{n \times n}$ gibt, sodass $B = Q^{-1}AQ$ gilt – dieselben Eigenwerte haben. Eine mögliche Herangehensweise ist es also, eine gegebene Matrix mittels Ähnlichkeit in eine Form zu überführen, von der wir die Eigenwerte leicht bestimmen können; so stehen die Eigenwerte bei einer Diagonalmatrix immer auf der Diagonalen. Allerdings entspricht die Aufgabenstellung, eine Matrix über Ähnlichkeitsrelationen auf Diagonalgestalt zu bringen, genau der Aufgabe, die gegebene Matrix zu diagonalisieren und ist somit insbesondere nicht einfacher als die Frage, die Eigenwerte zu bestimmen. Ein alternativer Ansatz besteht darin, über Ähnlichkeitsrelationen zu einer oberen Dreiecksmatrix umzuformen:

QR-Algorithmus

Gegeben sei eine Matrix $A \in \mathbb{R}^{n \times n}$, die n reelle Eigenwerte $\lambda_1, \ldots, \lambda_n \in \mathbb{R}$ besitzt. Unser Ziel ist es nun, diese Eigenwerte – genau oder näherungsweise – zu bestimmen. Dazu kann der *QR-Algorithmus* genutzt werden:

Beginnend mit der Matrix A wird eine (möglicherweise unendliche) Folge von invertierbaren Matrizen $Q_1, \ldots, Q_k, \ldots$ bestimmt, sodass die (möglicherweise unendliche) Reihe der Matrizen

$$A_1 := A, \; A_2 = Q_1^{-1} A_1 Q_1, \; A_3 = Q_2^{-1} A_2 Q_2, \; \ldots, \; A_{k+1} = Q_k^{-1} A_k Q_k, \; \ldots$$

gegen eine obere Dreiecksmatrix konvergiert, d. h. dass $\lim_{k \to \infty} A_k$ die Gestalt einer oberen Dreiecksmatrix hat.

Von der oberen Dreiecksmatrix wiederum können wir die Eigenwerte ablesen, da sich diese auf der Diagonalen befinden. Weil in der Reihe der Matrizen $Q_i^{-1} A_i Q_i$ ($i \geq 1$) jeweils nur solche Matrizen auftauchen, die ähnlich zu A sind, haben all diese Matrizen – somit auch die Dreiecksmatrix als deren Grenzwert – dieselben Eigenwerte wie A, wodurch wir also letztlich die Eigenwerte von A erhalten. Ob wir diese Eigenwerte nun genau oder näherungsweise erhalten, hängt vom Konvergenzverhalten der Reihe $Q_i^{-1} A_i Q_i$ ($i \geq 1$) ab, sowie davon, wie viele solcher Schritte wir gehen möchten, d. h. für wie viele i wir diese Reihenglieder berechnen wollen.

Wie genau die Matrizen Q_i, und somit auch die obere Dreiecksmatrix, bestimmt werden, vertiefen wir an dieser Stelle nicht, sondern verweisen auf Projekt 3.11: Dieser Algorithmus ergibt sich durch mehrfache Anwendung der sogenannten QR-Zerlegung, die dem QR-Algorithmus ihren Namen gibt. Das Verfahren ist allerdings aufwendig und auch auf Rechnern der heutigen Standards nur für Matrizen begrenzter Größe geeignet.

Darüber hinaus gibt es auch ein Verfahren, mit dem man den größten Eigenwert einer Matrix finden kann:

Potenzmethode

Mittels *Potenzmethode* lässt sich zu einer Matrix $A \in \mathbb{R}^{n \times n}$ mit Eigenwerten $\lambda_1, \ldots, \lambda_n \in \mathbb{R}$ der betragsgrößte Eigenwert ermitteln oder annähern. Hierzu benötigt man neben der Matrix A einen Startvektor $v_0 \in \mathbb{R}^n$, und der wesentliche Rechenaufwand dieses Verfahrens liegt in der Matrix-Vektor-Multiplikation.

Durch Iterationen wird $v_{k+1} = \frac{A^{k+1} v_0}{\|A^{k+1} v_0\|}$ ermittelt, wobei $\|\cdot\|$ eine Matrixnorm ist. Unter gewissen Voraussetzungen konvergiert die Folge der v_k dann gegen den betragsgrößten Eigenwert.

> Da in diesem Verfahren im Wesentlichen Potenzen bestimmt werden, ist es besonders für dünn besetzte Matrizen geeignet.
> Details hierzu, auch zu Matrixnormen, finden Sie in Projekt Nr. 3.11.

3.4 Ein Ausblick auf weitere Themen

In der Numerischen Linearen Algebra werden neben dem Lösen linearer Gleichungssysteme und Eigenwertproblemen, wie wir sie in diesem Kapitel gesehen haben, auch sogenannte lineare Ausgleichsprobleme behandelt. Dieses Thema ist verwandt zum Lösen linearer Gleichungssysteme, allerdings rückt man nun vom Anspruch ab, das gegebene Gleichungssystem exakt zu lösen, und möchte sich einer Lösung annähern: Statt $Ax = b$ zu lösen, versucht man also, den Unterschied zwischen Ax und b so gering wie möglich zu halten.

Um dies zu erreichen, überlegt man sich im ersten Schritt, wie man diesen Unterschied messen will. Die Antwort auf diese Frage hängt häufig davon ab, was das lineare Gleichungssystem modelliert und entsprechend wird entschieden, wie dieser *Unterschied* zwischen Ax und b verstanden werden soll. Davon ausgehend kann man eine Funktion f definieren, die diesen Unterschied messbar macht, und übersetzt das Problem in ein Minimierungsproblem aus der Optimierung (siehe Kap. 6): Minimiere $f(Ax - b)$.

Weitere interessante Fragestellungen beinhalten:

- Wie können wir die Struktur von Matrizen ausnutzen, um möglichst gut mit ihnen zu rechnen? Wir haben bereits in Beispielen gesehen, dass uns die Struktur helfen kann, Zerlegungen zu finden (z. B. Cholesky-Zerlegung für symmetrische, positiv definite Matrizen) – für welche Strukturen erhalten wir welche Resultate?
- Störungstheorie, Konditionszahlen und Rundungsfehlereffekte (vgl. Projekt 3.5): Das Rechnen mit Algorithmen führt häufig nicht zu exakten Lösungen, sondern zu Näherungen. Häufige Fehlerquellen hierbei sind zum einen Fehler, die der Algorithmus selbst produziert, zum Beispiel durch Runden. Eine andere wesentliche Fehlerquelle sind nicht exakt vorhandene Eingabedaten – stammt ein zu lösendes lineares Gleichungssystem beispielsweise aus einem physikalischen Experiment, so kann es in den Eingabedaten Ungenauigkeiten wie Messfehler geben. Hierbei ist es interessant zu studieren, in welchem Ausmaß sich das Ergebnis des Algorithmus ändert, wenn die Eingabedaten um einen kleinen Faktor gestört werden.
- Eine große Bedeutung in der Numerischen Linearen Algebra wird dem Computer zu Teil – Wie gut können Algorithmen im Computer dargestellt werden? Wie viel Speicherplatz benötigen sie? Wie schnell laufen sie? Ein großer Teil der aktuellen Forschung beschäftigt sich damit, möglichst schnelle und robuste Software fürs Lösen verschiedener Problemstellungen zu entwickeln.

3.5 Projekte

Auf https://aspekte.rwth-aachen.de/ finden Sie interaktive Jupyter-Nootbooks zu ausgewählten Projekten, sowie weitere Materialien zum Buch.

3.1 Klassifikationen der Isometrien des $\mathbb{R}^3$
Erleben Sie die faszinierende Welt der Isometrien im $\mathbb{R}^3$, wo Entfernungen stets erhalten bleiben! Wir erforschen gemeinsam, wie man diese Abbildungen klassifiziert und visualisiert – von Drehachsen bis zu Eigenvektoren. Entdecken Sie die verborgenen Strukturen und Symmetrien, die unseren dreidimensionalen Raum formen.

3.2 Tensoren, eine erste Annäherung
Tauchen Sie ein in die spannende Welt der Tensoren und erweitern Sie Ihr Wissen über Matrizen! Erfahren Sie, wie eine $n \times m$-Matrix als Tensor interpretiert werden kann und entdecken Sie die Geheimnisse der n-fachen Tensorprodukte. Dieses Projekt bietet außerdem eine erste Einführung in universelle Eigenschaften und deren Bedeutung.

3.3 Matrix-Zerlegungen und andere Algorithmen: LR, LDU, Cholesky
Matrix-Zerlegungen sind wichtige Werkzeuge, um Matrizen vergleichbarer zu machen und aus den vielen Informationen einer Matrix, genau die nötigen zu extrahieren. Wie man mit solchen z. B. Bilder komprimieren oder Gleichungssysteme einfacher lösen kann, wollen wir uns in diesem Projekt anschauen.

3.4 Lineare Differentialgleichungen
Die Suche nach linearen Differentialgleichungen n-ter Ordnung lässt sich in ein Problem der linearen Algebra übersetzen, nämlich in die Suche nach Eigenvektoren der zugehörigen Matrix. In diesem Projekt wollen wir Beispiele untersuchen und ein Verfahren entwickeln, wie solche Differentialgleichungen mit Hilfe der Jordan-Normalform gelöst werden können.

3.5 Störungstheorie, Konditionszahlen und Rundungseffekte

Sowohl Eingabe- bzw. Datenfehler als auch Fehler im Algorithmus, wie Verfahrens- und Rundungsfehler, können zu Ungenauigkeiten im Ergebnis führen. Während Datenfehler oft unvermeidlich sind, besteht bei algorithmischen Fehlern die Möglichkeit, durch Anpassung des Verfahrens diese zu reduzieren oder sogar ganz zu vermeiden. Das Differenzieren der beiden Arten von Fehlern wird uns im Zuge dieses Notebooks zu den Begriffen *Kondition eines Problems* und *Stabilität eines Algorithmus* führen.

3.6 Quadratische Formen

Im Fermatschen Problem geht es darum, welche ganzen Zahlen sich als Summe zweier Quadrate schreiben lassen, was auf die Existenz ganzzahliger Lösungen quadratischer Formen hinausläuft. In diesem Projekt werden wir quadratische Formen im Allgemeinen sowie deren Normalformen betrachten. Dabei werden wir eine historische Einordnung quadratischer Formen vornehmen und ihre Bedeutung in der Mathematikgeschichte herausarbeiten. Zusätzlich werden wir die Lösungsmengen quadratischer Formen in niedrigen Dimensionen visualisieren, um ein besseres Verständnis für ihre Struktur und Eigenschaften zu gewinnen.

3.7 Anwendungen von Eigenwerten und Eigenvektoren

Untersuchen Sie praktische Anwendungen von Eigenwerten und Eigenvektoren in verschiedenen Bereichen wie Physik (Quantenmechanik), Wirtschaft (Perron-Frobenius-Theorem) und Informatik (Googles PageRank-Algorithmus). Implementieren Sie einfache Beispiele, um diese Anwendungen zu veranschaulichen.

3.8 Fourier-Transformation und Lineare Algebra

Studieren Sie die Verbindung zwischen der Fourier-Transformation und der linearen Algebra. Erklären Sie, wie die diskrete Fourier-Transformation (DFT) als Matrixmultiplikation dargestellt werden kann. Untersuchen Sie die Eigenschaften der Fourier-Matrix und die Beziehung zur Eigenwerttheorie. Erkunden Sie praktische Anwendungen der Fourier-Transformation in der Signal- und Bildverarbeitung, wie die Komprimierung und Filterung von Signalen. Implementieren Sie Beispiele, um die Theorie zu veranschaulichen und die Effizienz der DFT zu demonstrieren.

3.5 Projekte

3.9 Krylov-Unterraumverfahren

Untersuchen Sie Krylov-Unterraumverfahren zur Lösung von linearen Gleichungssystemen und Eigenwertproblemen. Studieren Sie spezifische Algorithmen wie die Arnoldi-Iteration und den Lanczos-Algorithmus, die verwendet werden, um große, spärliche Matrizen effizient zu behandeln. Erklären Sie die mathematischen Grundlagen dieser Verfahren und ihre Konvergenzeigenschaften. Implementieren Sie diese Algorithmen für kleine bis mittelgroße Matrizen und analysieren Sie ihre Leistung und Genauigkeit. Diskutieren Sie Anwendungen in der numerischen Linearen Algebra und der wissenschaftlichen Berechnung.

3.10 Möbiustransformationen und Lineare Algebra

Erkunden Sie die lineare Algebra hinter Möbiustransformationen, die in der komplexen Analysis und Geometrie eine wichtige Rolle spielen. Studieren Sie die Darstellung von Möbiustransformationen durch 2×2-Matrizen und untersuchen Sie ihre Eigenschaften, wie die Erhaltung von Winkeln und Kreisen. Analysieren Sie die Wirkung dieser Transformationen auf die komplexe Ebene und ihre Anwendungen in der Theorie der konformen Abbildungen. Implementieren und visualisieren Sie Möbiustransformationen, um ihre geometrischen Auswirkungen zu verdeutlichen und praktische Anwendungen, wie die Verzerrungskorrektur in der Bildverarbeitung, zu demonstrieren.

3.11 Algorithmen für Eigenwerte

In der numerischen linearen Algebra spielen Algorithmen zur Berechnung der Eigenwerte einer Matrix eine entscheidende Rolle. Diese Eigenwerte sind von grundlegender Bedeutung in verschiedenen Anwendungen wie zum Beispiel bei der Lösung von Differentialgleichungen, der Optimierung von Systemen und der Signalverarbeitung.

Ein wichtiger Algorithmus zur Berechnung von Eigenwerten ist die Potenzmethode. Dieser iterative Algorithmus verwendet eine Schätzung des dominanten Eigenwerts und konvergiert häufig schnell gegen diesen Eigenwert und den zugehörigen Eigenvektor. Ein weiterer bedeutender Algorithmus ist der QR-Algorithmus, der auf der QR-Zerlegung basiert. Dieser Algorithmus iteriert über eine Folge von QR-Zerlegungen der Matrix und konvergiert schließlich gegen die Eigenwerte der Matrix. Die Wahl des geeigneten Algorithmus hängt von verschiedenen Faktoren ab, wie zum Beispiel der Größe und Struktur der Matrix sowie der Genauigkeit, die für die Berechnung der Eigenwerte erforderlich ist. Die Berücksichtigung von Matrixnormen ist ebenfalls von Bedeutung, da sie die Konvergenz und Stabilität der Algorithmen beeinflussen können.

3.12 Störungstheorie, Konditionszahlen und Rundungsfehlereffekte

In der numerischen linearen Algebra sind Störungstheorie, Konditionszahlen und Rundungsfehlereffekte von großer Bedeutung. Störungstheorie analysiert, wie sich kleine Veränderungen in den Eingabedaten auf die Ausgabe auswirken. Konditionszahlen quantifizieren die Empfindlichkeit eines Problems gegenüber Änderungen in den Eingabedaten und sind entscheidend für die Bewertung der Genauigkeit von numerischen Berechnungen. Rundungsfehlereffekte treten aufgrund der endlichen Genauigkeit von Rechenmaschinen auf und können die Genauigkeit von numerischen Berechnungen erheblich beeinflussen. Die Berücksichtigung dieser Konzepte ist unerlässlich für die Entwicklung und Analyse effizienter numerischer Algorithmen.

3.13 Zahldarstellung im Computer

Die Zahldarstellung im Computer, einschließlich der Binärdarstellung und Gleitkommazahlen, ist von grundlegender Bedeutung für das Verständnis von Rechnerarchitektur und numerischen Berechnungen. In der Binärdarstellung werden Zahlen als Folgen von Nullen und Einsen dargestellt, wobei jede Stelle eine Potenz von zwei repräsentiert. Gleitkommazahlen sind eine Darstellung von reellen Zahlen im Computer, die aus einer Mantisse und einem Exponenten besteht und es ermöglicht, Zahlen mit variabler Genauigkeit darzustellen. Die Genauigkeit von Gleitkommazahlen wird durch die Anzahl der Bits in der Mantisse bestimmt, während der Exponent die Position des Dezimalpunkts bestimmt. Eine fundierte Kenntnis dieser Konzepte ist entscheidend für die Entwicklung von effizienten und zuverlässigen numerischen Algorithmen in der Informatik.

Gruppentheorie

4

In diesem Kapitel möchten wir uns mit der Gruppentheorie beschäftigen. Klassisch werden Gruppen in der Algebra untersucht, sie spielen aber auch in anderen Gebieten eine wichtige Rolle. Wie wir sehen werden, abstrahiert das Konzept einer Gruppe gleichzeitig das Verhalten von Symmetrien geometrischer Objekte und die Arithmetik der Zahlen. Doch lassen Sie uns vorne starten: Was ist überhaupt eine Gruppe?

4.1 Was ist eine Gruppe?

Wir beginnen direkt mit der Definition einer Gruppe:

Definition: Gruppe

Eine *Gruppe* ist ein Paar $(G, *)$ aus einer nichtleeren Menge G und einer Verknüpfung $* : G \times G \to G$, $(g, h) \mapsto g * h$, die die folgenden drei Eigenschaften erfüllt:

1. Für alle $g, h, i \in G$ gilt: $(g * h) * i = g * (h * i)$, das *Assoziativgesetz*.
2. Es existiert ein *neutrales Element* $e \in G$, d. h. für alle $g \in G$ gilt:

$$g * e = e * g = g.$$

3. Zu jedem $g \in G$ gibt es ein *inverses Element*, notiert mit $g^{-1} \in G$, sodass

$$g * g^{-1} = g^{-1} * g = e.$$

Oft schreiben wir statt $(G, *)$ auch nur G, wenn die Verknüpfung $*$ bekannt ist.

Um die Definition besser zu verstehen, verdeutlichen wir sie anhand zweier Beispiele. Diese Beispiele werden Ihnen zeigen, dass Gruppen de facto nichts Neues sind, da Sie einige der Beispiele bereits kennen werden:

Beispiel: Ganze Zahlen mit Addition
Die Menge der ganzen Zahlen ist ein erstes Beispiel für eine Gruppe. Schauen wir uns die Menge der ganzen Zahlen mit der Addition als Operation an, also $(\mathbb{Z}, +)$. Wie wir gleich überprüfen werden, handelt es sich hierbei um eine Gruppe: Das Assoziativgesetz gilt, und als neutrales Element identifizieren wir die $0 \in \mathbb{Z}$, da für alle $z \in \mathbb{Z}$ gilt:

$$0 + z = z + 0 = z.$$

Für ein beliebiges Element $z \in \mathbb{Z}$ finden wir als inverses Element bezüglich der Addition das Element $z^{-1} := -z$, denn

$$z + (-z) = (-z) + z = 0.$$

Dieses Beispiel erklärt, wieso wir eingangs anführten, dass Gruppen als eine Verallgemeinerung der Zahlarithmetik betrachtet werden können: Die ganzen Zahlen mit der Addition werden zu einer Gruppe.

An diesem Beispiel sehen wir auch, warum eine Menge alleine noch keine Gruppe ist, sondern auch die Verknüpfung betrachtet werden muss: Wählen wir zum Beispiel auf den ganzen Zahlen statt der Addition die Multiplikation, so handelt es sich nicht länger um eine Gruppe. Wir können zwar ein neutrales Element identifizieren, nämlich $1 \in \mathbb{Z}$, da $1 \cdot z = z \cdot 1 = z$ für alle $z \in \mathbb{Z}$, allerdings ist das dritte Axiom aus der Definition verletzt: Wäre $(\mathbb{Z}, \cdot)$ eine Gruppe, so müsste zum Beispiel das multiplikative Inverse zu $2 \in \mathbb{Z}$, nämlich $\frac{1}{2}$, auch in den ganzen Zahlen liegen, was nicht der Fall ist. Um zu bestimmen, ob es sich bei einer Menge um eine Gruppe handelt, ist die Verknüpfung also entscheidend.

Denkanstoß
Überlegen Sie sich, ob und mit welcher Verknüpfung andere Mengen von Zahlen – z. B. die rationalen Zahlen $\mathbb{Q}$ oder die reellen Zahlen $\mathbb{R}$ – zu einer Gruppe werden.

Bevor wir ein zweites Beispiel für eine Gruppe sehen, das uns wie das Zahlen-Beispiel durch dieses Kapitel begleiten soll, möchten wir uns mit dem zweiten Teil der anfangs eingeführten Sichtweise auf Gruppen befassen: Gruppen können als Verallgemeinerung des Symmetriebegriffs betrachtet werden. Um dies zu verstehen, starten wir damit, uns den Begriff *Symmetrie* näher anzuschauen:

4.1 Was ist eine Gruppe?

4.1.1 Symmetrien

Unter einer *Symmetrie* eines geometrischen Objektes verstehen wir eine Bewegung (z. B. Spiegelung, Rotation) des Objektes, die dieses auf sich selbst abbildet. Symmetrien finden sich in vielen Bereichen des Lebens wieder, sowohl in der Natur als auch in Menschengemachtem.

Beispiele von Symmetrien in der Natur sind vielfältig – wir finden Symmetrien in der Blüte einer Blume, in den Flügeln eines Schmetterlings, in Eiskristallen, Bienenwaben, Muschelschalen, Spinnennetzen und vielen weiteren Dingen (vgl. Abb. 4.1).

Abb. 4.1 Symmetrien in der Natur

Schauen wir uns die Bienenwabe einmal näher an. Jede einzelne Kammer der Wabe ist ein Sechseck. Es sitzen also viele kleine Sechsecke in einer Bienenwabe nebeneinander und füllen die ebene Fläche lückenlos aus. Die Symmetrien des Sechsecks lassen sich durch Drehungen oder Spiegelungen beschreiben. Ganz genauso entstehen Symmetrien der gesamten Bienenwabe.

Wir können die Bienenwabe an den in der Abb. 4.2 eingezeichneten grünen Achsen spiegeln und erhalten die Bienenwabe in derselben Gestalt. Ebenfalls können wir sie um bestimmte Winkel drehen, beispielsweise um 180°, ohne die Ausrichtung der Wabe zu ändern. Diese Veränderungen an unserem Objekt, die unser Ausgangsobjekt erhalten – hier das Spiegeln und Drehen der Wabe – nennen wir *Symmetrien*.

Abb. 4.2 Symmetrien in einer Bienenwabe

Ebenenparkettierungen
Lückenlose Füllungen der Ebene mit immer gleichen Mustern, wie z. B. eine Honigwabe, die mit vielen dieser kleinen sechseckigen Zellen gefüllt ist, nennt man in der Mathematik auch *Parkettierungen,* was wir in Projekt Nr. 4.1 betrachten.

Forschende, wie z. B. William Brown von der Brunell University, haben herausgefunden, dass Symmetrie unser Verständnis von Schönheit beeinflusst – wir Menschen finden symmetrische Objekte schöner als asymmetrische. Symmetrische Gesichter werden eher als schön empfunden. Diese Affinität für Symmetrie schlägt sich in vielen menschengemachten Bereichen nieder: unter Anderem in der Kunst, der Architektur oder der Musik (vgl. Abb. 4.3).

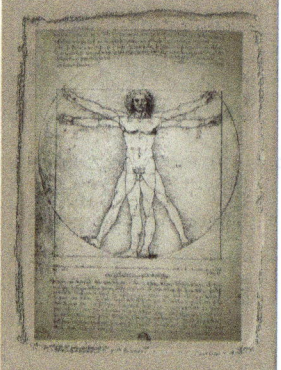

Abb. 4.3 Symmetrien in Menschengemachtem

Die Informationen über die Symmetrien eines Objekts können wir in einer Gruppe speichern. Genauer gesagt bildet die Menge aller Symmetrien eines gegebenen Objekts eine Gruppe. Wir schauen uns dies im Folgenden an einem kleineren Beispiel an, nämlich an den Symmetrien eines Quadrats: Zunächst überlegen wir, welche Symmetrien das Quadrat besitzt. Dazu müssen wir erst einmal entscheiden, was wir als Symmetrie auffassen wollen. Wir hatten gesagt, Symmetrien sind genau solche Bewegungen des Objektes, die das Objekt nach Durchführung ebendieser Bewegung optisch unverändert lassen. Es ist also nach Anwenden einer Symmetrie nicht erkennbar wie das Objekt bewegt wurde. Wir fragen uns also: Wie können wir das Quadrat verändern, ohne dass diese Veränderung sichtbar ist?

Zunächst fällt auf, dass man das Quadrat so um seinen Mittelpunkt drehen kann, dass die Ecken wieder an den Positionen landen, an denen sie vor der Drehung lagen. Eine solche Drehung nennen wir *Rotation*. Es gibt genau vier verschiedene solcher Drehungen. Diese Rotationen bezeichnen wir mit r_i für $i = 0, \ldots, 3$, und es handelt sich hierbei explizit um

4.1 Was ist eine Gruppe?

- r_0, die Rotation um $0°$. Das Quadrat verändert seine Position also überhaupt nicht;
- r_1, die Rotation gegen den Uhrzeigersinn um $90°$;
- r_2, die Rotation gegen den Uhrzeigersinn um $180°$;
- r_3, die Rotation gegen den Uhrzeigersinn um $270°$.

Die vier Rotationen $r_0, \ldots, r_4$ sind in Abb. 4.4 noch einmal dargestellt.

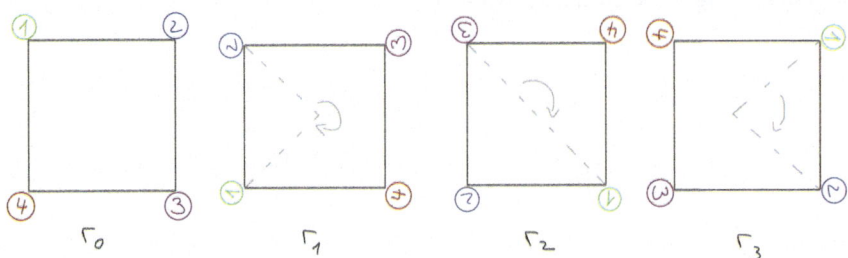

Abb. 4.4 Rotation eines Quadrats

Denkanstoß
Warum sind Drehungen im Uhrzeigersinn hier nicht aufgelistet?

Eine weitere Möglichkeit das Quadrat (im dreidimensionalen Raum) so zu bewegen, dass es auf sich selbst zu liegen kommt, sind Spiegelungen. Wir können unser Quadrat an vier verschiedenen Achsen spiegeln, ohne seine Gestalt zu verändern. Diese Spiegelungen sind

- s_0, die Spiegelung an der x-Achse;
- s_1, die Spiegelung an der Achse $y = x$;
- s_2, die Spiegelung an der y-Achse;
- s_3, die Spiegelung an der Achse $y = -x$.

Abb. 4.5 zeigt diese vier Spiegelungen.

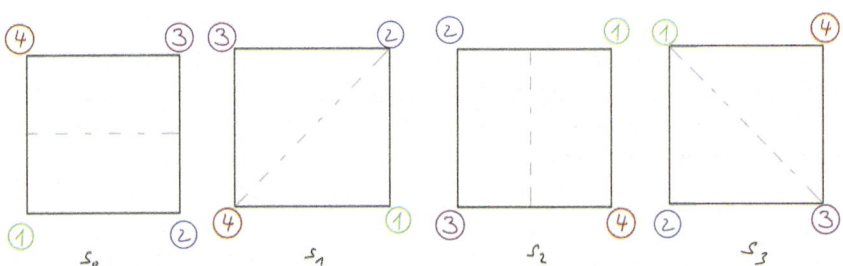

Abb. 4.5 Spiegelung eines Quadrats

Mit den vier Rotationen und vier Spiegelungen haben wir alle Möglichkeiten erschöpft. Es gibt keine weitere Art, auf die man das Quadrat bewegen kann, ohne dass sich seine Gestalt ändert. Selbstverständlich können wir die genannten Symmetrien miteinander kombinieren und mehrere davon hintereinander ausführen.

Zum Beispiel können wir das Quadrat zuerst um 90° drehen und danach an der y-Achse spiegeln. Wir nutzen also zuerst r_1 und dann s_2. Das Resultat dieser Bewegung ist allerdings dasselbe, als hätten wir nur an der Achse $y = x$ gespiegelt, also s_1 ausgeführt, vergleiche dazu auch Abb. 4.6.

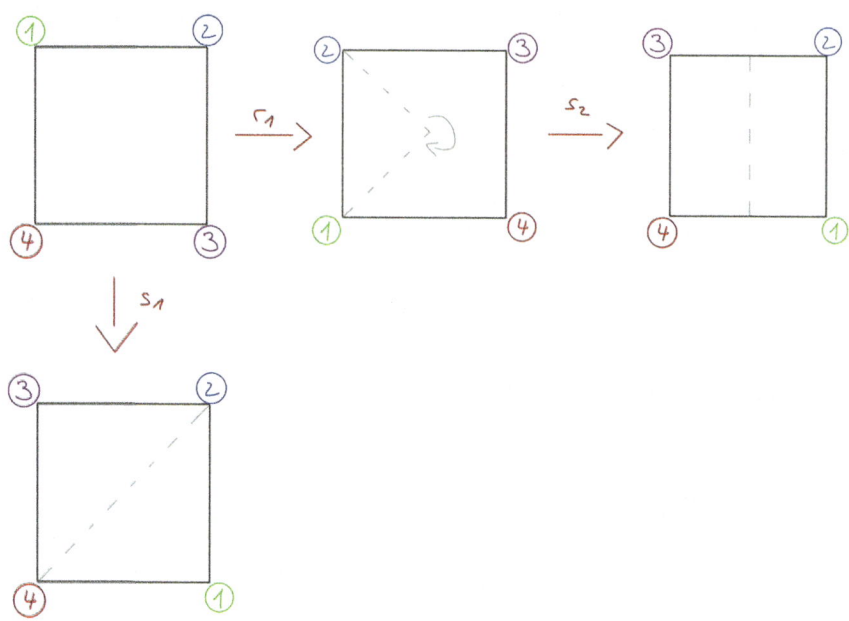

Abb. 4.6 Beispiel: Spiegelungen und Rotationen des Quadrats

Nun möchten wir die Brücke zu Gruppen bauen – wir speichern die Informationen über die Symmetrien des Quadrats, also die obigen Rotationen und Spiegelungen, in einer Menge, die das Kernstück unserer Gruppe sein soll. Diese Menge ist also

$$G = \{r_0, r_1, r_2, r_3, s_0, s_1, s_2, s_3\}.$$

Damit wir von einer Gruppe sprechen können, müssen wir uns außerdem Gedanken machen, wie eine Verknüpfung auf dieser Menge aussehen soll: Unsere Verknüpfung soll die Hintereinanderausführung von Rotationen bzw. Spiegelungen sein. Diese Vorarbeit ermöglicht uns schließlich das zweite Beispiel einer Gruppe:

4.1 Was ist eine Gruppe?

> **Beispiel: Symmetriegruppe des Quadrats**
> Die Symmetriegruppe des Quadrats ist gegeben durch die Menge
>
> $$G = \{r_0, r_1, r_2, r_3, s_0, s_1, s_2, s_3\}$$
>
> mit der Hintereinanderausführung als Verknüpfung.

Wie wird diese Menge mit dieser Verknüpfung zu einer Gruppe? Dazu machen wir uns die folgenden Gedanken:

Zunächst muss die Verknüpfung wohldefiniert sein: Laut der Definition einer Gruppe ist die Verknüpfung nämlich eine Abbildung von $G \times G$ nach G, d.h. der Verknüpfung zweier Elemente aus G wird wieder ein Element aus G zugeordnet. In Abb. 4.6 haben wir exemplarisch gesehen, dass dies der Fall ist, und auch allgemein gilt, dass die Hintereinanderausführung zweier Symmetrien weiterhin eine Symmetrie ist.

Ebenfalls müssen wir überprüfen, ob die geforderten Eigenschaften aus der Gruppendefinition gelten. Dass das Assoziativgesetz gilt, sehen wir schnell. Auch das neutrale Element der Gruppe identifizieren wir schnell als r_0, die Rotation um $0°$, da wir das Quadrat hierbei nicht verändern. Wir nennen r_0 daher auch die *Identitätsabbildung*. Auch finden wir zu jeder Symmetrie einen Weg, diese wieder rückgängig zu machen, sprich ein Inverses. Für die Spiegelungen sehen wir dies leicht, da zu jeder Spiegelung s_i für $i = 0, \ldots, 3$ das Element s_i sein eigenes Inverses ist: Spiegeln wir zweimal entlang derselben Achse, so erhalten wir wieder das Ausgangs-Quadrat.

> **Denkanstoß**
> Wie sehen die inversen Elemente zu den Rotationen aus?

Wegen dieser Überlegungen handelt es sich also bei der Menge G zusammen mit der Hintereinanderausführung als Verknüpfung tatsächlich um eine Gruppe.

Tatsächlich können wir uns Symmetriegruppen mit den gleichen Begründungen nicht nur für Quadrate, sondern auch für andere geometrische Objekte anschauen.

> **Denkanstoß**
> Zu Anfang dieses Kapitels haben wir als Objekt mit Symmetrien die Bienenwabe gesehen. Diese ist ein regelmäßiges Sechseck. Überlegen Sie sich, wie Sie die Konstruktion der Symmetriegruppe des Quadrats auf die Symmetriegruppe des Sechsecks verallgemeinern können. Wie sieht diese Symmetriegruppe aus?

In der Tat erhält man die Symmetrien von regelmäßigen n-Ecks genau durch bestimmte Rotationen und Spiegelungen, und diese bilden nach analogen Überlegungen zu oben eine Gruppe. Diese Gruppe nennen wir *Diedergruppe*, hergeleitet von griechischen Wort *Dieder* als Bezeichnung für regelmäßige Vielecke. Hierüber können Sie in Projekt Nr. 4.5 mehr erfahren.

Wir haben zwei zentrale Beispiele für Gruppen gesehen: Die ganzen Zahlen mit der Addition, und die Symmetriegruppe des Quadrats. Obwohl beides Gruppen sind, unterscheiden sie sich in verschiedenen Aspekten:

- In der zugrunde liegenden Menge der Symmetriegruppe des Quadrats haben wir 8 Elemente identifiziert. Die Menge der ganzen Zahlen $\mathbb{Z}$ ist jedoch nicht endlich. Wir wollen solche Gruppen mit endlich vielen Elementen *endliche Gruppen* nennen. Also ist die Symmetriegruppe des Quadrats eine endliche Gruppe, $(\mathbb{Z}, +)$ allerdings nicht.
- Ein weiterer wesentlicher Unterschied zwischen den beiden Gruppen besteht darin, ob das *Kommutativgesetz* in ihnen gilt, also ob

$$\forall g, h \in G : g * h = h * g$$

gilt. Wann immer dies in einer Gruppe $(G, *)$ erfüllt ist, nennen wir die Gruppe *abelsch*.[1] Wie Sie wissen, ist $(\mathbb{Z}, +)$ eine abelsche Gruppe; zum Beispiel ist $3 + 7$ dasselbe wie $7 + 3$. Die Symmetriegruppe des Quadrats ist nicht abelsch, wie wir Abb. 4.7 entnehmen können.

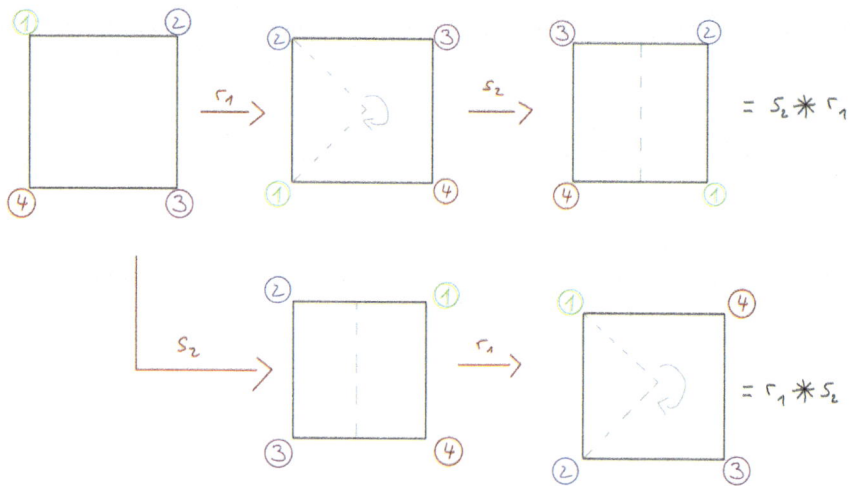

Abb. 4.7 Beispiel: Die Symmetriegruppe des Quadrats kann nicht abelsch sein

---

[1] Abelsche Gruppen sind nach Niels Henrik Abel (1802–1829) benannt, der auch Namensgeber für den Abel-Preis ist – eine der wichtigsten Auszeichnungen der Mathematik.

4.1 Was ist eine Gruppe?

Im Beispiel aus Abb. 4.7 sehen wir, dass die Rotation um 90° gefolgt von der Spiegelung entlang der y-Achse ein anderes Ergebnis liefert als die Spiegelung entlang der y-Achse gefolgt von der Rotation um 90°. Die Reihenfolge der angewandten Spiegelungen und Rotationen ist also relevant, weshalb die Symmetriegruppe des Quadrats nicht abelsch sein kann. Das bedeutet insbesondere auch, dass wir uns in der Notation hinsichtlich der Reihenfolge der Verknüpfung festlegen müssen: Für zwei Gruppenelemente $g, h \in G$ verstehen wir unter $g * h$, dass wir zuerst h und dann g ausführen. In dem Beispiel von der Rotation um 90° verknüpft mit der Spiegelung entlang der y-Achse sehen Sie die Notation für die entsprechenden Hintereinanderausführungen der Elemente im Bild.

4.1.2 Eine historische Annäherung an Gruppen

Das Wort *Gruppe* kennen Sie im nicht-mathematischen Kontext vermutlich schon sehr lange. Der Duden definiert eine Gruppe[2] als *kleinere Anzahl von [zufällig] zusammengekommen, dicht beieinanderstehenden oder nebeneinandergehenden Personen [die als eine geordnete Einheit erscheinen]*. In unserer mathematischen Definition einer Gruppe haben wir gesehen, dass diese aus einer Menge G und einer Verknüpfung $* : G \times G \to G$ besteht: Hierbei ordnet die Verknüpfung je zwei Gruppenelementen ein (möglicherweise verschiedenes) Gruppenelement zu. Auf den ersten Blick finden wir in beiden Gruppen-Begriffen also eine Menge wieder – bei der mathematischen Gruppe eine Menge aus Objekten, bei der nicht-mathematischen Gruppe eine Menge aus beispielsweise Personen – allerdings passt die Definition der Verknüpfung nicht für beide Gruppen-Begriffe gleichermaßen. Aus mathematischer Sicht verknüpfen wir zwei Gruppenelemente also zu einem weiteren (möglicherweise verschiedenen) Gruppenelement, während die Verbindung zweier Mitglieder einer Gruppe in nicht-mathematischem Kontext eher eine Verbindung oder Relation meint, z. B. indem Personen einer Gruppe durch Freundschaftsverhältnisse verbunden sind. Die Gruppen-Begriffe aus mathematischer und nicht-mathematischer Sicht sind also nicht identisch, da wir die Verknüpfung auf unterschiedliche Weise verstehen.

In den anführenden Beispielen haben wir Gruppen als Verallgemeinerung zweier Begriffe gesehen, nämlich der Zahlarithmetik und des Symmetriebegriffs. Die Beschäftigung mit Symmetrie ist auch historisch der Ursprung von Gruppen:

Die Mathematik beschäftigte sich mit Symmetrien bereits vor der formalen Einführung von Gruppen. Letzteres geschah 1868 durch Camille Jordan[3], allerdings in abgeschwächter Form von der Definition, die wir heute nutzen. Das liegt daran, dass er sich nur solche Gruppen anschaute, die unsere geforderten Axiome bereits

---

[2] siehe https://www.duden.de/rechtschreibung/Gruppe_Team; Abrufdatum 28.11.2024.
[3] Memoire sur les groupes des mouvements, Annali de matematica pura ed applicata, Ser. II, Vol. II, No. 3 (1868) 167–215, 322–345.

erfüllen, nämlich gewisse Symmetriegruppen. Die erste Definition einer Gruppe in der Form, in der wir sie heute nutzen, entstand 1882 durch Walter von Dyck[4] und Heinrich Weber.

4.2 Wie kann man eine Gruppe angeben?

Gruppen anzugeben ist zuweilen gar nicht so einfach. Ist eine Gruppe nicht direkt als Menge von Symmetrien eines geometrischen Objektes gegeben, so braucht es andere Wege anzugeben was ihre Elemente sind und wie diese multipliziert werden. Zwei Möglichkeiten werden in diesem Kapitel vorgestellt: Verknüpfungstafeln und Präsentierungen.

4.2.1 Verknüpfungstafeln

Ausgehend von der Definition einer Gruppe als Tupel aus einer Menge G und einer Verknüpfung $* : G \times G \to G$, die gewisse Eigenschaften erfüllt, können wir die Gruppe als dieses explizite Tupel $(G, *)$ angeben. In einigen Fällen, wie in unserem eingehenden Beispiel $(\mathbb{Z}, +)$, können wir die Gruppe dadurch schnell verstehen. Das liegt auch daran, dass uns die Addition auf den ganzen Zahlen bereits wie automatisiert gelingt: Das Ergebnis von $5 + 11$ kennen Sie, ohne darüber nachdenken zu müssen. Als zweites Beispiel haben wir die Symmetriegruppe des Quadrats gesehen – in diesem Beispiel fällt uns das Verständnis der Gruppe durch reine Angabe in der Form $(G, *)$ schwerer, da wir hier die Verknüpfung der einzelnen Elemente weniger gut kennen. Welches Gruppenelement wäre zum Beispiel $r_3 * s_1$? Hier müssen Sie vermutlich einen Moment überlegen.

Um die Verknüpfungen zwischen den jeweiligen Gruppenelementen auf einen Blick erkennbar zu machen, führen wir nun eine weitere Weise an, in der wir Gruppen angeben können: Die sogenannte *Verknüpfungstafel* oder *Multiplikationstabelle*.

Eine Verknüpfungstafel ist eine Tabelle, die die Gruppenelemente und deren Verknüpfung speichert. In dieser Tabelle sind die Zeilen und Spalten nach den Elementen der Gruppe benannt, und in den Feldern der Tabelle ist die Verknüpfung ebendieser Elemente miteinander angegeben. So kann für eine Gruppe $(G, *)$ ein Ausschnitt der Verknüpfungstafel anhand der Elemente $g, h \in G$ so aussehen:

---

[4] Gruppentheoretische Studien, Math. Ann. 20 (1882), 1–44.

4.2 Wie kann man eine Gruppe angeben?

$*$	$\ldots$	g	$\ldots$	h	$\ldots$
$\vdots$					
g		$g*g$		$g*h$	
$\vdots$					
h		$h*g$		$h*h$	
$\vdots$					

Die Verknüpfungstafel ist allerdings nur sinnvoll, wenn die betrachtete Gruppe eine endliche Gruppe ist, da die Verknüpfungstafel sonst unendlich viele Zeilen und Spalten hätte. Das würde bei unserem Beispiel $(\mathbb{Z}, +)$ passieren.

Die Verknüpfungstafel ist genau dann symmetrisch ist, wenn G abelsch ist, denn dann ist $g*h = h*g$ für alle $g, h \in G$.

Für unser zweites begleitendes Beispiel, die Symmetriegruppe des Quadrats, schauen wir uns nun an, wie die Verknüpfungstafel dieser Gruppe aussieht.

Da die Zeilen und Spalten der Verknüpfungstafel durch die Gruppenelemente indiziert sind und wir gesehen haben, dass die Symmetriegruppe des Quadrats acht Elemente hat, wird die zugehörige Verknüpfungstafel Einträge in einer Tabelle der Größe 8×8 aufweisen. Bevor wir all diese 64 Einträge angeben, möchten wir die folgenden Drei explizit herleiten:

$*$	r_0	r_1	r_2	r_3	s_0	s_1	s_2	s_3
r_0								
r_1							$r_1 * s_2$	
r_2								
r_3								
s_0								
s_1				$s_1 * r_3$				
s_2		$s_2 * r_1$						
s_3								

In den eingefärbten Zellen stehen die Ergebnisse der Verknüpfung der jeweiligen Elemente. Nehmen wir als Beispiel die pink gefärbte Zelle: Sie steht in Spalte r_1 und Zeile s_2. Wir wenden also auf unser Quadrat zuerst das Element der Spalte an – also r_1, die Rotation um 90° – und dann das Element der Zeile – also s_2, die Spiegelung an der y-Achse. Das Ergebnis dieser Hintereinanderausführung von Symmetrien ist selbst wieder ein Gruppenelement, nämlich s_1. Das bedeutet, dass die Rotation um 90° gefolgt von der Spiegelung an der y-Achse dasselbe Ergebnis liefert wie die Spiegelung an der Achse $y = x$. Dieses Ergebnis tragen wir in die pink gefärbte Zelle der Verknüpfungstafel ein.

Denkanstoß

Vollziehen Sie die Berechnungen der orange und grün gefärbten Zellen nach. Dazu können Sie Abb. 4.8 zur Hilfe nehmen.

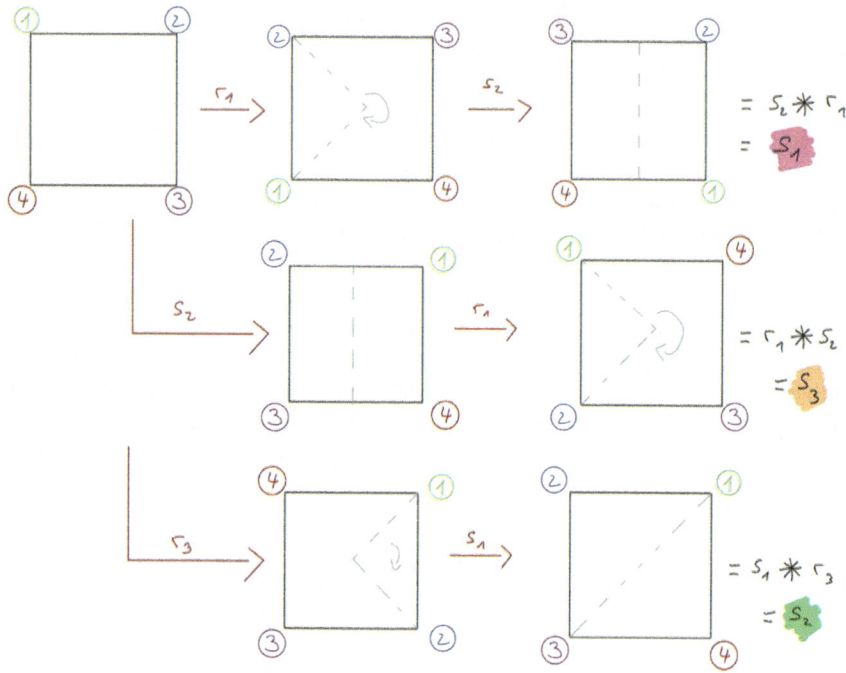

Abb. 4.8 Einige Berechnungen der Einträge in der Verknüpfungstafel

Gehen wir so für alle Felder vor, so erhalten wir die folgende Verknüpfungstafel für die Symmetriegruppe des Quadrats:

$*$	r_0	r_1	r_2	r_3	s_0	s_1	s_2	s_3
r_0	r_0	r_1	r_2	r_3	s_0	s_1	s_2	s_3
r_1	r_1	r_2	r_3	r_0	s_1	s_2	s_3	s_0
r_2	r_2	r_3	r_0	r_1	s_2	s_3	s_0	s_1
r_3	r_3	r_0	r_1	r_2	s_3	s_0	s_1	s_2
s_0	s_0	s_3	s_2	s_1	r_0	r_3	r_2	r_1
s_1	s_1	s_0	s_3	s_2	r_1	r_0	r_3	r_2
s_2	s_2	s_1	s_0	s_3	r_2	r_1	r_0	r_3
s_3	s_3	s_2	s_1	s_0	r_3	r_2	r_1	r_0

Wenn wir uns in der Verknüpfungstafel nur die Verknüpfungen der Rotationen miteinander anschauen, können wir Folgendes beobachten: Wenn wir mit der Rotation um 90°, also r_1, beginnen und diese mit sich selbst verknüpfen, erhalten wir

r_2. Rotieren wir ein weiteres Mal um 90°, so erhalten wir r_3, und nach viertem Anwenden von r_1 erhalten wir das Ausgangs-Quadrat, was r_0, der Rotation um 0°, entspricht. Wenn wir uns also nur die Rotationen anschauen, sehen wir, dass es ausreicht, r_1 zu kennen, denn durch mehrfaches Anwenden von r_1 erhalten wir davon ausgehend alle übrigen Rotationen. Das zeigt Abb. 4.9.

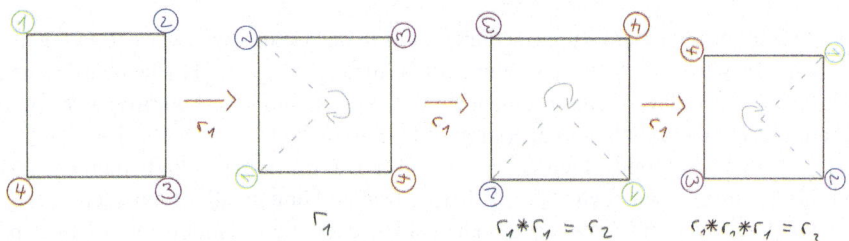

Abb. 4.9 Erzeuge alle Rotationen durch r_1

> **Denkanstoß**
> Überlegen Sie sich, warum wir statt r_1 auch r_3 hätten auswählen können, um alle Rotationen daraus zu konstruieren. Überlegen Sie weiterhin, wieso wir dafür nicht r_0 oder r_2 nehmen können.

Das bedeutet, dass wir nicht alle vier Rotationen explizit benötigen, um alle Rotationen zu kennen, sondern es genügt, eine ausgewählte Rotation zu kennen. Diese Beobachtung führt uns zur nächsten Art und Weise, auf die wir eine Gruppe angeben können: Mit Hilfe von *Erzeugern und Relationen*, durch eine sogenannte *Präsentierung* der Gruppe.

4.2.2 Präsentierung einer Gruppe – Erzeuger und Relationen

Das Ziel einer Präsentierung ist es, eine Gruppe G und ihre Struktur durch möglichst kurze Informationen prägnant darzustellen. Diese Informationen umfassen die folgenden zwei Wesentlichen:

1. Eine Teilmenge $H \subset G$, die dadurch charakterisiert ist, dass wir jedes Element aus G erhalten können, indem wir Elemente aus H, sowie deren Inverse, miteinander verknüpfen. Da wir uns möglichst wenig Informationen merken möchten, um die Gruppe komplett verstehen zu können, wählen wir H auch so klein, dass keine überflüssigen Elemente darin vorkommen. H soll also wörtlich die Gruppe G erzeugen, weshalb wir die Elemente von H *Erzeuger* nennen. Wenn wir die

Erzeuger kennen, kennen wir durch Anwenden der Verknüpfung also auch alle anderen Elemente aus G.
2. Ebenfalls möchten wir uns merken, ob es Beziehungen zwischen den Erzeugern gibt. Diese Beziehungen nennen wir *Relationen*. Diese helfen uns, zum Beispiel, zu sehen, ob Elemente in verschiedenen Schreibweisen eigentlich dieselben Elemente sind.

Die Präsentierung einer Gruppe schreiben wir in der Form ⟨Erzeuger | Relationen⟩.

Schauen wir uns als Beispiel zunächst wieder $(\mathbb{Z}, +)$ an. Als Erzeuger können wir hier $1 \in \mathbb{Z}$ wählen: Jedes Element aus $\mathbb{Z}$ lässt sich durch Verknüpfung von 1 und ihrem Inversen, nämlich -1 generieren. Zum Beispiel ist $4 = 1+1+1+1$, $-2 = -1-1$, $0 = 1-1$, und allgemein $n \in \mathbb{Z} = 1 + \cdots + 1$ (n mal). Wir bemerken, dass wir als Erzeuger ebenso gut $-1 \in \mathbb{Z}$ hätten wählen können, allerdings nicht $2 \in \mathbb{Z}$, da wir durch Verknüpfung nur gerade Zahlen darstellen könnten und nicht ganz $\mathbb{Z}$. Eine Relation gibt es in diesem Beispiel nicht, weshalb eine Präsentierung von $(\mathbb{Z}, +)$ gegeben ist durch ⟨1 | −⟩. Dieses Beispiel zeigt uns auch, dass die Anzahl der Erzeuger uns nicht verrät, wie viele Elemente die Gruppe hat: In diesem Beispiel hat die Gruppe einen Erzeuger, doch die Gruppe ist nicht einmal endlich.

Eine Gruppe mit einem einzigen Erzeuger ohne Relationen, also z. B. $(\mathbb{Z}, +)$, nennen wir eine *freie Gruppe*.

Im Folgenden schauen wir uns unser Beispiel der Symmetriegruppe des Quadrats aus dieser Perspektive an. Hierfür möchten wir uns im ersten Schritt überlegen, welche Gruppenelemente uns als Erzeuger ausreichen. Wir haben bereits gesehen, dass uns eine geeignete Rotation genügt, um daraus alle Rotationen zu generieren. Die als Erzeuger ausgewählte Rotation nennen wir im Folgenden r, d. h. r ist eins der Elemente r_1 oder r_3. Im obigen Denkanstoß haben Sie sich überlegt, warum r_0 oder r_2 keine zulässigen Wahlen für r sind. Wir nennen somit r einen Erzeuger der Rotationen. Für die gesamte Symmetriegruppe des Quadrats reicht uns r als Erzeuger allerdings nicht aus, da wir keine der Spiegelungen als Hintereinanderausführung von Rotationen erhalten können.

Schauen wir uns also die Spiegelungen an und beginnen mit s_0, der Spiegelung an der x-Achse. Diese Spiegelung können wir nicht durch Rotationen darstellen, also fügen wir sie der Menge der Erzeuger hinzu. Im nächsten Schritt betrachten wir s_1, die Spiegelung an der Achse $y = x$. Diese können wir zwar nicht allein mit der Spiegelung s_0 erzeugen, jedoch können wir sie durch eine Kombination aus s_0 und unserer Rotation r_1 erzeugen. Das funktioniert ebenfalls für die restlichen Spiegelungen s_2 und s_3, wie die Abb. 4.10, 4.11 und 4.12 zeigen.

4.2 Wie kann man eine Gruppe angeben?

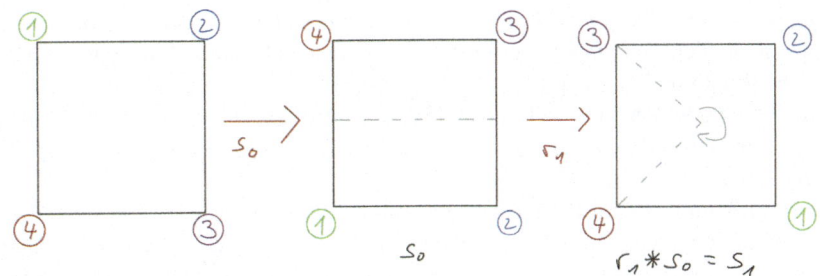

Abb. 4.10 Erzeuge s_1 durch r_1 und s_0

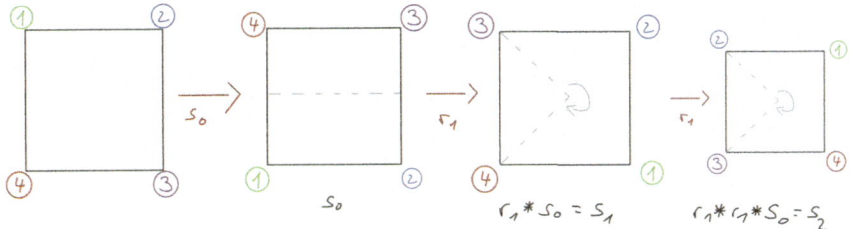

Abb. 4.11 Erzeuge s_2 durch r_1 und s_0

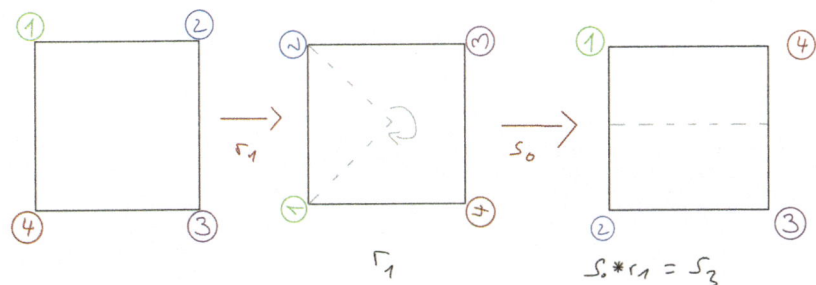

Abb. 4.12 Erzeuge s_3 durch r_1 und s_0

> **Denkanstoß**
> Überlegen Sie sich, warum wir statt s_0 auch eine der anderen Spiegelungen zur Menge der Erzeuger hätten hinzufügen können.

Wir wählen also einen Erzeuger für die Spiegelungen und nennen diesen s.

Insgesamt haben wir für die Symmetriegruppe des Quadrats nun die beiden Erzeuger r und s identifiziert, die alle Elemente der Gruppe erzeugen. Wir bezeichnen im Folgenden die Identität, also die Rotation um $0°$, mit e. Um die Präsentierung dieser Gruppe zu bekommen, müssen wir uns nun noch überlegen, welche Relationen zwischen den Erzeugern gelten. Dazu schauen wir uns die folgenden Beziehungen an, die in Abb. 4.13 dargestellt werden:

- Die Beziehung von *r* mit sich selbst: Wenn wir die Rotation *r* vier Mal hintereinander anwenden, so erhalten wir wieder das Ausgangs-Quadrat. Das bedeutet, dass *r* die Relation $r^4 = e$ erfüllt.
- Die Beziehung von *s* mit sich selbst: Wenn wir die Spiegelung *s* zwei Mal hintereinander anwenden, so erhalten wir wieder das Ausgangs-Quadrat. Das entspricht der Relation $s^2 = e$.
- Die Beziehung von *r* mit *s*: Auch eine Kombination aus unserer erzeugenden Rotation mit der erzeugenden Spiegelung liefert wieder das Ausgangs-Quadrat, nämlich indem wir zuerst rotieren, dann spiegeln, dann wieder rotieren und nochmals spiegeln. Das entspricht der Relation $s * r * s * r = e$.

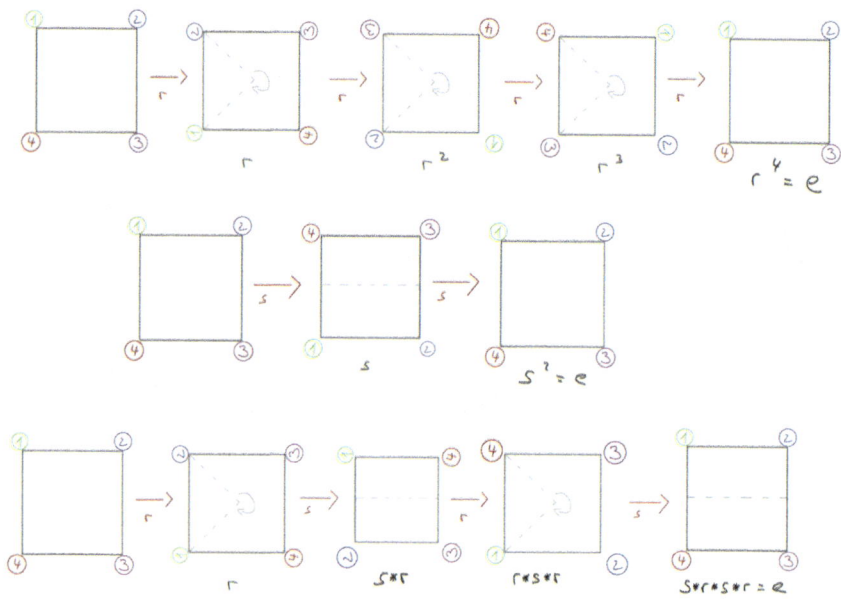

Abb. 4.13 Relationen zwischen den Erzeugern

Ingesamt erhalten wir die Präsentierung der Symmetriegruppe des Quadrats als

$$\langle r, s \mid r^4 = s^2 = s * r * s * r = e \rangle.$$

4.3 Was macht man mit einer Gruppe?

Im nächsten Schritt schauen wir uns eine Anwendung für Gruppen näher an, nämlich die *Gruppenoperationen* (auch *Gruppenwirkungen* genannt).

Wir haben bereits gesehen, dass wir Gruppen nutzen können, um geometrische Objekte näher zu betrachten, indem wir die Symmetrien eines Quadrats in einer

4.3 Was macht man mit einer Gruppe?

Gruppe zusammengefasst haben. Im nächsten Schritt schauen wir uns allgemeine Rotationen im zweidimensionalen Raum an, ohne dass diese an ein bestimmtes geometrisches Objekt geknüpft sind. Aus der Menge der Rotationen nehmen wir uns die Rotationen um 0°, 120° und 240° heraus. Nutzen wir nun als Verknüpfung dieser Rotationen wieder die Hintereinanderausführung, so wird die Menge dieser drei Rotationen ebenfalls zu einer Gruppe, die wir im Folgenden G nennen.

Als Nächstes schauen wir uns die folgende Menge X von zweidimensionalen Objekten an, die in Abb. 4.14 dargestellt ist.

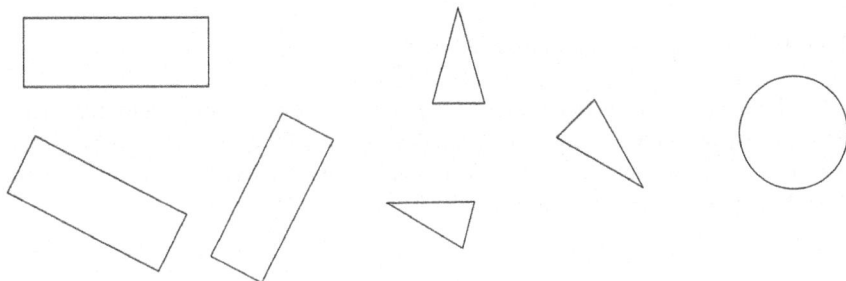

Abb. 4.14 Die Menge X

Bei jedem Objekt interessieren wir uns nur für seine Ausrichtung, und nicht für seine Position im Raum. Was hat diese Menge X nun mit unserer Gruppe G aus Rotationen zu tun? Schauen wir uns in X zunächst die Vierecke an und nennen diese x, y und z. Da sich diese Vierecke nur um eine Rotation voneinander unterscheiden, können wir Rotationen aus unserer Gruppe G nutzen, um die Vierecke ineinander zu überführen. Das motiviert folgende Definition:

> **Definition: Gruppenoperation**
> Sei X eine Menge und G eine Gruppe. Wir definieren die (Links-) *Operation* von G auf X als Verknüpfung
>
> $$\diamond : G \times X \to X, \quad (g, x) \mapsto g \diamond x.$$

Schauen wir uns diese Defitinion konkret im obigen Beispiel an (vgl. Abb. 4.15): Nehmen wir das Viereck $x \in X$ sowie die Rotation um 120° aus unserer Gruppe G, so operiert diese Rotation auf x, indem es das Viereck x auf das rotierte Viereck y abbildet. Auf y können wir diese Rotation ebenfalls anwenden und erhalten das Viereck z. Ebenfalls können wir z erhalten, indem wir von x ausgehend um 240° drehen, was auch ein Gruppenelement ist.

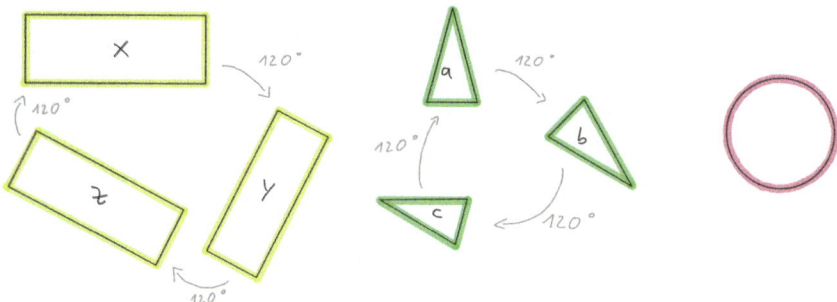

Abb. 4.15 Die Gruppe G operiert auf der Menge X

Wir können also jedes der Vierecke durch eine Operation mit einem geeigneten Element aus unserer Rotationsgruppe in jedes andere Viereck überführen. Allerdings werden wir die Vierecke nie durch Rotation in eins der Dreiecke oder den Kreis überführen können, was uns zu folgender Definition führt:

Definition: Bahn
Sei X eine Menge, G eine Gruppe und $\diamond$ sei eine Gruppenoperation von G auf X. Wir definieren für jedes $x \in X$ die *Bahn* des Elements x als

$$G \diamond x := \{g \diamond x \mid g \in G\}.$$

In der Bahn eines Elements x unserer Menge sind also alle Elemente, die sich durch die Gruppenoperation mit beliebigen Elementen der Gruppe G ausgehend von x ergeben. In unserem Beispiel enthält die Bahn des Vierecks x also genau die Elemente

- x, durch Operation mit der Rotation um $0°$,
- y, durch Operation mit der Rotation um $120°$, sowie
- z, durch Operation mit der Rotation um $240°$.

Da wir, wie bereits angesprochen, das Viereck durch eine Rotation nie in eins der Dreiecke oder in den Kreis überführen können, sind dies in der Tat alle Elemente in der Bahn von x. Wir erhalten also $G \diamond x = \{x, y, z\}$. Ebenso gilt $G \diamond a = \{a, b, c\}$. In der Bahn des Kreises liegt nur der Kreis allein, da dieser durch jede der Rotationen in der Gruppe in sich selbst überführt wird.

In diesem Beispiel fällt auf, dass die Menge X sich in diese drei Bahnen zerlegen lässt – Wie Gruppenoperationen generell eine Menge X, auf der die Gruppe operiert, unterteilen, können Sie in Projekt Nr. 4.4 lernen.

4.4 Ein Ausblick auf weitere Themen

In der Gruppentheorie gibt es viele offene Forschungsfragen. Dabei geht es zum Beispiel um:

- Das *Isomorphieproblem:* Wie erkenne ich für gegebene Gruppen, ob diese isomorph sind?
- Die *Klassifikation* von endlichen Gruppen: Die Idee hierbei ist es, endliche Gruppen so gut zu verstehen, dass wir sie in verschiedene Klassen gruppieren können. Dazu zerlegen wir eine Gruppe zunächst in ihre Bausteine, die sogenannten *einfachen Gruppen*, welche dann in 18 bekannte Familien unterteilt werden können. Diese Familien können weiter untersucht werden. Die meisten dieser endlichen, einfachen Gruppen sind im *ATLAS of Finite Groups* mit ihren Eigenschaften beschrieben.
- Wir haben im Verlauf dieses Kapitels verschiedene Sichtweisen auf Gruppen kennen gelernt – ausgehend vom Tupel $(G, *)$, über die Verknüpfungstafel der Gruppe, hin zu einer Präsentierung mit Erzeugern und Relationen. Wie können wir diese Sichtweisen für beliebige Gruppen verbinden?
- Als begleitendes Beispiel in diesem Kapitel haben wir die Symmetriegruppe des Quadrats gesehen und anhand dieses Beispiels verstanden, dass Symmetriegruppen „schön" sind. Daraus ergibt sich die Frage: Kann man eine beliebige gegebene Gruppe als Symmetriegruppe eines geeigneten Objekts realisieren? Wenn ja, wie?

4.5 Projekte

Auf https://aspekte.rwth-aachen.de/ finden Sie interaktive Jupyter-Nootbooks zu ausgewählten Projekten, sowie weitere Materialien zum Buch.

> **4.1 Sudoku und Gruppentheorie**
> Sudoku ist ein weit verbreiteter Denksport. In diesem Projekt wollen wir verstehen, wie viele Sudokus es gibt. Dabei wollen wir Symmetrien erkennen und bestimmen, wie viele Orbiten – und damit eigentliche Sudokus – unter einer passenden Gruppenoperation existieren.

4.2 Penrose-Parkettierungen

Penrose-Parkettierungen sind eine faszinierende Familie von aperiodischen Kachelmustern, die eine Ebene lückenlos parkettieren können, ohne dass sich ein periodisches Grundschema wiederholt. Diese Parkettierungen bestehen aus zwei unterschiedlichen Kacheltypen, oft als "Drachen"und "Pfeil"bezeichnet, die in bestimmten Mustern angeordnet sind, um eine komplexe, nichtperiodische Struktur zu erzeugen. Penrose-Parkettierungen haben Anwendungen in der Quasikristallforschung und bieten ein interessantes Beispiel dafür, wie einfache Regeln zu komplizierten und überraschenden geometrischen Mustern führen können.

4.3 Parkettierung

Wenn man eine Ebene lückenlos mit einem Kachelmuster bedeckt spricht man von Parkettierungen oder Kachelungen. Man kann diese sehr anschauliche Theorie mathematisch präzisieren und stößt dabei auf spannende Muster. Wir werden in diesem Notebook auf aperiodische Parkettierungen eingehen, das sind Kachelmuster, die sich in gewissem Sinne nicht wiederholen. Dabei gehen wir auf eine spannendes aktuelles Forschungsergebnis ein: Man kann die Ebene mit einer einzigen Kachelform aperiodisch parkettieren!

4.4 Bahnen von Gruppenoperationen

Gruppenoperationen auf Mengen sind ein häufig verwendetes Werkzeug, um symmetrische Eigenschaften einer Menge zu beschreiben. Wenn eine Gruppe auf ein Element dieser Menge operiert, entstehen sogenannte Bahnen. Eine Bahn ist die Menge aller Elemente, die durch die Operation der Gruppe auf ein bestimmtes Element erzeugt werden können. Bahnen ermöglichen es, die Struktur einer Menge unter der Wirkung einer Gruppe zu untersuchen und symmetrische Muster zu identifizieren. Sie sind auch nützlich, um Äquivalenzklassen zu definieren und Probleme in Gruppentheorie, Kombinatorik, Geometrie und anderen Bereichen der Mathematik zu lösen.

4.5 Diedergruppen: Symmetrie in geometrischen Formen

Die Diedergruppen sind eine faszinierende Klasse von Symmetriegruppen, die in verschiedenen geometrischen Kontexten auftreten. In diesem Projekt werden wir die Diedergruppen kennenlernen und untersuchen, wie sie durch verschiedene Schreibweisen repräsentiert werden können. Wir betrachten die algebraische Beschreibung dieser Gruppen sowie ihre geometrische Interpretation als Symmetriegruppen bestimmter Objekte, insbesondere von regelmäßigen Polygonen. Durch die Analyse von Transformationen und Symmetrien werden wir die Eigenschaften der Diedergruppen besser verstehen und ihre Bedeutung in der Geometrie und anderen mathematischen Gebieten erforschen.

4.6 Die symmetrische Gruppe und der Satz von Cayley

Die symmetrische Gruppe ist eine fundamentale Struktur in der Gruppentheorie, die die Symmetrien einer endlichen Menge repräsentiert. In diesem Projekt werden wir die symmetrische Gruppe eingehend untersuchen und ihre verschiedenen Darstellungen kennenlernen. Wir betrachten die drei Schreibweisen einer Gruppe und zeigen, wie die symmetrische Gruppe in jeder dieser Schreibweisen dargestellt werden kann. Besonderes Augenmerk liegt auf dem Satz von Cayley, der besagt, dass jede endliche Gruppe isomorph zu einer Untergruppe der symmetrischen Gruppe ist. Wir werden den Satz von Cayley beweisen und seine Bedeutung für die Struktur endlicher Gruppen diskutieren. Durch konkrete Beispiele und Anwendungen werden wir die Symmetrische Gruppe und den Satz von Cayley besser verstehen und ihre Rolle in der Gruppentheorie würdigen.

4.7 Tapetengruppen

Tapetengruppen beschäftigen sich mit den Symmetrien von Tapetenmustern, die sich in zwei Richtungen wiederholen. Durch die Klassifizierung solcher Muster können wir ein tieferes Verständnis für die zugrunde liegende Symmetrie und Struktur entwickeln. Dieses Projekt bietet eine faszinierende Möglichkeit, die mathematische Schönheit hinter scheinbar einfachen Mustern zu entdecken und zu verstehen.

4.8 Wortproblem

Das Wortproblem in der Gruppentheorie beschäftigt sich damit, wie wir Elemente einer Gruppe darstellen können, die durch Erzeuger und Relationen definiert ist. Es bezieht sich darauf, herauszufinden, ob zwei Wörter, die aus den Erzeugern zusammengesetzt sind, tatsächlich dasselbe Element der Gruppe repräsentieren. Diese Fragestellung ist von fundamentaler Bedeutung und hat weitreichende Auswirkungen auf viele Bereiche der Mathematik und Informatik, einschließlich der algorithmischen Komplexität und der Berechenbarkeit.

4.9 Konjugationsklassen der symmetrischen Gruppe

Dieses Projekt beschäftigt sich mit einer fundamentalen Eigenschaft von Gruppen: der Konjugation. Konjugationsklassen spielen eine wichtige Rolle bei der Analyse von Gruppenstrukturen. In diesem Projekt werden wir die Konjugationsklassen erklären und anhand der symmetrischen Gruppe untersuchen, wie sie mithilfe von Young-Diagrammen parametrisiert werden können. Diese Konzepte bieten Einblicke in die Struktur und Eigenschaften von Gruppen und haben Anwendungen in verschiedenen mathematischen Disziplinen.

4.10 Einfache Gruppen

Was sind eigentlich die *kleinsten* Gruppen? In diesem Projekt werden die grundlegenden Konzepte einfacher Gruppen erkundet. Dabei wird der Begriff eines Normalteilers erklärt und gezeigt, wie jede endliche Gruppe aus einfachen Gruppen zusammengesetzt ist. Es wird untersucht, welche endlichen, einfachen Gruppen existieren und ob sie bekannt sind. Die Analyse dieser Strukturen bietet tiefe Einblicke in die Algebra und ist von fundamentaler Bedeutung in verschiedenen mathematischen Bereichen.

4.11 Klassifikationen der Isometrien des $\mathbb{R}^3$

Eine Isometrie ist eine abstandserhaltende Abbildung zwischen zwei metrischen Räumen. Wir wollen uns diese für den $\mathbb{R}^3$ betrachten und versuchen diese zu klassifizieren. Es wird eine Visualisierung der Normalform der Isometrie erwartet, also Drehachse, Eigenvektoren usw.

Graphentheorie 5

In diesem Kapitel beschäftigen wir uns mit der Graphentheorie. Die Graphentheorie eignet sich hervorragend zur Modellierung zahlreicher Anwendungs- und Alltagsfragen. Anschauliche Beispiele für Graphen aus dem Alltag sind Straßenkarten, U-Bahn-Netze oder das Haus vom Nikolaus. Graphen können als Abstraktion von Relationen oder Beziehungen zwischen Objekten verstanden werden und lassen sich oft – wie der Name suggeriert – graphisch darstellen.

5.1 Was ist ein Graph?

Bei dem Wort *Graph* denken Sie vermutlich an eine Sammlung von Punkten und Linien, die diese Punkte verbinden. Das kann zum Beispiel aussehen wie in Abb. 5.1.

Obwohl die Punkte des links und rechts gezeichneten Graphen übereinstimmen, handelt es sich hierbei um Darstellungen verschiedener Graphen. Wenn die Verbindungslinien keine Richtung haben, wie es im linken Bild der Fall ist, nennen wir den zugehörigen Graphen *ungerichtet*. Haben die Verbindungslinien, wie im rechten Bild, eine zugewiesene Richtung, heißt der zugehörige Graph *gerichtet*. Zunächst soll ein *Graph* für uns immer ungerichtet sein und wir werden spezifizieren, wenn wann immer es sich um einen gerichteten Graphen handelt.

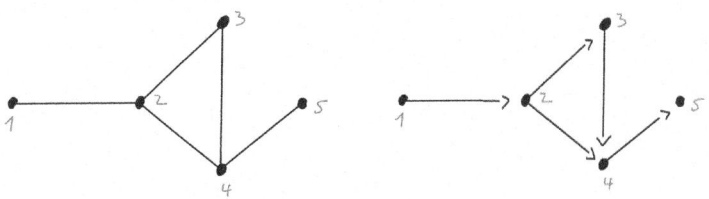

Abb. 5.1 Darstellungen eines Graphen (links: ungerichtet; rechts: gerichtet)

Die Zeichnungen aus Abb. 5.1 möchten wir nicht als die Graphen selbst verstehen, sondern als eine Art, den Graphen darzustellen. Der Graph selbst soll die Sammlung der Informationen darüber sein, welche Punkte vorkommen und welche Verbindungen dazwischen bestehen. Diese Idee halten wir in der folgenden Definition fest:

Definition: Graph (ungerichtet)
Ein (ungerichteter) *Graph* $G = (V, E)$ besteht aus

- einer Menge $V \neq \emptyset$ aus Knoten, sowie
- einer Menge $E \subset \binom{V}{2}$ aus Kanten. Hierbei ist $\binom{V}{2}$ die Menge aller zweielementigen Teilmengen von V.

Für zwei Knoten $u, v \in V$ schreiben wir $e = \{u, v\}$ für die ungerichtete Kante zwischen diesen Knoten (vgl. linkes Bild in Abb. 5.3). Da die Kanten ungerichtet sind, ist die Kante $\{u, v\}$ identisch mit der Kante $\{v, u\}$.

Sind zwei Knoten $u, v \in V$ über eine Kante e miteinander verbunden, so nennen wir die Knoten *adjazent* zueinander und *inzident* zur Kante e.

Ein Graph kann also als Abstraktion von Relationen verstanden werden, da er die Beziehungen zwischen den Elementen der Menge V in den Kanten E speichert.

Bemerkung
Im Folgenden möchten wir uns auf solche Graphen beschränken, die keine Schleifen – das sind Kanten der Form $\{u, u\}$ – besitzen.

Wir können Graphen – sofern sie nicht zu groß sind – graphisch darstellen und somit gut auf einen Blick verstehen.

Beispiel: Graph
Schauen wir uns nochmal den (ungerichteten) Graphen an, den wir in Abb. 5.1 gezeichnet haben: Der Graph ist gegeben durch $V = \{1, \ldots, 5\}$ sowie

$$E = \{\{1, 2\}, \{2, 3\}, \{3, 4\}, \{2, 4\}, \{4, 5\}\}.$$

Der Knoten 2 ist adjazent zu den Knoten 1, 3 und 4. Der Knoten 5 ist inzident zu der Kante $\{4, 5\}$.

Beispiele für Graphen in gezeichnet dargestellter Form werden Ihnen im Alltag häufig begegnen. Eine große Klasse solcher Beispiele beinhaltet Zugstrecken oder Buspläne, bei denen die Knoten Bahnhöfe oder Haltestellen sind, und die Kanten des Graphen die Schienen oder Straßen.

5.1 Was ist ein Graph?

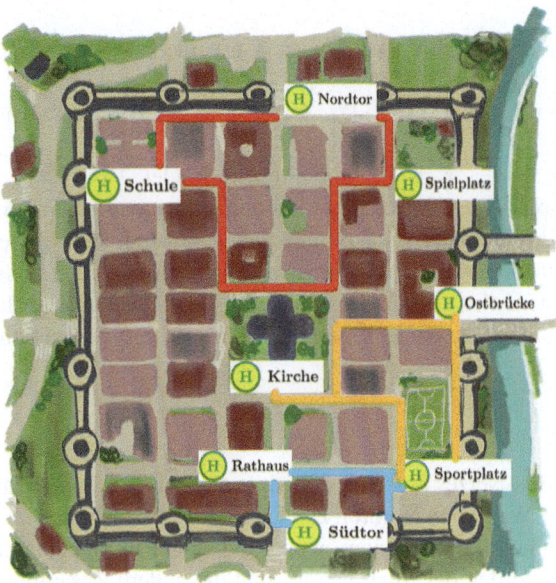

Abb. 5.2 Beispiel zu Buslinien in der Stadt

Schauen wir uns im Folgenden eine Stadt an, in der es drei Buslinien gebe, von denen eine durch den Norden der Stadt führe, eine an der Kirche vorbei und eine am Rathaus vorbei führe (vgl. Abb. 5.2):

Beispiel: Buslinien in der Stadt
Dieses Beispiel entspricht dem Graphen, dessen Knoten durch die acht eingezeichneten Haltestellen und dessen Kanten durch die dazwischen verlaufenden Straßen gegeben sind.
  In diesem Bus-Netz erkennen wir drei verschiedene Buslinien. Die Buslinie, die durch den Norden der Stadt läuft, ist mit keiner anderen Buslinie verbunden. Die anderen beiden Buslinien fahren beide über die Haltestelle „Sportplatz", was diese beiden Buslinien miteinander verbindet.

Das motiviert folgende Definition:

Definition: Wege, Zusammenhang
Ein Graph heißt *zusammenhängend*, wenn es für alle Knoten $v, w \in V$ einen Weg von v nach w gibt.

> Hierbei ist ein *Weg* von v nach w ($v \neq w$) eine Folge von Kanten
>
> $$\{v, x_1\}, \{x_1, x_2\}, \ldots, \{x_i, x_{i+1}\}, \{x_{i+1}, x_{i+2}\}, \ldots, \{x_n, w\}$$
>
> für geeignete $x_1, \ldots, x_n \in V$, die v mit w verbindet.
>
> Jeder Graph zerfällt in maximal zusammenhängende Komponenten, also solche Teile des Graphen, die zusammenhängend sind, ohne Teil einer größeren zusammenhängenden Komponente zu sein. Diese maximal zusammenhängenden Komponenten nennen wir *Zusammenhangskomponenten*. Ist ein Graph zusammenhängend, so ist der Graph selbst die einzige Zusammenhangskomponente.

Der Graph des Bus-Netzes aus Abb. 5.2 ist somit nicht zusammenhängend, da beispielsweise kein Weg vom Nordtor zur Kirche existiert. Dieser Graph zerfällt in zwei Zusammenhangskomponenten, wobei die erste Zusammenhangskomponente zur Buslinie im Norden der Stadt gehört, und die andere Zusammenhangskomponente zu den beiden Buslinien, die beide über die Haltestelle „Sportplatz" fahren.

5.1.1 Gerichtete Graphen

Wenn wir in einem Stadtplan die Straßen als Kanten und die Kreuzungen als Knoten definieren, so erhalten wir ebenfalls einen Graphen. Wir ignorieren für den Moment, dass Straßen mehrspurig sein können und überlegen uns, was die Konsequenz von Einbahnstraßen für unseren Graphen ist. Wenn wir diese kennzeichnen wollen, fügen wir der entsprechenden Kante eine Richtung hinzu, statt einer Kante zeichnen wir also einen Pfeil mit den Einbahnstraßen („Drosselweg", „Adlerweg" und „Krähenweg"). Wir können das für jede Kante machen, und wenn dort keine Einbahnstraße ist, fügen wir Pfeile in beide Richtungen hinzu („Sperberweg"). Das führt uns zu dem Begriff eines gerichteten Graphen.

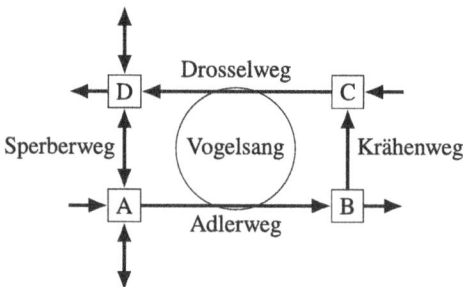

Strassenkarte von Vogelsang mit vier Kreuzungen.

5.1 Was ist ein Graph?

> **Definition: Graph (gerichtet)**
> Ein gerichteter *Graph* $G = (V, E)$ besteht aus
> - einer Menge $V \neq \emptyset$ aus Knoten, sowie
> - einer Menge $E \subset V \times V$ aus Kanten.
>
> Für zwei Knoten $u, v \in V$ schreiben wir $e = (u, v)$ für die Kante, die von u nach v läuft (vgl. rechtes Bild in Abb. 5.3).

Abb. 5.3 Notation für Kanten in Graphen; links ungerichtet, rechts gerichtet

Anders als bei ungerichteten Graphen ist nun die Richtung der Kante wichtig. Insbesondere unterscheiden sich die Kanten (u, v) und (v, u) – sie müssen nicht mal beide gleichzeitig in einem gerichteten Graphen vorhanden sein.

> **Bemerkung**
> Auch bei gerichteten Graphen möchten wir uns in diesem Kapitel auf solche Graphen beschränken, die keine Schleifen – das sind Kanten der Form (u, u) – besitzen.

Schauen wir uns nochmal den gerichteten Graphen an, den wir in Abb. 5.1 gezeichnet haben:

> **Beispiel: Gerichteter Graph**
> Der gerichtete Graph ist gegeben durch $V = \{1, \ldots, 5\}$ sowie
> $$E = \{(1, 2), (2, 3), (3, 4), (2, 4), (4, 5)\}.$$

Wir werden im Verlauf dieses Kapitels sehen, dass sowohl gerichtete als auch ungerichtete Graphen interessant sind und für verschiedene Arten von Untersuchungen genutzt werden.

5.1.2 Eine historische Annäherung an Graphen

Der Begriff *Graph* wurde erstmals im Jahr 1878 vom Mathematiker James Joseph Sylvester genutzt. Er entstand damals in Anlehnung an die graphischen Darstellungen, die für chemische Strukturen genutzt wurden.

Ohne Verwendung dieser Bezeichnung traten Graphen aber bereits mehr als 100 Jahre früher auf, nämlich im Jahr 1736. In diesem Jahr legte Leonard Euler eine Antwort auf das *Königsberger Brückenproblem* vor, in welcher er Graphentheorie nutzte:

Im Königsberger Brückenproblem geht es um die Stadt Königsberg (Preußen) – heute bekannt als Kaliningrad, durch die der Fluss Pregel fließt. Es führten damals sieben Brücken innerhalb der Stadt über den Pregel, wie in Abb. 5.4 zu sehen ist.

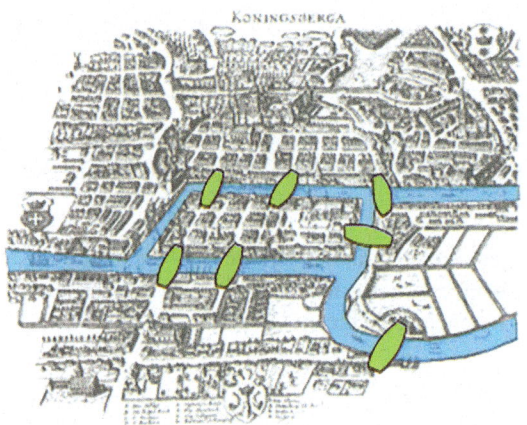

Abb. 5.4 Königsberg und seine Brücken, ca. 1730. (Quelle: Bogdan Giuşcă https://commons.wikimedia.org/wiki/File:Konigsberg_bridges.png, „Konigsberg bridges", https://creativecommons.org/licenses/by-sa/3.0/legalcode)

Die Frage, die dazu gestellt wurde, ist die Folgende: Gibt es einen Weg durch Königsberg, bei dem jede Brücke genau ein Mal überquert wird? Wenn ja, gibt es dann sogar einen solchen Weg, bei dem zusätzlich Start- und Endpunkt derselbe sind?

Eine Antwort auf diese Frage formulierte Leonard Euler, indem er mit Hilfe von Graphen arbeitete. Er beobachtete, dass der Pregel Königsberg in zwei Stadtteile und zwei Inseln teilt. Er übersetzte die Situation von Königsberg nun in einen Graphen (vgl. Abb. 5.5), indem er den Landstücken Knoten zuordnete, die genau dann über eine Kante verbunden waren, wenn es in Königsberg eine Brücke zwischen den entsprechenden Landstücken gab:

Das Brückenproblem lässt sich damit zu einem Problem auf dem Graphen übersetzen: Gibt es einen Weg im Graphen, der jede Kante genau ein Mal benutzt? Bei dem vorliegenden Graphen kann dies nicht der Fall sein, da jeder der vier Knoten inzident zu drei Kanten ist. Warum das bedeutet, dass es keinen Weg über alle Brücken gibt, sehen wir im Folgenden.

5.1 Was ist ein Graph?

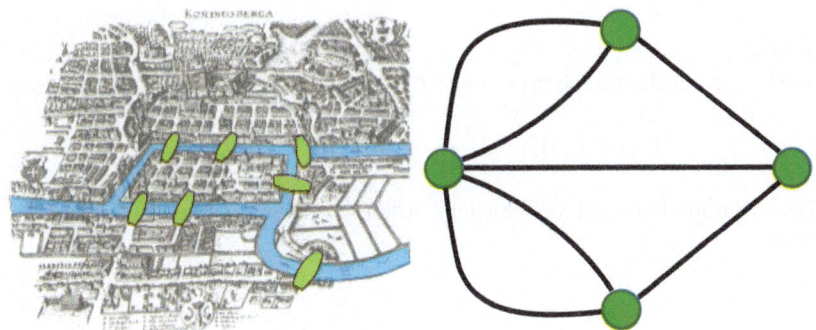

Abb. 5.5 Übersetzung des Königsberger Brückenproblems in einen Graphen. Die vier verschiedenen Regionen der Stadtkarte werden als (grüne) Knoten dargestellt. Zwei Regionen, also Knoten, sind mit einer Kante verbunden, wenn es zwischen ihnen eine Brücke gibt. (Quelle: links siehe Abb. 5.4, rechts Mark Foskey and Booyabazooka Vector: Riojajar https://commons.wikimedia.org/wiki/File:Königsberg_graph.svg, „Königsberg graph", als gemeinfrei gekennzeichnet)

Schauen wir uns dazu einen Knoten an, der weder Start- noch Endpunkt unseres Weges sein soll. Dass er inzident zu drei Kanten ist, bedeutet, dass ein Weg zum Knoten hin, ein Weg vom Knoten weg, und ein weiterer Weg zum Knoten hin existiert. Damit hätten wir aber jede der inzidenten Kanten bereits benutzt und könnten den Knoten nicht verlassen, ohne eine Kante doppelt zu nutzen. Die Antwort auf das Königsberger Brückenproblem ist also, dass es keinen Weg durch Königsberg gibt, der jede Brücke genau ein Mal benutzt. Somit gibt es insbesondere auch keinen solchen Weg, bei dem Start- und Zielpunkt identisch sind.

In Anlehnung an Leonard Euler, der das Königsberger Brückenproblem löste, nennt man solche Wege – jede Kante wird genau ein Mal benutzt, und Start- und Endknoten stimmen überein – *Eulerkreise*. Mehr über besagte Eulerkreise können Sie in Projekt Nr. 5.2 lernen.

Leonard Euler prägte darüber hinaus viele Bereiche der Mathematik, so ist z. B. die Eulersche Zahl *e* nach ihm benannt.

5.2 Wie kann man einen Graphen angeben?

5.2.1 Graphische Darstellung

Wir haben bereits gesehen, dass die Zeichnung eines Graphen nicht der Graph selbst ist, sondern eine Darstellung des Graphen in der Ebene. Dennoch ist die graphische Darstellung für uns sehr hilfreich, da sie uns die relevanten Informationen über Knoten und Kanten auf einen Blick liefert. Allerdings ist die zeichnerische Darstellung eines Graphen nicht eindeutig:

> **Beispiel**
> Wir betrachten den Graphen $G = (V, E)$ gegeben durch $V = \{1, 2, 3, 4\}$ sowie
>
> $$E = \{\{1, 2\}, \{2, 3\}, \{3, 4\}, \{4, 1\}, \{1, 3\}, \{2, 4\}\}.$$
>
> Dieser Graph kann auf verschiedene Arten gezeichnet werden, wie Abb. 5.6 zeigt.

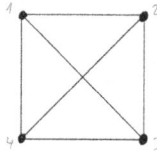
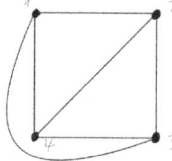

Abb. 5.6 Verschiedene Darstellungen von G – trotz verschiedener Darstellungen handelt es sich um den selben Graphen!

Ein wesentlicher Unterschied in den Darstellungen besteht darin, ob wir die Kanten kreuzungsfrei zeichnen. Hierbei meinen wir mit kreuzungsfrei, dass sich zwei Kanten maximal in den Knoten berühren. Wann immer wir einen Graphen kreuzungsfrei darstellen können, nennen wir den Graphen *planar*. Der Graph G aus dem Beispiel oben ist also ein planarer Graph, da wir ihn in der rechten Darstellung kreuzungsfrei zeichnen konnten.

Insbesondere sehen wir an diesem Beispiel, dass der *Graph* nicht die *Darstellung des Graphen* ist, da Eigenschaften – wie die Planarität – vom Graphen abhängen und nicht aus jeder Darstellung abzulesen sind.

Planare Graphen können Sie näher in Projekt Nr. 5.4 untersuchen.

5.2.2 Adjazenzmatrix

Eine weitere Möglichkeit, mit der wir einen Graphen angeben können, ist durch seine *Adjazenzmatrix*. Das ist eine Matrix, in der wir die wesentlichen Informationen des Graphen speichern – also welcher Knoten mit welchem anderen Knoten verbunden ist. Das ermöglicht es uns beispielsweise, Graphen an den Computer zu übergeben und dadurch mit ihnen zu rechnen.

> **Definition: Adjazenzmatrix**
> Sei $G = (V, E)$ ein Graph mit $V = \{v_1, \ldots, v_n\}$. Seine *Adjazenzmatrix*
>
> $$A = (a_{i,j})_{i=1,\ldots,n,\ j=1,\ldots,n}$$

5.2 Wie kann man einen Graphen angeben?

ist eine $n \times n$-Matrix, die für jeden Knoten je eine Zeile und Spalte besitzt. Die Einträge ergeben sich gemäß der Vorschrift

$$a_{i,j} = \begin{cases} 1, & \{v_i, v_j\} \in E \\ 0, & \text{sonst.} \end{cases}$$

Die Einträge der Matrix sind also genau dann 1, wenn die entsprechenden Knoten adjazent sind, woher sich auch der Name *Adjazenzmatrix* ergibt. Schauen wir uns als Beispiel an, wie die Adjazenzmatrix des Graphen G aussieht, der in Abb. 5.7 gezeichnet wurde:

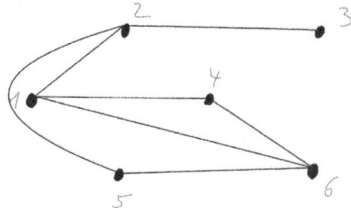

Abb. 5.7 Darstellung eines Graphen G

Beispiel: Adjazenzmatrix
Dieser Graph G aus Abb. 5.7 liefert uns also die folgende Adjazenzmatrix:

$$\begin{pmatrix} 0 & 1 & 0 & 1 & 0 & 1 \\ 1 & 0 & 1 & 0 & 1 & 0 \\ 0 & 1 & 0 & 0 & 0 & 0 \\ 1 & 0 & 0 & 0 & 0 & 1 \\ 0 & 1 & 0 & 0 & 0 & 1 \\ 1 & 0 & 0 & 1 & 1 & 0 \end{pmatrix}$$

Wir können Adjazenzmatrizen auch für gerichtete Graphen betrachten. Die Definition in diesem Fall ist analog zur obigen Definition, nur dass die Richtung der Kante eine Rolle spielt: Wir definieren $a_{i,j} = 1$, wenn die gerichtete Kante $(v_i, v_j) \in E$ im Graphen existiert.

Denkanstoß
Stellen Sie die Adjazenzmatrix des gerichteten Graphen aus Abb. 5.1 auf.

Wir haben bisher gesehen, dass Graphen für uns etwas sehr Greifbares sind, da wir sie graphisch darstellen können und für Anwendungsprobleme wie das Königsberger Brückenproblem nutzen können. Im Folgenden möchten wir uns damit befassen, was man darüber hinaus mit Graphen machen kann.

5.3 Was macht man mit Graphen?

Wir haben gesehen, dass Graphen als Anschauung von Relationen zwischen gegebenen Objekten angesehen werden können. Daraus folgt, dass wir mit Graphen eine Vielzahl an Themen modellieren können, sobald es in diesen Themen um die Beziehungen von Objekten miteinander geht. Dazu zählt zum Beispiel die Modellierung von Verwandtschaftsgraden, das Organigramm eines Unternehmens, ein Zeitplan oder ein Netz von Bekanntschaften. Im Folgenden schauen wir uns einige explizite Problemstellungen an, bei denen die Graphentheorie helfen kann. Tatsächlich haben wir in diesem Kapitel bereits Aspekte gesehen, die interessante Anwendungen für Graphen liefern.

Einer dieser Aspekte ist die Planarität eines Graphen: Wir haben einen Graphen planar genannt, wenn er sich nur mit solchen Kanten zeichnen lässt, die sich nicht schneiden. Das kann in der Planung von Schienennetzen helfen: Können vorher fixierte Haltestellen so mit Schienen verbunden werden, dass sich die Schienen nicht kreuzen? Für den Zugverkehr wäre dies wünschenswert, da weniger Wartezeiten auf gemeinsam genutzten Gleisen entstehen würden. In der Praxis ist es jedoch aufgrund des hohen Verkehrsaufkommens in Ballungsräumen nicht realistisch, Schienen komplett kreuzungsfrei bauen zu können. Stattdessen können wir die Graphentheorie nutzen, um das Schienennetz mit möglichst wenig Kreuzungen zu bauen.

Eine weitere Anwendung von Graphen finden wir, indem wir uns das Königsberger Brückenproblem ein weiteres Mal ansehen. In Königsberg trennte der Pregel die Stadt in vier Teile. Im nächsten Schritt weisen wir nun jedem der Landteile eine Farbe zu. Wie viele Farben brauchen wir, damit benachbarte Landteile in verschiedenen Farben gefärbt sind? Da Königsberg vier Landteile besitzt, brauchen wir in keinem Fall mehr als vier Farben. Eine mögliche Färbung ist in Abb. 5.8 zu sehen.

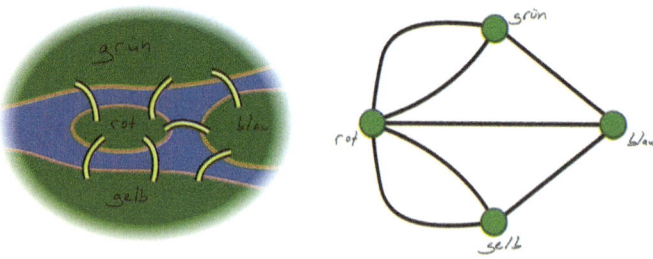

Abb. 5.8 Eine Vier-Färbung von Königsberg und dem zugehörigen Graphen. (Quelle: https://de.wikipedia.org/wiki/Königsberger_Brückenproblem, Abrufdatum 06.05.2024)

5.3 Was macht man mit Graphen?

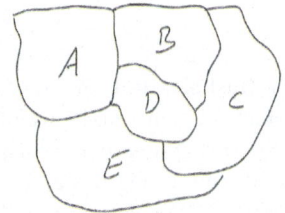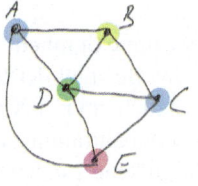

Abb. 5.9 Übersetzung von Landkarten in Graphen sowie dessen Vier-Färbung

Im nächsten Schritt verallgemeinern wir diese Frage zu beliebigen Landkarten: Lässt sich jede Landkarte mit nur vier Farben so einfärben, dass benachbarte Länder nie dieselbe Farbe tragen? Diese Frage ist bekannt als *Vier-Farben-Problem*, und die Antwort hierauf ist nicht mehr so klar wie im Fall von Königsberg. Auch diese Frage lässt sich, analog zum Königsberger Brückenproblem, in eine graphentheoretische Frage übersetzen (vgl. z. B. Abb. 5.9).

Diese Frage war sehr lange unbeantwortet, bevor 1996 der erste Beweis mittels Computer geführt wurde: In der Tat lässt sich jede Landkarte mit nur vier Farben so einfärben, dass benachbarte Länder mit verschiedenen Farben gefärbt sind. Das Vier-Farben-Problem – nach dem Beweis auch bekannt als *Vier-Farben-Satz* – war der erste große mathematische Satz, der mit dem Computer bewiesen wurde. Ein Beweis ohne Hilfe des Computers wurde erst 2005 geführt.

Mehr zur Färbbarkeit von Graphen können Sie in Projekt Nr. 5.3 lernen.

Graphen finden wir ebenfalls, wie schon angesprochen, im Straßennetz wieder. Identifizieren wir Orte als Knoten und Straßen als Kanten, so erhalten wir für jedes Land, Bundesland etc. einen zugehörigen Graphen. Diese Graphen können beispielsweise in der Navigation genutzt werden, um den „besten" Weg von Ort A zu Ort B zu ermitteln; hierbei kann der schnellste Weg, der kürzeste Weg, der emmissionsärmste Weg usw. gesucht werden. Um diesen „besten" Weg zu ermitteln, können wir den Kanten im Graphen Gewichte zuschreiben, die aussagen, wie brauchbar diese Kante hinsichtlich des Ziels ist:

Definition: Gewichtete Graphen

Gegeben sei ein (gerichteter oder ungerichteter) Graph $G = (V, E)$ sowie eine Abbildung $c : E \to \mathbb{N}$, die jeder Kante einen Wert zuschreibt. Dann ist (V, E, c) ein gewichteter Graph.

Die Kantengewichtsfunktion c kann als Wegkosten für die jeweilige Kante interpretiert werden. Hierbei kann es sich z. B. um eine Kilometerzahl, um Emissionen oder um monetäre Kosten handeln. Alternativ zu einem Wert in den natürlichen Zahlen kann man auch eine reellwertige oder ganzzahlige Funktion wählen.

Beispiel: Gewichtete Graphen

Wir führen das Beispiel der Stadt mit den Buslinien fort. In Abb. 5.10 sehen Sie nun zusätzlich ein mit X markiertes Haus, in dem Annika wohnt. Annika möchte zum Fußballtraining, das auf dem Sportplatz stattfindet, und um dorthin zu gelangen, möchte sie den Weg wählen, der die wenigste Zeit in Anspruch nimmt. Dazu kann sie entweder den kompletten Weg zu Fuß zum Sportplatz gehen, oder sie kann verschiedene Buslinien nutzen und jeweils Abschnitte zu Fuß gehen. Fußwege sind in Abb. 5.10 auf der linken Seite in schwarz eingezeichnet worden.

Auf der rechten Seite haben wir mögliche Fußwege und Busstrecken in einem Graphen abstrahiert dargestellt. Dadurch wird Annikas Frage, wie sie am schnellsten von zu Hause zum Fußballtraining gehen kann, in einen gewichteten Graphen übersetzt. Die Knoten des Graphen sind gegeben durch Bushaltestellen sowie Annikas Haus, und die Kanten sind die Buslinien sowie mögliche Fußwege. Die Gewichte der Kanten geben in diesem Beispiel an, wie lange es dauert, den Weg zwischen den Endknoten der Kante zurückzulegen: Zum Beispiel benötigt der Bus vom Nordtor zum Spielplatz 3 min. (da unser Graph ungerichtet ist, nehmen wir dann, dass die Buslinien jeweils in beide Richtungen verkehren), während Annikas Fußweg von zu Hause zum Sportplatz 20 min. dauert. In unserem Beispiel finden wir aber einen schnelleren Weg für Annika zum Fußballtraining: Zu Fuß zur Schule (5 min.), von dort aus mit dem Bus zum Spielplatz (3 min.), zu Fuß zur Haltestelle an der Ostbrücke (5 min.) und von dort aus mit dem Bus zum Sportplatz (2 min.). Dieser Weg dauert (ohne Wartezeiten für den Bus) nämlich $5 + 3 + 5 + 2 = 15$ min. und ist somit schneller als der Fußweg von ihr zu Hause zum Sportplatz.

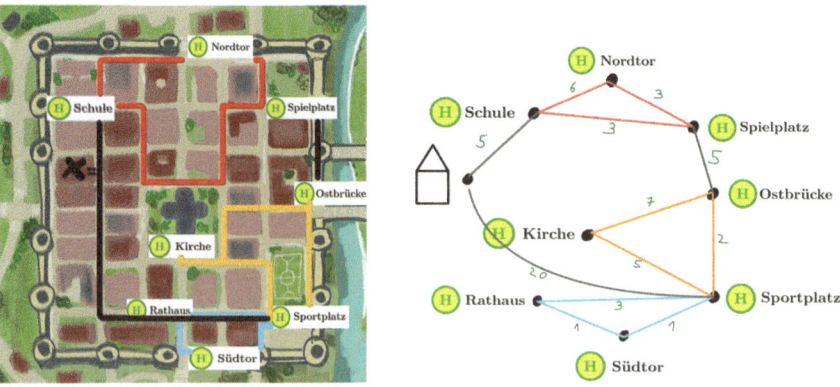

Abb. 5.10 Weglängen in der Stadt (links) und abstrahiert in Form eines gewichteten Graphen (rechts)

5.3 Was macht man mit Graphen?

> **Denkanstoß**
> Schauen Sie sich nochmal Abb. 5.10 an – Wie lange dürfte Annikas Wegfuß zur Bushaltestelle „Kirche" maximal dauern, damit Annika einen anderen schnellsten Weg finden kann?

Die Suche nach dem besten Weg in einem gegebenen Graphen ist eine wesentliche Aufgabe in der *Optimierung,* die in Kap. 6 näher betrachtet wird.

Eine besondere Klasse von Graphen, die oft untersucht wird, sind *Bäume.* Beispiele für Bäume kennen Sie bereits – Stammbäume oder Entscheidungsbäume sind prominente Beispiele. In Abb. 5.11 sehen Sie die Zeichnung eines Baums und wir formalisieren diesen intuitiven Begriff.

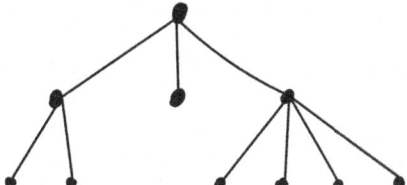

Abb. 5.11 Ein Baum

> **Definition: Baum**
> Ein *Baum* ist ein zusammenhängender, kreisfreier Graph.
> Unter einem *kreisfreien Graphen* wiederum verstehen wir einen Graphen, in dem es keinen Kreis gibt. Hierbei ist ein *Kreis* als Weg von v nach v zu verstehen, in dem keine Kante mehrfach vorkommt.

Der Graph aus Abb. 5.12 ist nicht kreisfrei, da z. B. die Kantenfolge

$$\{a, b\}, \{b, e\}, \{e, f\}, \{f, a\}$$

einen Kreis darstellt. Hierbei haben wir beachtet, dass der Kreis ein Weg von a nach a darstellt, auf dem die Kanten verschieden sind – so wäre beispielsweise der Weg

$$\{a, b\}, \{b, c\}, \{c, b\}, \{b, a\}$$

per Definition kein Kreis.

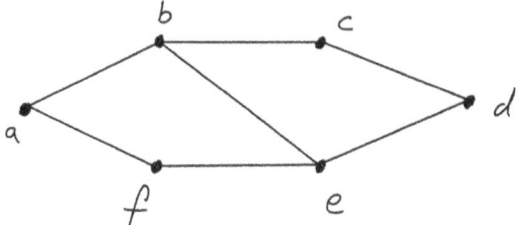

Abb. 5.12 Ein Graph, der Kreise enthält

Einem gegebenen zusammenhängenden Graphen G kann ein Baum B zugeordnet werden, der diesen Graphen aufspannt. Das bedeutet, dass in diesem Baum B alle Knoten des Graphen G enthalten sind, aber nicht notwendigerweise alle Kanten. Einen solchen Baum nennen wir *Spannbaum*.

> **Beispiel: Spannbaum**
> Gegeben sei der Graph G, der in Abb. 5.13 gezeichnet wurde. Dies ist ein zusammenhängender Graph, also können wir einen Spannbaum B zu G finden, der alle Knoten von G enthält sowie zusammenhängend und kreisfrei ist. Ein solcher Spannbaum ist in der mittleren Abbildung gezeichnet worden. Wir können diesen Spannbaum auch wie in der rechten Abbildung zeichnen, wodurch auf einen Blick erkennbar wird, dass es sich tatsächlich um einen Baum handelt.
>
> Wir erinnern daran, dass sich beim Spannbaum B zwar die graphischen Darstellungen unterscheiden, jedoch nicht der zugrundeliegende Graph. Deshalb handelt es sich bei beiden Zeichnungen um denselben Spannbaum, auch wenn dieser anders gezeichnet wurde.

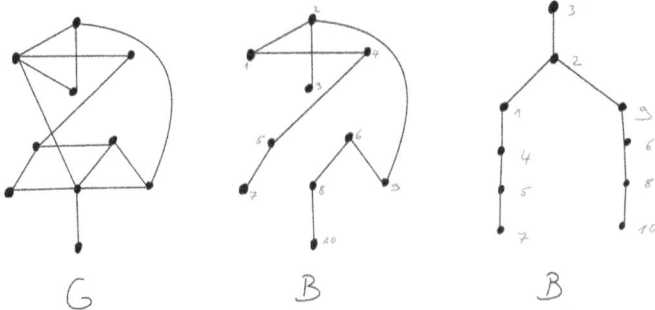

Abb. 5.13 Ein Graph G und ein möglicher Spannbaum B, der graphisch auf zwei Arten dargestellt wurde

5.3 Was macht man mit Graphen?

> **Denkanstoß**
> Spannbäume sind im Allgemeinen nicht eindeutig – Überlegen Sie sich zum oben gezeichneten Graphen G einen anderen Spannbaum B'.

In Projekt Nr. 5.1 beschäftigen Sie sich mit der Frage, wie viele Spannbäume ein gegebener Graph besitzen kann.

Nimmt man nun zusätzlich eine Kantengewichtsfunktion hinzu und betrachtet somit einen gewichteten Graphen, so kann man zusätzlich versuchen, den zugehörigen Spannbaum so zu wählen, dass man die Kanten mit den niedrigsten Kantengewichten in den Spannbaum aufnimmt. Die Summe der Kantengewichte im Spannbaum wird also minimiert. Einen so konstruierten Spannbaum nennen wir *minimalen Spannbaum*.

> **Beispiel: Minimaler Spannbaum**
> Ergänzen wir den Graphen G nun um eine Kantengewichtsfunktion, erhalten wir den gewichteten Graphen G', der in Abb. 5.14 graphisch dargestellt ist. Der Spannbaum B, den wir zuvor gefunden haben, ist natürlich weiterhin ein Spannbaum, allerdings ist er kein minimaler Spannbaum: Die Summe aller Kantengewichte des Spannbaums B beträgt 45, während die Summe aller Kantengewichte des Spannbaums B' 25 beträgt. Somit kann B kein minimaler Spannbaum sein. In der Tat ist B' ein minimaler Spannbaum für G', was wir aber ohne Weiteres noch nicht beweisen können.

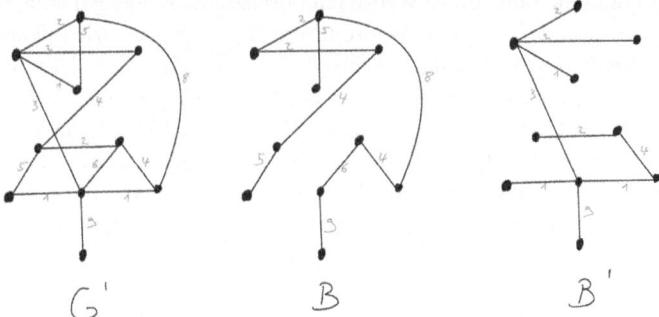

Abb. 5.14 Ein gewichteter Graph G', ein möglicher Spannbaum B und ein minimaler Spannbaum B'

Minimale Spannbäume lassen sich explizit bestimmen: Es gibt verschiedene Algorithmen, mit denen wir minimale Spannbäume bestimmen können. Damit können Sie sich in Projekt Nr. 5.7 näher beschäftigen.

Abschließend möchten wir uns gerichteten Graphen zuwenden und anhand dieser Graphen sehen, wozu Adjazenzmatrizen benutzt werden können:

PageRank-Algorithmus
Der PageRank-Algorithmus ist ein bekanntes Verfahren, mit dem Webseiten bewertet werden. Hierbei soll eine Webseite danach bewertet werden, wie wichtig diese ist, ohne dass tiefgehende Kenntnis über die Inhalte der Webseite benötigt werden. Deshalb wird die Wichtigkeit einer Webseite dadurch eingeschätzt, wie oft diese Webseite auf anderen Webseiten verlinkt wird.

Der Algorithmus wurde in den Neunzigern von Brin und Page an der Stanford University entwickelt und ist nach dem zweiten Entwickler benannt worden. Eine modifizierte Version des PageRank-Algorithmus wurde lange bei Google benutzt, um zu bewerten, welche Webseiten relevant sind und daher bei Google-Suchen weit oben auftauchen sollten. Wir werden an dieser Stelle eine vereinfachte Logik für den PageRank-Algorithmus betrachten.

In unseren Beispiel schauen wir uns Webseiten von Garten-Ratgebern an. Angenommen, es gäbe vier Webseiten mit Garten-Tipps:

1. Gärtnern für Dummies,
2. Das Gartenlexikon,
3. Das Garten-ABC,
4. Mein Garten und ich.

Wir möchten nun, ohne diese Webseiten durchzulesen, herausfinden, welche davon die relevanteste Garten-Webseite ist. Dazu schauen wir uns an, welche Webseite auf welche andere Webseite verweist: Zum Beispiel gibt es auf „Gärtnern für Dummies" einen Link zum Artikel *Wie überwintere ich meine Rosen?* von der Webseite „Das Garten-ABC". Wir übersetzen die Verlinkungen in einen Graphen, dessen Knoten die Webseiten sind, und die Kanten die Verlinkungen; so gibt es durch den Link auf den Artikel *Wie überwintere ich meine Rosen?* eine Kante von „Gärtnern für Dummies" zu „Das Garten-ABC". Nehmen wir an, der Graph der Verlinkungen sehe so aus wie in Abb. 5.15 gezeichnet:

Wir suchen die relevanteste Webseite, also diejenige, die am häufigsten verlinkt wird. Um das herauszufinden, stellen wir die Adjazenzmatrix dieses Graphen auf und erhalten

$$\begin{pmatrix} 0 & 1 & 1 & 1 \\ 0 & 0 & 0 & 0 \\ 1 & 1 & 0 & 1 \\ 0 & 1 & 1 & 0 \end{pmatrix},$$

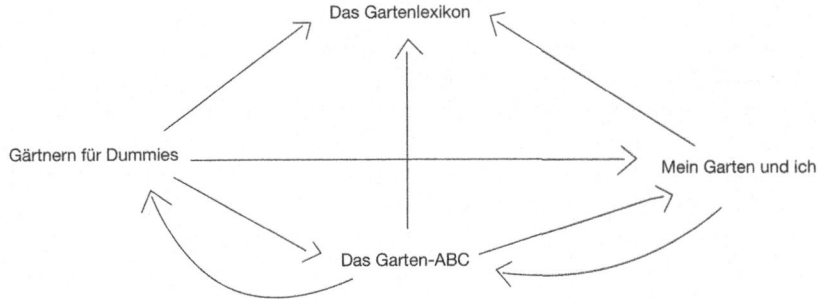

Abb. 5.15 Beispiel: Verweise zwischen Gartenwebseiten

> wobei die Webseiten so nummeriert sind wie in der Aufzählung. Für jede Webseite interessieren wir uns dafür, wie oft diese in den anderen Webseiten verlinkt wird – in der Adjazenzmatrix entspricht dies der Summe der entsprechenden Spalte. Möchten wir z. B. wissen, wie oft „Das Gartenlexikon" erwähnt wird, addieren wir die Werte in der zweiten Spalte, da in Spalte 2 der Eintrag $a_{i,2}$ genau dann 1 ist, wenn es eine Verlinkung von Webseite i auf Webseite 2, „Das Gartenlexikon", gibt. Als Summe von Spalte 2 erhalten wir den Wert 3, was bedeutet, dass „Das Gartenlexikon" drei mal verlinkt wird. Dahingegen wird „Gärtnern für Dummies" ein Mal, „Das Garten-ABC" sowie „Mein Garten und ich" zwei Mal verlinkt, weshalb wir „Das Gartenlexikon" unter diesem Gesichtspunkt als die relevanteste Webseite identifiziert haben.
>
> Abschließend sei gesagt, dass der tatsächliche PageRank-Algorithmus komplizierter ist als hier skizziert. Unter anderem wird die Adjazenzmatrix zu einer sogenannten *Google-Matrix* modifiziert. Wir können jedoch bereits in der hier dargestellten, vereinfachten Form erkennen, wozu Adjazenzmatrizen nützlich sind.

5.4 Ein Ausblick auf weitere Themen

Einige Forschungsfragen in der Graphentheorie beschäftigen sich mit diesen Themen:

- Die *Rekonstruktionsvermutung* für Graphen von Ulam und Kelly:
  Gegeben sei ein Graph mit mindestens drei Knoten. Ist dieser Graph eindeutig durch die Untergraphen bestimmt, die man erhält, wenn man je einen Knoten entfernt? Diese Vermutung ist bisher nur für Bäume bewiesen.
- Gegeben sei eine natürliche Zahl n. Wie viele zusammenhängende Graphen mit n Knoten gibt es? Können wir diese Anzahl interpretieren?

- Zur Färbbarkeit von Graphen gibt es eine Vielzahl von Fragestellungen, die teilweise noch unbeantwortet sind. Wir können Knoten färben, oder Kanten färben, oder beides. Daraus ergeben sich Fragen wie: Finden wir eine zulässige Färbung mit einer gegebenen Anzahl an Farben? Wie finden wir eine solche Färbung? Ist diese eindeutig oder wie viele solcher Färbungen kann ein Graph haben?
- Eine bestimmte Klasse von gerichteten Graphen, beispielsweise mit verschieden gewichteten Kanten, werden *Netzwerke* genannt. Diese sind ein wichtiges Objekt in der *Optimierung,* mit der wir uns in Kap. 6 beschäftigen.

5.5 Projekte

Auf https://aspekte.rwth-aachen.de/ finden Sie interaktive Jupyter-Nootbooks zu ausgewählten Projekten, sowie weitere Materialien zum Buch.

5.1 Spannbäume
In diesem Notebook ist es die Aufgabe, ein Streckennetz für Fähren mit bestimmten Anforderungen zu erstellen und später zu optimieren. In diesem Zusammenhang machen wir uns mit dem Konzept von (minimalen/maximalen) Spannbäumen in Graphen vertraut und betrachten zwei Lösungsalgorithmen, mit denen sich diese in einfachen Graphen schnell bestimmen lassen.

5.2 Touren in Graphen
Das bekannte Königsberger Brückenproblem aus dem 18. Jahrhundert beschäftigt sich mit der Frage, wie man die perfekte Route für einen Spaziergang findet. Erst der Mathematiker Leonard Euler konnte dieses Problem zuerst lösen. In diesem Notebook nehmen wir dieses Rätsel genau unter die Lupe, entwickeln selbst eine Lösung und untersuchen einen Lösungsalgorithmus.

5.3 Färbbarkeit
Wir betrachten die Färbbarkeit eines Graphen näher und vertiefen unser Verständnis der Graphentheorie. Den Vier-Farben-Satz haben wir bereits kennen gelernt; in diesem Projekt möchten wir uns unter anderem mit der leichteren Version, dem Fünf-Farben-Satz, beschäftigen. Insbesondere beweisen wir, dass jeder planare Graph mit maximal fünf Farben färbbar ist, ohne dass benachbarte Knoten dieselbe Farbe teilen.

5.4 Planarität
Ein Graph ist – einfach gesagt – planar, wenn es möglich ist, ihn auf eine Art und Weise zu zeichnen, dass Kanten sich nie schneiden. Diese zunächst einfache Überlegung birgt viel Tiefe, mit welcher wir uns in diesem Notebook auseinandersetzen wollen. Wir werden verschiedene Ergebnisse auf anschauliche und nachvollziehbare Art beweisen und so eine starke notwendige Bedingung für Planarität herleiten.

5.5 Petersengraph
Der Petersen-Graph ist ein charakteristischer Graph, der oft als Beispiel und Gegenbeispiel in der Graphentheorie verwendet wird. In diesem Projekt werden wir diesen Graphen kennenlernen und uns mit seinen Eigenschaften wie Regularität beschäftigen. Regularität bedeutet, dass alle Knoten im Graphen die gleiche Anzahl von Nachbarn haben. Durch die Untersuchung des Petersen-Graphen werden wir nicht nur seine einzigartige Struktur verstehen, sondern auch wichtige Konzepte der Graphentheorie vertiefen.

5.6 Polyeder
Dieses Projekt bietet eine Klassifizierung regelmäßiger Polyeder und führt gleichzeitig Aspekte der Symmetrie sowie die Theorie der Polyeder ein. Durch die Untersuchung regelmäßiger Polyeder werden wir nicht nur ihre strukturellen Eigenschaften verstehen, sondern auch die zugrunde liegenden symmetrischen Muster erkennen. Das Projekt bietet somit einen faszinierenden Einblick in die Welt der geometrischen Formen und ihrer Symmetrien.

5.7 Minimale Spannbäume

In diesem Projekt werden wir uns mit der Frage beschäftigen, wie man mithilfe von Algorithmen minimale Spannbäume finden kann. Nachdem wir bereits gesehen haben, was minimale Spannbäume sind – nämlich Teilgraphen eines Graphen, die alle Knoten miteinander verbinden und gleichzeitig die Gesamtkantenlänge minimieren – werden wir uns nun darauf konzentrieren, effiziente Algorithmen zu untersuchen, um diese zu finden. Durch die Anwendung verschiedener Algorithmen werden wir die Vielfalt der Lösungsansätze kennenlernen und verstehen, wie sie in der Praxis eingesetzt werden können, um optimale Verbindungen in Netzwerken herzustellen.

5.8 Relationen in gerichteten Graphen – Hasse-Diagramme

In diesem Projekt werden wir erforschen, wie Relationen in gerichteten Graphen durch Hasse-Diagramme dargestellt werden können. Hasse-Diagramme bieten eine effektive Möglichkeit, Relationen zu visualisieren, insbesondere um Ordnungen in Mengen darzustellen. Durch die Untersuchung dieser Diagramme werden wir nicht nur ihre Struktur sondern auch ihre Anwendung verstehen, um komplexe Beziehungen und Ordnungen in verschiedenen Kontexten zu veranschaulichen.

5.9 Außergewöhnliche Graphen

In diesem Projekt werden wir außergewöhnliche Graphen untersuchen, darunter der vollständige Graph K_n (bei dem jeder Knoten mit jedem anderen Knoten verbunden ist) und perfekte Graphen. Wir werden nicht nur ihre grundlegenden Eigenschaften und Strukturen kennenlernen, sondern auch deren Bedeutung und Anwendungen in verschiedenen Bereichen der Graphentheorie und Informatik erkunden. Durch die Untersuchung dieser außergewöhnlichen Graphen werden wir tiefer in die faszinierende Welt der diskreten Mathematik eintauchen.

5.5 Projekte

5.10 Bi- und k-partite Graphen
Entdecken Sie die faszinierende Welt der bi- und k-partiten Graphen! Ein bipartiter Graph ist ein Graph, dessen Knoten in zwei disjunkte Mengen aufgeteilt werden können, sodass keine Kante zwischen Knoten derselben Menge existiert. Dieses Projekt führt Sie durch ihre einzigartigen Eigenschaften und Strukturen. Erfahren Sie, was bi-partite Graphen auszeichnet und wie sie charakterisiert werden können – zum Beispiel durch das Fehlen ungerader Kreise. Tauchen Sie ein in die Welt der Graphentheorie und entdecken Sie, wie bi- und k-partite Graphen in verschiedenen Anwendungen, von Netzwerkdesign bis zur Theorie der sozialen Interaktionen, eine entscheidende Rolle spielen.

5.11 Erkundung der Fano-Ebene: Einblicke in Inzidenzgraphen
Begeben Sie sich auf eine Reise durch die faszinierende Welt der Fano-Ebene und ihre Beziehung zu Inzidenzgraphen. Die Fano-Ebene, mit ihrer fesselnden Struktur aus sieben Punkten und sieben Linien, bietet einen reichhaltigen Spielplatz, um das Konzept der Inzidenzgraphen zu erforschen. In diesem Projekt tauchen wir in die Eigenschaften und Charakteristika der Fano-Ebene ein, um ihre symmetrische Schönheit und einzigartigen Konfigurationen zu enthüllen. Anschließend gehen wir tiefer in die Theorie der Inzidenzgraphen ein und untersuchen, wie jedem Punkt ein Knoten und jeder Linie eine Kante entspricht. Durch diese Erkundung gewinnen Sie Einblicke in die grundlegenden Konzepte der kombinatorischen Geometrie und der Graphentheorie. Begleiten Sie uns, während wir die Geheimnisse der Fano-Ebene und ihre faszinierende Verbindung zu Inzidenzgraphen enthüllen.

Optimierung 6

In der Optimierung geht es darum, die bestmögliche – also die *optimale* – Lösung zu einem gegebenen Problem zu finden. Dieses Problem kann vielseitig geartet sein. Interessante Fragen auf der Suche nach einer optimalen Lösung zu einem gegebenen Problem beinhalten:

Existiert überhaupt eine optimale Lösung, und falls ja, ist diese eindeutig? Wie kann ich erkennen, ob eine gegebene Lösung optimal ist? Wie finde ich eine optimale Lösung, und wie aufwendig ist diese Suche?

6.1 Was ist Optimierung?

Die Optimierung beschäftigt sich mit dem Studieren von *Optima*, also besten Lösungen, zu einem gegebenen Problem. Tatsächlich haben Sie dies bereits in der Schule im Rahmen der Kurvendiskussion getan:

Beispiel: Kurvendiskussion
Gegeben sei die Funktion $f(x) = \sin(x) + \cos(\sqrt{3}x)$, zu der der in Abb. 6.1 gezeichnete Funktionsgraph gehört. Im Rahmen der Kurvendiskussion schauen wir uns unter anderem an, wo die Minima der Funktion liegen. Dies ist ein Optimierungsproblem: Zu der gegebenen Funktion suchen wir den oder die Funktionswerte, die *optimal* hinsichtlich des Ziels der Minimierung sind.

In der Schule haben Sie bereits gelernt, dass Minima einer Funktion dadurch zu finden sind, indem die Ableitungen der Funktion zur Hilfe gezogen werden: Die erste Ableitung wird null gesetzt, und die zweite Ableitung muss größer als null sein, damit ein Minimum vorliegt. Damit kennen Sie *Optimalitätskriterien* für die Suche nach Minima einer Funktion – das bedeutet, Sie wissen genau, wie Sie vorgehen müssen, um Minima zu finden oder um für gegebene Werte zu überprüfen, ob es sich bei diesen um Minima handelt.

Ebenfalls haben Sie gelernt, dass es für die Untersuchung von Minima einen Unterschied macht, welchen Definitionsbereich der Funktion wir uns anschauen. Als prominentes Beispiel in der Schule haben Sie hierbei den Unterschied zwischen lokalen und globalen Minima kennen gelernt. Im Folgenden variieren wir bei unserer Beispiel-Funktion $f(x) = \sin(x) + \cos(\sqrt{3}x)$ den Definitionsbereich und schauen uns im zugehörigen Funktionsgraphen, gezeichnet in Abb. 6.1, die Minima an, ohne diese konkret zu berechnen:

- Für $x \in [0, 3]$ sehen wir, dass die Funktion ein Minimum nahe $x = 2$ annimmt.
- Erweitern wir den Definitionsbereich nun aber auf $x \in [-3, 3]$, so nimmt die Funktion ihr Minimum nahe $x = -2$ an. Insbesondere liegt an der zuvor bestimmten Stelle nahe $x = 2$ kein Minimum mehr vor.

Bei der Suche nach Minima einer Funktion können wir also eine *Nebenbedingung* stellen: In welchem Bereich suchen wir das Optimum?

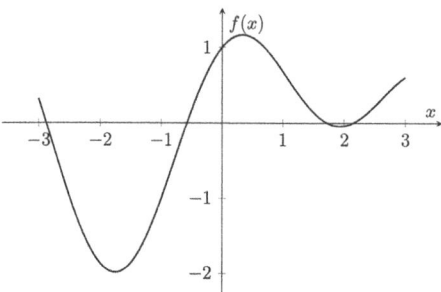

Abb. 6.1 Graph der Funktion $f(x) = \sin(x) + \cos(\sqrt{3}x)$

An dieser Stelle weisen wir darauf hin, dass wir die Funktion auch bezüglich anderer Aspekte hätten optimieren können: Zum Beispiel hätten wir uns auch fragen können, wo die Maxima der Funktion liegen. Auch das ist ein Optimierungsproblem. Sie erkennen also bereits in diesem aus der Schule bekannten Beispiel, dass dasselbe zugrunde liegende Objekt hinsichtlich verschiedener Aspekte optimiert werden kann.

Ausgehend von diesem Beispiel klären wir nun einige Vokabeln und Fragestellungen, die in der Optimierung zentral sind:

> **Definition: Optimierung**
> Wir können eine gegebene Instanz hinsichtlich verschiedener Aspekte (z. B. Minimierung, Maximierung) optimieren; es gibt kein universelles Objekt zur *Optimierung*. Hierfür werden wir noch weitere Beispiele sehen.
> Die zu optimierende Instanz nennen wir *Zielfunktion*.
> Es ist auch möglich, unter *Nebenbedingungen* zu optimieren: Hierbei fordern wir, dass das gesuchte Optimum in einem vorgegebenen Bereich liegt. Wie wir im obigen Beispiel gesehen haben, können andere Nebenbedingungen auch zu anderen Lösungen führen.
> Zu einer gegebenen Fragestellung der Optimierung interessieren wir uns für *Optimalitätskriterien*. Hierbei handelt es sich um Kriterien, die uns explizit sagen, wie wir eine optimale Lösung bestimmen können oder wie wir für eine gegebene Lösung erkennen können, ob diese optimal ist. Wir werden später sehen, dass es verschiedene Arten von Optimalitätskriterien gibt: Manchmal kann man Optima durch explizite Formeln oder iterative Verfahren bestimmen, manchmal sehen die Kriterien aber auch ganz anders aus.
> Darüber hinaus beschäftigen uns in der Optimierung die folgenden Fragen:
>
> - Existiert eine optimale Lösung?
> - Ist die optimale Lösung eindeutig?
> - Können wir die optimale Lösung exakt angeben?
> - Wie aufwendig ist die Suche nach einer optimalen Lösung?

In unserem Beispiel der Kurvendiskussion sind diese Begriffe wie folgt besetzt:

- Aspekt der Optimierung: Bestimme x, sodass $f(x)$ minimal ist
- Zielfunktion: die zu minimierende Funktion $f(x) = \sin(x) + \cos(\sqrt{3}x)$
- Nebenbedingungen: zuerst $x \in [0, 3]$, dann $x \in [-3, 3]$
- Optimalitätskriterien: x, sodass $f'(x) = 0$ und $f''(x) > 0$ (bei Nebenbedingungen zusätzliche Untersuchung der Randpunkte)

In unserem Beispiel war die optimale Lösung zwar eindeutig, allerdings ist dies im Allgemeinen nicht der Fall. Wenn Sie beispielsweise globale Minima der Funktion $g(x) = \cos(x)$ für $x \in \mathbb{R}$ suchen, werden Sie keine eindeutige Lösung finden.

6.2 Wie formuliert man ein Optimierungsproblem?

Das Feld möglicher Optimierungsprobleme ist groß. Sie haben eingangs bereits im Beispiel der Kurvendiskussion diese Optimierungsfrage gesehen: Wo befinden sich die Minima einer gegebenen Funktion? Wir können auch anwendungsorientierte Fragen stellen: Wie kann eine Fabrik ihre Rohstoffe bestmöglich nutzen, um Produkte zu produzieren? Wie ermittelt eine Paketbotin die optimale Route, in der sie ihre Pakete ausliefern kann? Wie kann die Bahn ihren Zugfahrplan so optimieren, dass es möglichst wenig Verspätung gibt?

Selbst innerhalb der Fragestellungen ergeben sich dann verschiedene Möglichkeiten: Die Fabrik kann ihre Produktion dahingehend optimieren, dass die Produkte besonders günstig, besonders schnell, besonders nachhaltig etc. hergestellt werden sollen. Die Paketbotin kann die kürzeste Strecke im Hinblick auf zurückgelegte Kilometer fahren, oder die mit dem wenigsten Stau. Die Bahn kann sich entscheiden, wie sie vorhandene Verspätungen verteilen will: Soll ein Zug die gesamte Verspätung tragen, oder soll die Verspätung so verteilt werden, dass viele Züge mit einer geringen Verspätung fahren?

Sie sehen also, dass wir über ein sehr diverses Feld an möglichen Fragestellungen sprechen. Wir können grob zwischen zwei verschiedenen Arten der Optimierung unterscheiden, die wir im Folgenden kurz vorstellen möchten: Die *diskrete Optimierung* und die *stetige Optimierung*. Diese unterscheiden sich im Wesentlichen dahingehend, wie wir die Variable wählen können, die wir optimieren. Im Beispiel der Kurvendiskussion suchten wir $x \in \mathbb{R}$, das die Funktion minimierte (*stetiges* Optimierungsproblem). Schränken wir den Bereich nun auf einen diskreten Bereich ein, z. B. $x \in \mathbb{Z}$, so handelt es sich um ein *diskretes* Optimierungsproblem. Im Folgenden möchten wir uns einige mögliche Bereiche und prominente Fragestellungen in diesen Zweigen ansehen.

6.2.1 Stetige Optimierung

In der stetigen Optimierung handelt es sich bei der Variable, nach derer hin die Zielfunktion optimiert werden soll, um eine sogenannte stetige Variable. Das bedeutet, dass diese aus einem Bereich der reellen Zahlen gewählt werden kann, in dem es keine Lücken gibt – also aus den reellen Zahlen $\mathbb{R}$ selbst, oder aus Intervallen daraus. Wegen dieser Stetigkeitsannahme ist es dann erlaubt, Techniken aus der Analysis anzuwenden, die Sie für die reellen Zahlen kennen. Als Beispiel können wir hierfür wieder die Kurvendiskussion anführen, bei der wir in der Minimierung einer Funktion die analytische Methode der Differentiation nutzen konnten.

Nun möchten wir uns einen weiteren Bereich anschauen, mit dem sich die stetige Optimierung befasst, nämlich die *lineare Optimierung*. Diese möchten wir mit dem folgenden Beispiel motivieren:

6.2 Wie formuliert man ein Optimierungsproblem?

Beispiel: Produktion mit Kakao

Die Firma *Kakaofriends* produziert verschiedene Güter, in denen Kakao verarbeitet ist. Sie bekommt also Kakao als Rohstoff und kann daraus Kakaopulver, Schokolade und Pralinen herstellen.

In der Produktion stehen *Kakaofriends* zwei verschiedene Produktionsverfahren zur Verfügung. Diese Produktionsverfahren erfolgen an verschiedenen Standorten mit verschiedenen Maschinen, wodurch sie sich im Output unterscheiden:

1. Verfahren 1 generiert aus 10 Einheiten Kakao zwei Einheiten Kakaopulver, zwei Einheiten Schokolade sowie eine Einheit Pralinen.
2. Verfahren 2 generiert aus 10 Einheiten Kakao eine Einheit Kakaopulver, zwei Einheiten Schokolade sowie vier Einheiten Pralinen.

Kakaofriends hat mit dem Geschäft *Chocolate 4 life* vereinbart, dass dort mindestens drei Einheiten Kakaopulver, fünf Einheiten Schokolade sowie vier Einheiten Pralinen verkauft werden sollen. Die Firma möchte kosteneffizient arbeiten und stellt sich deshalb folgende Frage: Wie soll die Produktion auf die beiden Produktionsverfahren verteilt werden, sodass die Lieferverpflichtungen aller Produkte erfüllt werden, aber die Produktionskosten minimal sind?

Um uns dieser Frage zu nähern, werden wir im ersten Schritt die Beschreibung des Prozesses sowie die Fragestellung formalisieren. Dafür führen wir die folgenden Variablen ein:

- x_1 sei das Niveau des Produktionsprozesses 1, und
- x_2 sei das Niveau des Produktionsprozesses 2.

Unter *Niveau* wollen wir Folgendes verstehen: Wenn beispielsweise $x_1 = 1,5$ gewählt ist, so werden $1,5 \cdot 10 = 15$ Einheiten von Kakao in Produktionsverfahren 1 eingesetzt. Unter der Annahme, dass Kakao beliebig teilbar ist, sind die Variablen x_1 und x_2 reelle Zahlen, die nicht negativ sein sollen, da sie den Rohstoff-Input in das jeweilige Produktionsverfahren darstellen sollen.

Schauen wir uns nun die Lieferverpflichtungen an das Geschäft *Chocolate 4 life* an und beginnen hier mit dem Kakaopulver. In Verfahren 1 werden zwei Einheiten Kakaopulver hergestellt, und in Verfahren 2 wird eine Einheit Kakaopulver hergestellt. Stellt nun x_1 das Niveau der Produktion in Verfahren 1 dar, und analog x_2 in Verfahren 2, so ergeben beide Verfahren zusammen eine Produktion von $2 \cdot x_1 + 1 \cdot x_2$ Einheiten Kakaopulver. Da laut Vereinbarung mit *Chocolate 4 life* mindestens drei Einheiten dort verkauft werden sollen, erhalten wir die Ungleichung $2 \cdot x_1 + 1 \cdot x_2 \geq 3$. Wiederholen wir dies auch für Schokolade und Pralinen, erhalten wir drei Ungleichungen:

$2 \cdot x_1 + 1 \cdot x_2 \geq 3$ \hfill (Mindestproduktion Kakao) \hfill (6.1)

$2 \cdot x_1 + 2 \cdot x_2 \geq 5$ \hfill (Mindestproduktion Schokolade) \hfill (6.2)

$1 \cdot x_1 + 4 \cdot x_2 \geq 4$ \hfill (Mindestproduktion Pralinen) \hfill (6.3)

Kakaofriends möchte seine Kosten in der Produktion minimieren. Diese seien abhängig von den Niveaus der beiden Produktionsprozesse, und die Kosten seien gegeben durch $3x_1 + 5x_2$ Geldeinheiten.

Das Optimierungsproblem von *Kakaofriends* lässt sich also wie folgt beschreiben:

Minimiere $3x_1 + 5x_2$ unter den Nebenbedingungen

- $x_1, x_2 \geq 0$ (Nicht-Negativität der Produktionsniveaus), und
- Erfüllung der Ungleichungen 6.1, 6.2 und 6.3 (Mindest-Produktion der Güter).

Wir suchen also die x_1 und x_2, die das obige Optimierungsproblem lösen. Wir nennen alle x_1 und x_2, die die Nebenbedingungen erfüllen, aber nicht notwendigerweise ein Optimum darstellen, eine *zulässige Lösung*. Im Optimierungsproblem suchen wir also die bestmögliche zulässige Lösung.

Des Weiteren können wir das Optimierungsproblem kompakter formulieren, indem wir das aus der Linearen Algebra bekannte Verfahren nutzen, um Gleichungssysteme in Matrizenschreibweise zu übersetzen. Definieren wir

$$\text{Produktionsniveau } x = \begin{pmatrix} x_1 \\ x_2 \end{pmatrix}, \quad \text{Kosten } c = \begin{pmatrix} 3 \\ 5 \end{pmatrix},$$

$$\text{Produktion } A = \begin{pmatrix} 2 & 1 \\ 2 & 2 \\ 1 & 4 \end{pmatrix}, \quad \text{Mindestproduktion } b = \begin{pmatrix} 3 \\ 5 \\ 4 \end{pmatrix},$$

so übersetzt sich das Optimierungsproblem in:

Minimiere $c^t x$ unter den Nebenbedingungen

- $x \geq 0$ (Nicht-Negativität der Produktionsniveaus), und
- $Ax \geq b$ (Mindest-Produktion der Güter).

6.2 Wie formuliert man ein Optimierungsproblem?

> **Denkanstoß**
> Vollziehen Sie die Übersetzung des Optimierungsproblems im ersten Kasten des Beispiels in die Formulierung im zweiten Kasten des Beispiels nach.

Die letzte Formulierung des Optimierungsproblem im Beispiel von *Kakaofriends* ist eine gängige Formulierung von Optimierungsproblemen. Diese können, je nach Definitionsbereich der Variablen, stetig oder diskret sein. In unserem Beispiel waren sie stetig, da wir $x_1, x_2 \in \mathbb{R}^{\geq 0}$ gesucht haben; würden wir stattdessen $x_1, x_2 \in \mathbb{Z}^{\geq 0}$ suchen, wäre das Optimierungsproblem diskret, da wir die Variablen auf einen diskreten Bereich eingeschränkt hätten.

Bei dem im Beispiel beschriebenen Optimierungsproblem handelt es sich um ein klassisches *lineares Optimierungsproblem:* Das Problem inklusive der Nebenbedingungen ist gegeben durch lineare (Un-)Gleichungen, d.h. durch Polynome von Grad Eins in den Variablen. Lineare Optimierungsprobleme sind ein wichtiges Feld in der Optimierung und können in verschiedenen Formen angegeben werden, die durch Umformungen ineinander überführt werden können. Für $x \in \mathbb{R}^n$, $c \in \mathbb{R}^n$, $A \in \mathbb{R}^{m \times n}$ und $b \in \mathbb{R}^m$ ist ein lineares Optimierungsproblem klassischerweise ein Maximierungsproblem, zum Beispiel:

- Maximiere $c^t x$, sodass $x \geq 0$ und $Ax \leq b$ gilt (Standardform eines linearen Optimierungsproblems);
- Maximiere $c^t x$, sodass $x \geq 0$ und $Ax = b$ gilt;
- Maximiere $c^t x$, sodass $Ax \leq b$ gilt, und weitere Formen.

Im Beispiel von *Kakaofriends* haben wir ein Minimierungs- statt ein Maximierungsproblem angeschaut – auch diese kann man ineinander überführen. Diesen Prozess nennt man *Dualisieren*. Durch Umformungen und Dualisieren kann ein lineares Optimierungsproblem dann auf die Standardform gebracht werden. Ausgehend von dieser Standardform kann der *Simplex-Algorithmus* genutzt werden, um sich diesem Optimierungsproblem zu nähern. Näheres hierzu erfahren Sie in Projekt Nr. 6.1.

Der Simplex-Algorithmus hilft zu entscheiden, ob es ein Optimum gibt. Falls ja, so kann dieses Optimum mit Hilfe des Simplex-Algorithmus exakt angegeben werden. Schauen wir uns anhand des Beispiels von *Kakaofriends* an, wie der Simplex-Algorithmus anschaulich vorgeht:

Dazu betrachten wir die Nebenbedingungen zunächst in den Randfällen, d.h. wir ersetzen „größer gleich" durch „gleich". Dadurch erhalten wir fünf Gleichungen, die zusammen die Randwerte der zulässigen Lösungen darstellen. Diese Gleichungen wurden in Abb. 6.2 eingezeichnet.

Eine zulässige Lösung erfüllt alle Bedingungen gleichzeitig und liegt somit also in der gelb markierten Fläche (nach oben und nach rechts unbeschränkt), die wir ein *Polyeder* nennen. Der Simplex-Algorithmus startet nun an einer beliebigen Ecke des Polyeders, also insbesondere mit einer zulässigen Lösung, und läuft entlang

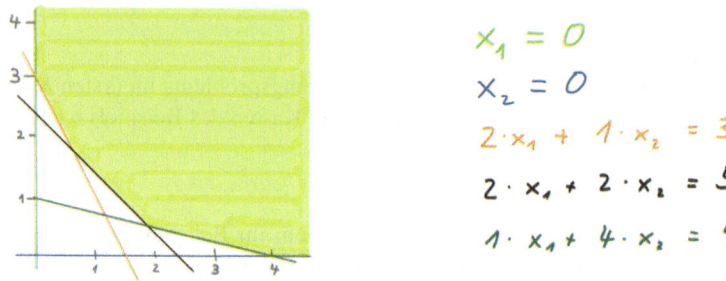

Abb. 6.2 Vorgehen des Simplex-Algorithmus im Beispiel von *Kakaofriends*

der Kanten des Polyeders zu einer optimalen Lösung. Hierbei geht es *iterativ* vor: Das bedeutet, es läuft von einer Lösung zu einer besseren Lösung und wiederholt diesen Schritt, bis es keine bessere Lösung mehr gibt und somit die optimale Lösung gefunden ist.

In der Tat kann man zeigen, dass eine optimale Lösung immer auf einer Kante des Polyeders liegt. In unserem Beispiel von der optimalen Produktionstechnik bei *Kakaofriends* liegt sie auf der Kante des Polyeders bei $x = \begin{pmatrix} 2 \\ 0{,}5 \end{pmatrix}$, was wir an dieser Stelle nicht beweisen werden.

Je nach Optimierungsproblem kann der Polyeder aber auch anders aussehen, sodass es möglich ist, anhand des Polyeders zu sehen, ob es überhaupt ein Optimum gibt: Das Optimierungsproblem $\max\{x \in \mathbb{R} \mid x \geq 0\}$ ist unbeschränkt, und das Optimierungsproblem $\max\{x \in \mathbb{R} \mid x \leq 2, x \geq 3\}$ hat keine Lösung. Im zweiten Fall ist der zugrundeliegende Polyeder leer.

Ebenfalls sehen wir hier, dass die Nebenbedingungen essentiell für die Lösung sind: Wählen wir andere Nebenbedingungen, sieht das Polytop anders aus, entsprechend gibt es auch andere zulässige und andere optimale Lösungen. Beginnen wir beispielsweise mit dem Maximierungsproblem $\max\{x \in \mathbb{R} \mid x \leq 7, x \geq 3\}$, so ist die optimale Lösung $x = 7$. Variieren wir nun die Nebenbedingung, so kann es andere oder gar keine Lösung geben: $\max\{x \in \mathbb{R} \mid x \leq 9, x \geq 3\}$ hat $x = 9$ als optimale Lösung, während $\max\{x \in \mathbb{R} \mid x \leq 2, x \geq 3\}$ keine Lösung besitzt.

Wir haben also nun stetige Optimierungsprobleme, insbesondere lineare Optimierungsprobleme, kennen gelernt und möchten uns als nächstes mit diskreten Optimierungsproblemen beschäftigen.

6.2.2 Diskrete Optimierung

In der diskreten Optimierung arbeiten wir nun, wie angesprochen und namensgebend, mit diskreten Variablen. Wir könnten also in den linearen Optimierungsproblemen fordern, dass die Variablen diskret sind, z. B. indem wir ganzzahlige Lösungen suchen. Im Folgenden möchten wir uns mit einem weiteren Zweig der diskreten Optimierung beschäftigen, nämlich mit der *kombinatorischen Optimierung*.

6.2 Wie formuliert man ein Optimierungsproblem?

Die kombinatorische Optimierung beschäftigt sich mit Optimierungsproblemen auf sogenannten diskreten Strukturen. Im Folgenden werden wir uns auf Optimierungsprobleme auf Graphen konzentrieren.

> **Beispiel: Paketzustellung entlang kürzester Wege**
> Wir möchten nun das Optimierungsproblem der Paketbotin modellieren, die Pakete auf dem besten Weg ausliefern möchte. Wir nehmen nun an, sie hätte sich entschieden, den „besten" Weg dahingehend zu definieren, dass sie die Strecke bevorzugt, in der sie die geringste Anzahl Kilometer zurücklegen muss. Zur Vereinfachung nehmen wir nun an, es gäbe ein Paket-Lager sowie fünf Filialen A-E, die mit den als Kanten in Abb. 6.3 eingezeichneten Straßen mit den entsprechenden Kilometer-Längen miteinander verbunden sind (z. B. ist der Weg von Filiale A zu Filiale C also 4 km lang). Die Paketbotin suche nun den kürzesten Weg, auf dem sie die Pakete aus dem Lager zu Filiale D bringen kann.

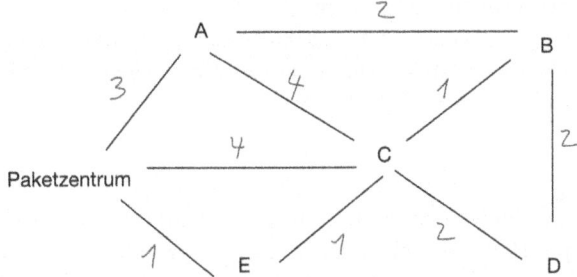

Abb. 6.3 Suche eines kürzesten Weges

Das Beispiel verallgemeinern wir zum *Kürzeste-Wege-Problem:*

Sei dazu $G = (V, E)$ ein Graph (vgl. Kap. 5) und $c : E \to \mathbb{N}$ eine Kantengewichtsfunktion. Seien ferner u und v zwei Knoten des Graphen, die über mindestens einen Weg P, also eine Kantenfolge $(e_1, \ldots, e_k)$, miteinander verbunden sind. Gesucht ist nun der kürzeste Weg von u nach v – hierbei bedeutet *kürzester Weg*, dass die Kosten des Wegs minimal sind. Ist $P = (e_1, \ldots, e_k)$ ein Weg, so definieren wir die Kosten des Wegs P als Summe aller Kantenkosten, die auf dem Weg liegen: $c(P) = c(e_1) + \cdots + c(e_k)$. Das allgemeine Kürzeste-Wege-Problem lautet daher: Minimiere $c(P)$ über die Menge aller Wege P, die von u nach v führen.

Wie zuvor nennen wir einen Weg, der von u nach v geht, einen *zulässigen Weg*, und den günstigsten dieser Wege dann den *optimalen* oder *kürzesten Weg*.

In kleinen Beispielen, wie dem der Paketbotin, können wir dieses Problem pragmatisch lösen, indem wir alle zulässigen Wege suchen und dann den Kürzesten davon auswählen:

> **Beispiel: Paketzustellung entlang kürzester Wege (Fortsetzung)**
> Wir suchen den kürzesten Weg vom Paketzentrum in Filiale D. Wir identifizieren folgende zulässige Wege mit den folgenden Kosten, wobei „Kosten" hierbei als zurückzulegende Kilometer zu verstehen sind:
>
> 1. Paketzentrum – A – C – D. Kosten: $3 + 4 + 2 = 9$.
> 2. Paketzentrum – A – B – D. Kosten: $3 + 2 + 2 = 7$.
> 3. Paketzentrum – C – D. Kosten: $4 + 2 = 6$.
> 4. Paketzentrum – E – C – D. Kosten: $1 + 1 + 2 = 4$.
>
> Bei der Suche nach zulässigen Wegen fällt uns auf, dass wir in diesem Beispiel nicht alle Wege geschlossen angeben können: Die Paketbotin könnte zum Beispiel vom Paketzentrum aus zu Filiale A fahren, und dann beliebig oft im Kreis zwischen Filialen A, B, C und zurück zu A. Da alle Kantenkosten positiv sind, wird dieser Weg allerdings mit jedem zusätzlichen Kreis nur teurer und ist somit kein Kandidat für einen kürzesten Weg. Aufgrund der positiven Kantenkosten können wir ebenfalls Wege mit „Umwegen" (z. B. Paketzentrum – E – C – B – D) außer Betracht lassen.
>
> Nach dieser Logik haben wir den kürzesten Weg vom Paketzentrum zu Filiale D in Weg 4 gefunden, da dieser mit einer Länge von 4 Kilometern kürzer ist als alle anderen möglichen Wege.

Je größer die Graphen werden, desto schwieriger wird es auch, zulässige oder gar kürzeste Wege per Hand zu suchen. Dafür gibt es Algorithmen, die kürzeste Wege in einem gegebenen Graphen bestimmen können, zum Beispiel von Dijkstra oder Ford–Bellman (vgl. Projekt Nr. 6.5). Die Algorithmen unterscheiden sich zum einen dahingehend, dass sie für verschiedene Arten von Graphen geeignet sind – gerichtete oder ungerichtete Graphen, verschiedene Wertebereiche der Kantenkostenfunktion – und ebenfalls hinsichtlich ihrer Laufzeit. Wir machen einen kurzen Exkurs, um zu verstehen, was es damit auf sich hat:

6.2.3 Exkurs: Komplexitätstheorie

Eingehens hatten wir neben den Fragen nach Existenz und Eindeutigkeit von Optima auch die Frage aufgeworfen, wie schwierig das Finden eines Optimums für ein gegebenes Problem ist. Für einen gegebenen Algorithmus, der uns bei der Suche nach Optima helfen soll – wie dem angesprochenen Simplex-Algorithmus in der linearen Optimierung oder dem Dijkstra-Algorithmus bei der Suche nach kürzesten Wegen – können wir uns fragen, wie dessen *Laufzeit* ist. Damit meinen wir, wie schnell der Algorithmus in Abhängigkeit der Größe des gegebenen Problems zu einem Ergebnis kommt.

6.2 Wie formuliert man ein Optimierungsproblem?

Generell gilt: Je kürzer die Laufzeit eines Algorithmus, desto schneller gelangen wir durch ihn zu einem Ergebnis. Deshalb sind Algorithmen mit kurzer Laufzeit für uns wünschenswert. Häufig ist die Laufzeit eines Algorithmus gegen ein Polynom in den Input-Größen abzuschätzen: Betrachten wir einen Graphen mit m Knoten und n Kanten. Dann ist die Laufzeit $f(m, n)$ die Anzahl von Schritten, die wir brauchen, um eine Lösung zu bestimmen, und diese hängt üblicherweise von der Knoten- und Kantenanzahl des Graphen ab.

Oft interessiert uns die exakte Laufzeit nicht, sondern lediglich ihre Größenordnung. Es ist zum Beispiel weniger wichtig, ob wir eine Laufzeit von $5m$ oder $4m$ haben, sondern vielmehr ist die Unterscheidung zwischen m und m^3 wichtig, da diese Werte für große m schnell weit auseinander liegen. Dazu nutzen wir die *Landau-Notation* $\mathcal{O}(\cdot)$. Schreiben wir zum Beispiel $\mathcal{O}(1)$, so bedeutet das, dass die Anzahl der Schritte des Algorithmus konstant und unabhängig von der Input-Größe ist. Bei einem Algorithmus mit einer Laufzeit in $\mathcal{O}(m)$ wächst die Anzahl der durchzuführenden Schritte linear mit der Anzahl der Knoten im Graph: Hat ein Graph G' doppelt so viele Knoten wie ein Graph G, so braucht der Algorithmus auch doppelt so viele Schritte, um durch Graph G' zu gehen. Entsprechend braucht ein Algorithmus mit einer Laufzeit in $\mathcal{O}(m^2)$ auf dem Graphen G' sogar vier mal so viele Schritte wie auf dem Graphen G. Je höher der Grad des Polynoms, desto mehr Schritte muss der Algorithmus also insbesondere auf großen Graphen durchführen.

Eine weitere wesentliche Unterscheidung bei Optimierungsproblemen ist, ob es für diese überhaupt einen Algorithmus gibt, der in einer polynomiellen Laufzeit eine Lösung findet. Wenn wir zu einem Optimierungsproblem keinen solchen Algorithmus kennen, ist es zugleich wesentlich komplexer, sich diesem Problem zu nähern. Dies geschieht dann häufig mit sogenannten Heuristiken oder Meta-Heuristiken, die zwar keine exakten Verfahren sind – also nicht garantieren, die optimale Lösung zu finden – die aber im Regelfall in annehmbarer Laufzeit eine hinreichend gute Lösung finden.

> **Denkanstoß: P-NP-Problem**
> Wenn Sie sich für Komplexitätstheorie und insbesondere der Frage nach Algorithmen mit polynomieller Laufzeit interessieren, regen wir Sie an, das „P-NP-Problem" zu recherchieren. Hierbei handelt es sich um eins der *Millennium-Probleme,* für dessen Lösung Ihnen ein Preisgeld von einer Million US-Dollar in Aussicht steht.

Wir halten also fest, dass wir am liebsten mit Algorithmen arbeiten, die eine geringe Laufzeit haben. Nicht jeder Algorithmus kann jedoch eine exakte Lösung angeben, sondern manche Algorithmen nähern sich lediglich einer Lösung an. Es kann also notwendig sein, verschiedene Aspekte gegeneinander abzuwägen: Soll der Algorithmus besonders schnell eine gute Lösung liefern, die nah an der optimalen Lösung liegt, oder soll eine exakte Lösung mit mehr Zeitaufwand gefunden werden? Hier gibt es keine pauschale Antwort, sondern es wird je nach eigener Zielsetzung anders vorgegangen.

6.3 Was macht man mit Optimierung?

In diesem Kapitel haben wir schon einige Fragen gesehen, denen wir uns mit Optimierung annähern können. Hier möchten wir diese zusammenfassen sowie weitere relevante Fragestellungen kennen lernen, bei denen uns die Optimierung helfen kann. Diese Liste ist jedoch keinesfalls vollständig, sondern liefert lediglich einen Einblick in dieses breite Thema:

6.3.1 Das *Kürzeste-Wege-Problem*

Wie findet man kürzeste Wege in einem Graphen? Durch geeignete Modellierung der relevanten Aspekte als Kantengewichte im Graphen können wir dadurch Fragen wie die Folgenden beantworten: Welcher Fußweg von A nach B ist der kürzeste Weg, gerechnet in Kilometern? Auf welchem Weg verbraucht ein Auto den wenigsten Kraftstoff? Auf welchem Weg stehe ich die wenigste Zeit im Stau? Zur Beantwortung dieser Fragen können verschiedene Algorithmen zum Finden von kürzesten Wegen zu Rate gezogen werden. (Vgl. Projekt Nr. 6.5.)

6.3.2 Das *Travelling Salesman-Problem*

Im deutschsprachigen Raum auch als *Problem des Handlungsreisenden* bekannt, modelliert dieses Problem die Fragestellung, wie ein Handlungsreisender seine optimale Route festlegt. Er möchte von seiner Heimatstadt ausgehend eine Tour fahren, bei der er jeden zuvor ausgesuchten Ort genau ein Mal besucht, um dort Handel zu betreiben, und danach zu seiner Heimatstadt zurückkehren. Hierbei möchte der Handlungsreisende die kürzeste Route wählen, um effizient vorzugehen – das Travelling Salesman-Problem ist somit mit dem Kürzeste-Wege-Problem verwandt. Erwähnt wurde diese Fragestellung zum ersten Mal in einem Handbuch für Handlungsreisende aus dem Jahr 1832, und mathematisch formuliert wurde es zuerst im Jahr 1930. Unter der bisher unbewiesenen Annahme von $P \neq NP$ (vgl. Denkanstoß zu „P-NP-Problem") existiert jedoch kein Algorithmus, der einen optimalen Travelling Salesman-Weg in polynomieller Laufzeit findet. (Vgl. Projekt Nr. 6.6.)

6.3.3 Lineare Optimierungsprobleme

Mit Hilfe von linearer Optimierung, mit der wir uns in Abschn. 6.2.1 beschäftigt haben, können wir uns Optimierungsproblemen nähern, die aus linearen (Un-

)Gleichungen stammen (vgl. Projekt Nr. 6.1). Als Beispiel haben wir im Abschnitt oben besprochen, wie man ein passendes Minimierungsproblem aus der Fragestellung aufbauen kann, wie ein Unternehmen kostengünstig produzieren kann und dabei vorher festgelegte Absatzmengen erfüllt. Ähnlich können wir auch fragen, wie ein Unternehmen unter gegebenen Restriktionen den Gewinn maximieren, oder möglichst schnell produzieren kann. Lösungen können hier mit Hilfe des zuvor erwähnten Simplex-Algorithmus gesucht werden.

6.3.4 Transportprobleme

Im Folgenden möchten wir uns zwei Arten von *Transportproblemen* anschauen: Maximale Fluss-Probleme und Minimale Kosten-Probleme.

Betrachten wir zunächst folgende Situation: Ein Stromanbieter möchte vier Regionen mit einer möglichst großen Menge seines hergestellten Stroms versorgen. Hierfür verfügt er selbst über eine große Windkraftanlage, von der aus der erzeugte Strom in die verschiedenen Regionen verteilt werden soll. Die Verteilung erfolge entlang von Leitungen, die nur eine begrenzte Menge Strom pro Tag transportieren können (vgl. Abb. 6.4). Das Optimierungsproblem des Stromanbieters lautet dann: Wie kann maximal viel Strom unter Berücksichtigung der Kapazitäten der Leitungen durch das Stromnetz fließen?

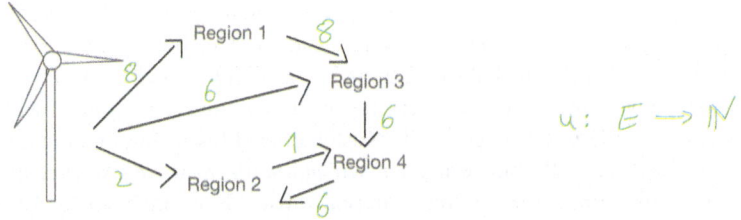

Abb. 6.4 Stromlieferung entlang Leitungen mit Kapazitätsbeschränkungen

Mathematisch handelt es sich hierbei um ein *Maximales Fluss-Problem* (vgl. Projekt Nr. 6.8): Der Fluss, der durch ein Netzwerk läuft, soll maximiert werden. Hierbei ist ein *Netzwerk* im Wesentlichen ein (gerichteter) Graph mit einer Funktion, die jeder Kante einen Wert zuweist. Dabei kann es sich um eine Kostenfunktion oder, wie hier, eine Kapazitätenfunktion $u : E \to \mathbb{N}$ handeln, die für jede Kante angibt, wie viel Fluss über sie fließen kann. Ein *Fluss* wiederum ist eine Funktion, die jeder Kante einen Flusswert zuordnet; in dem Beispiel des Stromanbieters läuft der Fluss also von der Windkraftanlage aus durch die verschiedenen Regionen. Gesucht ist dann der größtmögliche Flusswert, der mit den gegebenen Kapazitätsbeschränkungen durch das Netzwerk laufen kann. Für maximale Flüsse gibt es sowohl Optimalitätskriterien – also Kriterien, mit denen wir für eine gegebene Lösung überprüfen können, ob diese optimal ist – als auch Algorithmen zur Bestimmung von maximalen Flüssen.

Aufbauend auf dem obigen Beispiel verändern wir das Kriterium, anhand dessen wir optimieren möchten. Wir betrachten eine Fabrik, die Güter an vier Regionen transportieren will (vgl. Abb. 6.5).

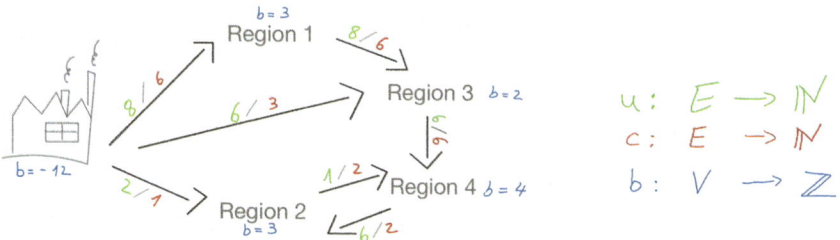

Abb. 6.5 Gütertransport über Straßen mit Kapazitätsbeschränkungen und Kosten

Auch auf den Straßen gäbe es Kapazitätsbeschränkungen für die Anzahl LKW, die diese Straße befahren können – dargestellt durch die Kapazitätsfunktion $u : E \to \mathbb{N}$, jedoch gäbe es zusätzlich auch Kosten auf diesen Straßen, die sich aus Mautgebühren, Energiekosten etc. zusammensetzen. Auf jeder Kante des zugehörigen Graphen gibt es also eine weitere Funktion $c : E \to \mathbb{N}$, die diese Kosten abbildet. Darüber hinaus möchte die Fabrik 12 Einheiten ihres Produktes verkaufen, und jede Region habe eine bestimmte Nachfrage für das Produkt. Das modellieren wir mit einer Bedarfsfunktion $b : V \to \mathbb{Z}$, die jedem Knoten den jeweiligen Bedarf zuordnet. Hierbei bedeutet ein positiver Bedarf $b(v) > 0$, dass dieser Knoten genau $b(v)$ viele Einheiten nachfragt, und $b(v) < 0$ bedeutet entsprechend ein Angebot von $b(v)$ Einheiten, z. B. $b(\text{Fabrik}) = -12$, da die Fabrik 12 Einheiten ausliefern möchte. Da die Bedarfe auch die Größe des Flusses im Netzwerk festlegen, maximieren wir nicht wie oben den Flusswert, sondern wir möchten die Kosten eines Flusses minimieren, der alle Bedarfe erfüllt. Solche Probleme nennen wir *minimale Kostenflüsse* (vgl. Projekt Nr. 6.9). Auch hier gibt es Optimalitätskriterien sowie Algorithmen, die zur Bestimmung von minimalen Kostenflüssen verhelfen.

6.3.5 Zuordnungsprobleme

Als weitere Anwendung von Methoden der Optimierung schauen wir uns ein Zuordnungsproblem an, und nehmen das Folgende an: An einer Universität werden verschiedene Seminare angeboten und die Belegung eines Seminars ist für alle Studierenden verpflichtend. Pro Semester darf jede Person nur ein Seminar belegen. Nach der ersten Anmeldephase gibt es in vier Seminaren jeweils einen Restplatz, auf den sich die Personen bewerben können, die die erste Anmeldephase verpasst haben. Nehmen wir weiter an, es gibt nun fünf Studierende, die diese erste Anmeldephase verpasst haben und sich entsprechend um die Restplätze bewerben können. Bei dieser Bewerbung können sie zu jedem der vier Seminare angeben, ob thematisches Interesse an diesem Seminar besteht oder nicht.

Diese Interessenabfrage stellen wir im Graphen aus Abb. 6.6 dar: Studentin 1 interessiert sich für die Seminare 1 und 3, und Student 5 für Seminar 4 etc. Daraus

6.3 Was macht man mit Optimierung?

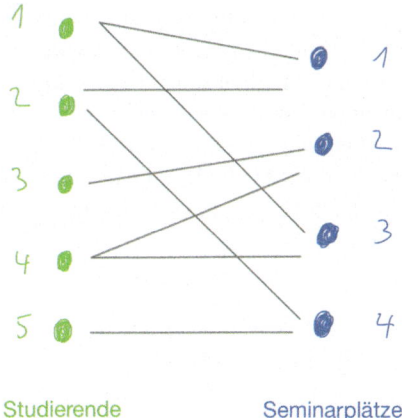

Abb. 6.6 Interesse an Seminarplätzen, graphisch dargestellt

ergibt sich folgende Fragestellung: Wie kann eine optimale Zuordnung zwischen den Studierenden und den Restplätzen der Seminare erfolgen?

Der Graph, den wir hier konstruiert haben, ist ein *bipartiter Graph,* der Wortherkunft nach also ein zweigeteilter Graph. Diese Zweiteilung finden wir in den Knoten wieder: Wir können die Knotenmenge V disjunkt teilen in $V = V_1 \cup V_2$, sodass es im Graphen nur Kanten zwischen Knoten aus V_1 und V_2 gibt, jedoch keine Kanten innerhalb von V_1 oder V_2. Das bedeutet in unserem Beispiel, dass die Knotenmenge unterteilt ist in Knoten für Studierende und Knoten für Seminarplätze, und die Kanten des Graphen nur das Interesse von Studierenden an den Seminarplätzen modellieren. Eine erfolgreiche Paarbildung aus einer Studentin und einem Seminarplatz, für den sie sich interessiert, nennen wir ein *Matching*.

Wir möchten nun dahingehend optimieren, als dass wir möglichst viele Matchings finden möchten, also möglichst vielen Studierenden auch einen Seminarplatz anbieten möchten, für den sie sich interessieren. Ein solches Matching nennen wir ein *maximales Matching* (vgl. Projekt Nr. 6.2).

In unserem Beispiel können wir ein maximales Matching schnell durch Ausprobieren finden (z. B. Studentin 1 bekommt Seminar 1, Studentin 2 bekommt Seminar 4, Student 3 bekommt Seminar 2, Student 4 bekommt Seminar 3 und Student 5 bekommt kein Seminar angeboten). Je größer diese Zuordnungsprobleme werden, desto schlechter kann man sie jedoch durch Ausprobieren lösen. Stattdessen gibt es auch an dieser Stelle Algorithmen, die uns dabei helfen, ein maximales Matching in einem bipartiten Graphen zu bestimmen. Ein Beispiel für ein Zuordnungsproblem in großer Größenordnung finden wir im Gaming: Das Zusammenstellen von Gruppen für Online Games stellt auch ein Matching-Problem dar, in dem Spielende mit Spielgruppen gematcht werden. Hier befinden wir uns in Größenordnungen, bei denen wir ein maximales Matching kaum per Hand finden können.

Ebenfalls haben wir im Beispiel der Zuordnung der Seminarplätze bereits an der Konstellation erkannt, dass wir nie ein Matching finden, das alle zufrieden stellt: Wenn es fünf Studierende aber nur vier Seminare mit Restplätzen gibt, so muss eine Person leer ausgehen. Anders kann es aussehen, wenn in dem zugrundeliegenden bipartiten Graphen die beiden disjunkten Knotenmengen die gleiche Kardinalität haben, wenn also $|V_1| = |V_2|$ gilt. In Abhängigkeit davon, wie die Kanten innerhalb des Graphen verlaufen, kann es möglich sein, ein Matching zu finden, sodass jeder Knoten aus V_1 mit genau einem Knoten aus V_2 gematcht wird. Ein solches Matching nennen wir ein *perfektes Matching* (vgl. Projekt Nr. 6.3). Zur Untersuchung von perfekten Matchings gibt es ebenfalls Methoden, die uns dabei helfen, herauszufinden, unter welchen Voraussetzungen ein perfektes Matching überhaupt existiert und wie wir es dann finden können.

6.4 Ein Ausblick auf weitere Themen

Wie Sie gesehen haben, sind Themenfelder und Anwendungen von Optimierung inhaltlich sehr breit gestreut. Entsprechend sind auch weiterführende Themen hier sehr vielfältig. Wir möchten uns im Folgenden mit einer zentralen und zugleich aktuellen Fragestellung befassen: Was hat Optimierung mit Machine Learning zu tun?

Machine Learning ist ein Thema, das in den letzten Jahren an Bedeutung gewonnen hat und mittlerweile in verschiedensten Bereichen eingesetzt wird. Es geht im Machine Learning darum, einer Maschine – also einem künstlichen System wie einem Computer – Erfahrungen mitzugeben, die diese dann selbst zur Bearbeitung von Aufgaben nutzen kann, ohne vorher explizit auf diese Aufgaben programmiert worden zu sein.

Beispiele für den Einsatz von Machine learning sind:

- *Klassifikation von Objekten:* Wir übergeben der Maschine einen Datensatz mit Bildern von Katzen und Hunden. Ebenfalls liefern wir zu jedem Bild die Information mit, ob es sich bei dem abgebildeten Tier um eine Katze oder einen Hund handelt. Die Maschine lernt aus diesen Erfahrungen. Geben wir der Maschine nun neue, ihr unbekannte Bilder von Katzen und Hunden, so kann die Maschine erkennen, um welches der beiden Tiere es sich auf jedem Bild handelt (vgl. Abb. 6.7).

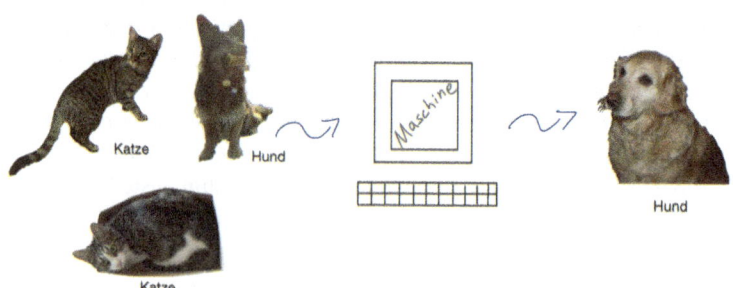

Abb. 6.7 Klassifikation mittels Machine Learning

- *Prognose:* Machine Learning kann eingesetzt werden um Vorhersagen zu treffen. Eine Firma, die Winterjacken herstellt, kann einer Maschine die Erfahrungsdaten der letzten Jahre geben, und daraus kann die Maschine eine Vorhersage fürs nächste Jahr erstellen. Dazu kann zählen, dass in der Winterperiode die Nachfrage höher ist, aber es können auch andere wirtschaftliche Abhängigkeiten erkannt werden, beispielsweise kann die Nachfrage zu Zeiten von hoher Inflation geringer ausfallen. Solche Prognosen kann die Firma dann zum Beispiel nutzen, um ihre Produktionsmenge festzulegen.
- *Clustering von Daten:* Machine Learning kann genutzt werden, um versteckte Zusammenhänge zu identifizieren. Dazu können wir der Maschine Daten übergeben, und diese sucht selbstständig nach Mustern und Zusammenhängen. Mit Hilfe dieser Muster kann die Maschine die Eingaben klassifizieren und gruppieren, oder wie man auch sagt *clustern* (vgl. Abb. 6.8). So kann zum Beispiel ein Online-Händler der Maschine die Kauf-Historien des letzten Jahres übergeben und dadurch sehen, welche Produkte oft zusammen gekauft wurden. Darauf basierend kann er Vorschläge für einen Kauf machen. Vermutlich ist es auch Ihnen schon passiert, dass Ihnen beim Kauf eines Artikels Folgendes angezeigt wurde: „Personen, die diesen Artikel kauften, kauften auch...".

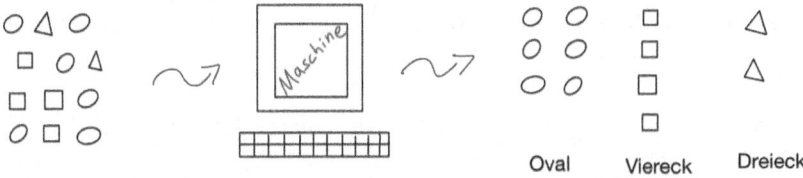

Abb. 6.8 Clustering mittels Machine Learning

Machine Learning ist also ein Teilbereich des Themas *Künstliche Intelligenz*. Es wird in verschiedenen Bereichen und mit verschiedenen Zielen eingesetzt. Dadurch, dass immer mehr Daten gesammelt werden, steigt auch die Signifikanz von Machine Learning.

Schauen wir uns dazu ein Beispiel aus der Medizin an, bei dem Machine Learning eingesetzt werden kann: Wir möchten Demenz frühzeitig erkennen können. Bei Demenz handelt es sich um eine Krankheit, die häufig in der Form von Alzheimer, also der Verschlechterung von kognitiven Fähigkeiten, auftritt. Am häufigsten Betroffen sind Personen ab dem 65. Lebensjahr. Wenn Alzheimer frühzeitig erkannt wird, kann den betroffenen Personen schnell mit spezifischen Versorgungsangeboten sowie der weiteren Lebensplanung geholfen werden, weshalb eine frühe Diagnose wichtig ist.

Eine Möglichkeit, um Alzheimer bei entsprechenden Symptomen wie Gedächtnisbeschwerden erkennen zu können, ist mittels MRTs. MRT, kurz für Magnetresonanztomografie, ist ein bildgebendes Verfahren, mit dem die Struktur und Funktionen von Organen im menschlichen Körper abgebildet werden können. Bei der Alzheimer-Erkennung wird das Gehirn der potentiell erkrankten Person mittels MRT betrachtet, um Auffälligkeiten im Gehirn erkennen zu können.

> **Denkanstoß**
> Mehr dazu erfahren Sie im Artikel „A predictive model using the mesoscopic architecture of the living brain to detect Alzheimer's disease"[1].

In einer Studie von 2022 nutzten Forschende des Imperial College London Machine Learning, um zu untersuchen, inwiefern MRTs in der Lage sind, tatsächlich bei der Alzheimer-Diagnose zu unterstützen: Sie unterteilten das menschliche Gehirn in 115 Regionen, die sie mit 660 Eigenschaften wie Größe oder Form ausstatteten. Sie trainierten die Maschine dann mit über 400 MRT-Bildern, jeweils inklusive der Information, ob die jeweilige Person an Alzheimer erkrankt war oder nicht. Die Maschine suchte dann in den MRT-Bildern nach Auffälligkeiten in den verschiedenen Arealen der Gehirne, um daraus abzuleiten, ob das auf dem MRT zu sehende Gehirn erkrankt ist oder nicht. Tatsächlich erkannte die Maschine in 98 % der Fälle korrekt, ob die Person an Alzheimer erkrankt war.

Was hat das nun mit Optimierung zu tun? Dass die Maschine in 98% aller Fälle korrekt entschieden hat, bedeutet im Umkehrschluss jedoch auch, dass sie in 2% aller Fälle falsch entschieden hat. Für jedes MRT-Bild, das der Maschine übergeben wird, kann es vier Resultate geben, die im Machine Learning als *confusion matrix* bekannt sind (vgl. Abb. 6.9):

- *true positive:* Die Maschine erkennt eine Alzheimer-Erkrankung, und diese Einschätzung ist korrekt.
- *true negative:* Die Maschine erkennt, dass keine Alzheimer-Erkrankung vorliegt, und diese Einschätzung ist korrekt.
- *false positive:* Die Maschine erkennt eine Alzheimer-Erkrankung, obwohl diese nicht vorliegt.
- *false negative:* Die Maschine erkennt keine Alzheimer-Erkrankung, obwohl diese vorliegt.

Im nächsten Schritt könnten wir versuchen, die Maschine weiter zu verbessern, sie also zu optimieren. Hier stellt sich jedoch die Frage, wie wir optimieren wollen: Wollen wir häufiger die richtige Diganose erhalten, also die Summe aus *true positive* und *true negative* maximieren? Oder wollen wir möglichst selten eine Alzheimer-Erkrankung übersehen, also die Anzahl der Vorkommen von *false negative* minimieren? Einen näherer Einblick ins Thema Machine Learning bietet Projekt Nr. 6.10.

Optimierung ist also eine Schlüsselkomponente, die im Machine Learning dabei hilft, die Maschine zu trainieren. Dadurch kann – je nach Typ der Fragestellung –

---

[1] Inglese, M., Patel, N., Linton-Reid, K. et al. A predictive model using the mesoscopic architecture of the living brain to detect Alzheimer's disease. Commun Med 2, 70 (2022). https://doi.org/10.1038/s43856-022-00133-4.

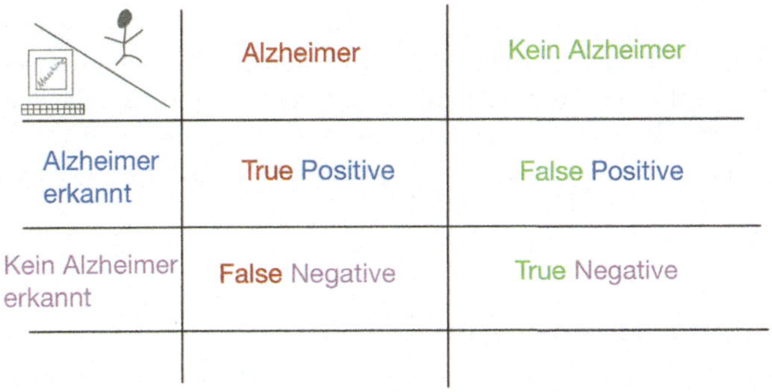

	Alzheimer	Kein Alzheimer
Alzheimer erkannt	True Positive	False Positive
Kein Alzheimer erkannt	False Negative	True Negative

Abb. 6.9 Confusion Matrix im Beispiel der Alzheimer-Erkennung

die Klassifikation, Prognose oder das Clustering besonders genau erfolgen. Häufig werden die Optimierungsschritte hierbei von der Maschine selbst getätigt, und wir können bei Bedarf auf verschiedene Parameter Einfluss nehmen. Dazu zählt die Entscheidung aus dem obigen Beispiel, ob wir lieber möglichst viele richtige Einschätzungen treffen möchten oder ob wir möglichst wenig Erkrankungen übersehen wollen.

6.5 Projekte

Auf https://aspekte.rwth-aachen.de/ finden Sie interaktive Jupyter-Nootbooks zu ausgewählten Projekten, sowie weitere Materialien zum Buch.

> **6.1 Lineare Optimierung**
> Das lineare Optimierungsproblem zählt zu einem der wichtigsten und bekanntesten Probleme der kombinatorischen Optimierung. Unter anderem, weil es in so vielfältigen Bereichen eine Anwendung findet: z. B. in der Produktionsplanung, der Spieltheorie, Transportplanung, Landwirtschaft oder Marketingplanung lässt sich heute nicht mehr auf lineare Programme und seinen ältesten Lösungsalgorithmus, das Simplex-Verfahren, verzichten. In diesem Projekt rechnen Sie selbst nach, was jeden Tag auf den Computern von mehreren Millionen Unternehmen in Deutschland passiert.

> **6.2 Maximale Matchings**
> Ein Matching ist eine Menge durch Kanten verbundener Knotenpaare, wobei jeder Knoten maximal einen Partner haben darf. In diesem Notebook beschäf-

tigen wir uns mit einer speziellen Form von Matchings: den maximalen Matchings. Mit Hilfe von maximalen Matchings kann man viele alltägliche Probleme lösen, z. B. wie man eine optimale Verteilung von Partnerarbeiten in einer Schulklasse findet. In diesem Notebook lernen auch Sie, wie das geht.

6.3 Perfekte Matchings in Graphen
Ein Matching ist eine Menge durch Kanten verbundener Knotenpaare, wobei jeder Knoten maximal einen Partner haben darf. In diesem Notebook beschäftigen wir uns mit einer speziellen Form von Matchings: den perfekten Matchings. Hier besitzt jeder Knoten genau einen Partnerknoten. In welchen Graphen lässt sich ein solches Matching finden? Und wo findet dieses graphentheoretische Konzept eine Anwendung im Alltag?

6.4 Stabile Matchings
Es ist leicht, eine Zuordnung zwischen Elementen zweier disjunkter Mengen (bspw. Pool aus Bewerbungen und potentielle Arbeitgeber) zu bestimmen. Allerdings werden dabei die Präferenzen aller Beteiligten ignoriert, was natürlich nicht wünschenswert ist. Folglich ist eine Zuordnung gesucht, die alle im Rahmen der Möglichkeiten glücklich macht. So eine Zuordnung heißt stabiles Matching und zeichnet sich dadurch aus, dass es keine Bewerberin und keinen Arbeitgeber gibt, die einander gegenseitig bevorzugen und trotzdem nicht gematcht sind. Aber gibt es immer ein stabiles Matching? Und wie wird ein solches effizient bestimmt? Diese beiden Fragen werden geklärt, wozu zunächst das Stable Marriage Problem als Spezialfall des Krankenhäuser/Assistenzärzte-Problems betrachtet wird.

6.5 Kürzeste Wege in einem Graphen
Wie finden wir kürzeste Wege in einem Graphen? In diesem Projekt beschäftigen wir uns mit verschiedenen Algorithmen, die uns bei der Beantwortung dieser Frage helfen, und stellen diese gegenüber.

6.6 Travelling Salesman-Problem

Ein Handlungsreisender strebt danach, seine Handelsroute zu optimieren: Er möchte von seiner Heimatstadt aus zu allen zuvor festgelegten Orten genau einmal reisen, bevor er in seine Heimatstadt zurückkehrt. Die Herausforderung besteht darin, diese Tour so kurz wie möglich zu gestalten. Aber wie kann man vorgehen, um diese optimale Tour zu finden? Dieses Projekt bietet einen Einblick in die Komplexitätstheorie und das „P-NP-Problem", indem es verschiedene Ansätze zur Lösung des Traveling Salesman Problems untersucht. Wir werden uns mit effizienten Algorithmen wie dem Nearest Neighbor Algorithmus befassen, um die optimale Route zu finden und gleichzeitig die theoretischen Grenzen der Berechnungskomplexität zu verstehen. Tauchen Sie ein in die Welt der algorithmischen Optimierung und entdecken Sie die Herausforderungen, die mit der Lösung eines der berühmtesten Probleme der Informatik verbunden sind.

6.7 Vehicle Routing Problem

Ein Logistikunternehmen steht vor der Herausforderung, die Fahrzeugrouten zu optimieren: Die Fahrzeuge müssen von ihrem Depot aus zu verschiedenen Kundenstandorten fahren, um Lieferungen abzugeben, bevor sie zum Depot zurückkehren. Das Ziel ist es, diese Routen so zu planen, dass die Summe de gefahrenen Strecke minimiert wird. Doch wie kann man vorgehen, um die optimalen Routen zu finden? Diese Fragestellung ist als „Vehicle Routing Problem" bekannt. Dieses Projekt bietet einen Einblick in die Komplexitätstheorie und das „P-NP-Problem", indem es verschiedene Ansätze zur Lösung des Vehicle Routing Problem untersucht. Wir werden uns mit effizienten Algorithmen wie dem Clarke-Wright Savings Algorithmus befassen, um die optimalen Routen zu finden und gleichzeitig die theoretischen Grenzen der Berechnungskomplexität zu verstehen. Tauchen Sie ein in die Welt der algorithmischen Optimierung und entdecken Sie die Herausforderungen, die mit der Lösung eines der wichtigsten Probleme im Bereich der Logistik verbunden sind.

6.8 Maximale Flüsse in einem Netzwerk

Wie kann die maximale Anzahl an Autos, die – ohne Stau zu erzeugen – durch ein Straßennetz fahren kann, ermittelt werden? Um diese Frage beantworten zu können, wird das Problem innerhalb dieses Projekts in die Sprache der Graphentheorie übersetzt und somit wird das Hauptaugenmerk auf die Untersuchung von maximalen Flüssen in Netzwerken gelegt. Zur Bestimmung des Wertes der maximalen Flüsse werden unter anderem der Ford-Fulkerson-

Algorithmus sowie der Edmonds-Karp-Algorithmus thematisiert. Auf diese Weise wird auch die eingangs formulierte Fragestellung beantwortet. Im Rahmen des Projekts werden außerdem Begriffe wie der minimale Schnitt eingeführt und es wird gezeigt, inwiefern maximale Flüsse in der realen Welt und dem praktischen Alltag Anwendung finden. Darüber hinaus wird ein kurzer Blick auf kostenoptimale Flüsse geworfen, um einen Ausblick darauf zu geben, wofür maximale Flüsse die Grundlage darstellen können.

6.9 Minimale Kostenflüsse in Netzwerken

Wie finden wir in einem Netzwerk den günstigsten Fluss, der die Knotenbedarfe b deckt? Dieses Projekt untersucht die Konzepte von b-Flüssen und deren Berechnungsmethoden. Ein b-Fluss ist ein Fluss in einem Netzwerk, bei dem die Summe der eingehenden Flüsse an jedem Knoten den Bedarf b des Knotens erfüllt. Wir werden verschiedene Verfahren wie den Min-mean-cycle-Algorithmus und den successive-shortest-path-Algorithmus betrachten und ihre Laufzeiten vergleichen. Zusätzlich werden wir die Optimierungsbedingungen für b-Flüsse untersuchen, wie zum Beispiel das Fehlen negativer Kreise im Netzwerk. Tauchen Sie ein in die faszinierende Welt der Netzwerkoptimierung und entdecken Sie die vielfältigen Methoden zur Berechnung von b-Flüssen.

6.10 Einführung in Machine Learning

Interessieren Sie sich für maschinelles Lernen, haben aber keine Programmierkenntnisse? Dann ist dieses Projekt perfekt für Sie! Tauchen Sie ein in die faszinierende Welt des maschinellen Lernens und erkunden Sie die Grundlagen neuronaler Netze, ohne programmieren zu müssen.

In diesem Projekt beginnen wir damit, zu verstehen, was maschinelles Lernen ist und wie es in verschiedenen Anwendungen eingesetzt wird. Dann konzentrieren wir uns auf neuronale Netze, die das Rückgrat vieler maschineller Lernalgorithmen bilden. Erfahren Sie mehr über die Struktur neuronaler Netze, einschließlich Eingabeschichten, versteckter Schichten und Ausgabeschichten, und entdecken Sie, wie sie das menschliche Gehirn nachahmen, um aus Daten zu lernen. Sie erhalten Einblicke, wie neuronale Netze trainiert werden, um Vorhersagen und Klassifizierungen zu treffen. Am Ende dieses Projekts haben Sie ein solides Verständnis der Grundlagen des maschinellen Lernens und neuronaler Netze erlangt und sind bereit für weitere Erkundungen in diesem spannenden Bereich.

Kombinatorik 7

Während einige andere Kapitel dieses Buches, wie zum Beispiel Lineare Algebra oder Analysis, als eigenständige Vorlesungen an Universitäten angeboten werden, wird man die Kombinatorik als eigenständige Vorlesung selten finden. Kombinatorik kann als Nanotechnologie der Mathematik angesehen werden, und wird in einer Vielzahl verschiedener Bereiche genutzt. In diesem Kapitel möchten wir uns einen Überblick über die Kombinatorik und einige ihrer Anwendungen verschaffen. Dazu beginnen wir mit der Frage, was wir überhaupt unter Kombinatorik verstehen wollen.

7.1 Was ist Kombinatorik?

Der Mathematiker George Pólya (1887–1985) beschrieb die Kombinatorik als „Untersuchung des Abzählens, der Existenz und Konstruktion von Konfigurationen". Doch was bedeutet das?

Die *Untersuchung des Abzählens,* auch bekannt als aufzählende Kombinatorik, beschäftigt sich mit dem Zählen bestimmter Objekte. Das können auf den ersten Blick leicht lösbare ragestellungen sein – *wie viele Objekte befinden sich in einer bestimmten Menge?* – oder anspruchsvollere Fragestellungen – *wie viele Anordnungen kann ein Rubik's Cube Zauberwürfel haben?* Im Verlauf dieses Kapitels werden wir uns verschiedene Beispiele der aufzählenden Kombinatorik ansehen und überlegen, wie wir uns diesen nähern können.

Im Bereich der *Existenz und Konstruktion von Konfigurationen* beschäftigt man sich mit der Suche nach Modellen, die im Verständnis helfen oder Probleme vereinfachen. Ebenfalls geht es um die Abstraktion, sich so wenig Informationen merken zu müssen wie nötig, um die Komplexität gewisser Fragestellungen zu reduzieren. Dieses Problemfeld der Kombinatorik ist komplexer als die aufzählende Kombinatorik, und um sie besser zu verstehen, werden wir uns im Laufe dieses Kapitels das folgende Beispiel aus der Linearen Algebra anschauen: *Wie können wir alle Matrizen $A \in \mathbb{C}^{3 \times 3}$ angeben, die nur 1 als Eigenwert besitzen?*

Historisch taucht die Kombinatorik erstmals im 17. Jahrhundert auf, als Abzählbarkeitsprobleme auf diskreten Strukturen wie z. B. Graphen untersucht wurden. Ebenfalls wurde Kombinatorik in diesem Jahrhundert ein wichtiges Werkzeug, um Wahrscheinlichkeiten zu analysieren. Beispielsweise nutzte Blaise Pascal kombinatorische Methoden, um Glücksspiele zu analysieren; den Zusammenhang von Kombinatorik und Wahrscheinlichkeiten werden wir uns im Laufe dieses Kapitels ansehen.

Die Kombinatorik ist dafür bekannt, dass es mit ihrer Hilfe möglich ist, mit wenigen Kenntnissen bereits kompliziert erscheinende Fragen beantworten zu können. Schauen wir uns ein Beispiel an:

Vielleicht kennen Sie noch die Kindershow *Tabaluga tivi*, die von 1997 bis 2011 ausgestrahlt wurde. In der Welt von Tabaluga spielten Kinder in dieser Show um verschiedene Preise. Das finale Spiel der Show war ein Show-Off zwischen dem freundlichen Drachen Tabaluga und seinem Rivalen Arktos, dem Schneemann. Das Finalspiel nannte sich „Arktos-Super-Spiel". Zwischen Tabaluga und Arktos liegt ein Feld, das aus Eisschollen zusammen gesetzt ist. Die Kinder, die in der Show mitspielen, müssen nun über die Eisschollen von Tabaluga zu Arktos gehen, aber das ist nicht ganz einfach: Die meisten Schollen brechen ein, wenn man auf sie tritt.[1] Wir haben das Eisschollenfeld des Spiels schematisch in Abb. 7.1 dargestellt. Anfangs zeigt Arktos den Kindern den richtigen Weg über die Eisschollen. Wenn die Kinder sich diesen Weg merken können und ohne einzubrechen zu Arktos kommen, gewinnen sie das Spiel und damit die Show. Treten sie jedoch auf eine falsche Eisscholle und brechen ein, verlieren sie.

Abb. 7.1 Spielfeld mit sechseckigen Feldern mit aufleuchtendem, richtigem Weg vom gelben Sechseck (Tabaluga) zum hellgrauen Sechseck (Arktos). Diesen Weg gilt es sich zu merken

Stellen Sie sich vor, Sie machen bei der Show mit und erreichen das Finale mit *Arktos-Super-Spiel*. Verständlicherweise werden Sie nervös sein, und vielleicht können Sie sich den von Arktos gezeigten richtigen Weg nicht merken oder vergessen

---

[1] Die Eisschollen sind nicht wirklich aus Eis, sondern es handelt sich hierbei um sechseckige, beleuchtete Felder im Boden. Die Kinder stürzen also nicht wirklich in eiskaltes Wasser, sondern ein farbiges Leuchten markiert das „Einstürzen" ins Wasser.

ihn, sobald Sie das Eis betreten. Wie hoch sind in diesem Fall Ihre Chancen, nicht ins Eis einzubrechen, sondern es zu Arktos zu schaffen und dadurch die Show zu gewinnen? Vermutlich denken Sie sich bereits, dass Ihre Chancen nicht allzu gut stehen – mit Hilfe der Kombinatorik können Sie auch untersuchen, wie schlecht Ihre Chancen tatsächlich sind. Das werden wir uns in Abschn. 7.3.1 anschauen.

Bevor wir uns in den kommenden Abschnitten konkrete Anwendungsbeispiele der Kombinatorik ansehen, schauen wir uns zuerst einige wesentliche Aussagen der Kombinatorik an:

7.1.1 Auf wie viele Arten lässt sich eine n-elementige Menge anordnen?

Gehen wir die Anordnung der Reihe nach durch, so kann der erste Platz mit einem beliebigen der n Elemente belegt werden. Danach kann der zweite Platz mit einem der verbliebenen $n-1$ Elemente belegt werden, die nicht auf Platz 1 gelegt wurden. Im nächsten Schritt gibt es dann $n-2$ mögliche Objekte für den dritten Platz, nämlich alle Elemente, die nicht auf Platz 1 oder 2 gelegt wurden. Wir haben also n mögliche Belegungen für Position 1, $n-1$ mögliche Wahlen für Position 2, $n-2$ Möglichkeiten für Position 3 etc. Die letzte Position ist dann eindeutig belegt, da alle übrigen $n-1$ Elemente bereits eine Position haben und somit nur eine Wahl für Position n verbleibt. Insgesamt haben wir also

$$n \cdot (n-1) \cdot (n-2) \cdot \ldots \cdot 1 =: n!$$

Möglichkeiten, eine n-elementige Menge[2] anzuordnen.

Anwendungsbeispiel: Auf einem Musikalbum befinden sich 12 Songs. Sie hören das Album auf Shuffle, wie viele verschiedene Reihenfolgen der Lieder gibt es? Die Antwort lautet also 12! = 479.001.600.

7.1.2 Auf wie viele Arten kann man geordnete Listen von k Elementen aus einer n-elementigen Menge erstellen?

Wir wenden dieselbe Logik von gerade an, nur auf eine Liste aus k Elementen: Die erste Position der k-elementigen Liste kann ein beliebiges der n Elemente einnehmen. Die zweite Position kann eins der verbliebenen $n-1$ Elemente belegen, und so weiter. Der einzige Unterschied ist nun, dass unsere Liste mit den Platzierungen nicht alle n Elemente umfassen soll, sondern nur k Stück. Entsprechend ist das letzte Element in unserer Liste das Element mit der Nummer k, und für dieses gibt es dann $n - k + 1$ Wahlen – jedes Element der n-elementigen Menge, das zuvor noch keine

---

[2] gesprochen: n Fakultät.

Position zugewiesen bekommen hat. Wir haben insgesamt also

$$n \cdot (n-1) \cdot (n-2) \cdot \ldots \cdot (n-k+1) = \frac{n!}{(n-k)!}$$

Wahlen für eine geordnete Liste aus k Elementen unserer n-elementigen Menge.

Anwendungsbeispiel: Eine Band, die 20 Songs spielen kann, möchte auf einem Konzert 8 davon spielen. Wie viele Möglichkeiten hat die Band, 8 ihrer 20 Songs auszuwählen und als Songliste anzuordnen? Die Antwort ist also $\frac{20!}{12!} = \frac{2.432.902.008.176.640.000}{479.001.600} = 5.079.110.400$.

Denkanstoß
Vollziehen Sie die Gleichung $n \cdot (n-1) \cdot (n-2) \cdot \ldots \cdot (n-k+1) = \frac{n!}{(n-k)!}$ mit Hilfe der Definition der Fakultät nach.

7.1.3 Auf wie viele Arten können k Elemente aus einer n-elementigen Menge ausgesucht werden, wenn deren Reihenfolge keine Rolle spielt?

Um diese Frage zu beantworten, kombinieren wir die obigen beiden Fragen. Nach Frage 2 gibt es $\frac{n!}{(n-k)!}$ viele sortierte Listen aus solchen k Elementen. Nun soll jedoch die Reihenfolge der k Elemente innerhalb dieser Liste keine Rolle spielen, und laut Frage 1 gibt es $k!$ Arten, um die k-elementige Liste anzuordnen. Entsprechend gibt es

$$\frac{n!}{(n-k)!}/k! = \frac{n!}{(n-k)!k!} =: \binom{n}{k}$$

Möglichkeiten, k-elementige Teilmengen[3] aus einer n-elementigen Menge auszuwählen.

Anwendungsbeispiel: Wie viele verschiedene Hände gibt es beim Poker? Hierbei besteht eine *Hand* beim Poker aus fünf von 52 möglichen Karten, deren Reihenfolge auf der Hand nicht relevant ist. Es gibt also $\binom{52}{5} = \frac{52!}{47!5!} = 2.598.960$ verschiedene Hände beim Poker.

Wenn Sie sich in diesen Beispielen die Zahlen anschauen, die Sie als Antworten auf die Fragen erhalten –

1. 479.001.600 Möglichkeiten für die Reihenfolge von 12 Liedern,
2. 5.079.110.400 angeordnete Songlisten mit acht aus 20 Songs, und
3. 2.598.960 ungeordnete Listen mit fünf aus 52 Spielkarten

---

[3] Das ist der *Binomialkoeffizient*, gesprochen: n über k.

– so sehen Sie, dass sich bereits wenige Objekte auf eine Vielzahl Arten kombinieren lassen. Ein weiteres Beispiel hierfür ist der oben angesprochene Rubik's Cube Zauberwürfel: Es gibt rund 43 Trillionen Möglichkeiten, wie der Zauberwürfel eingestellt werden kann, und das obwohl lediglich 26 bunte Felder in Position gebracht werden müssen. Das Phänomen, dass bereits wenige Objekte eine so große Vielzahl an Kombinationsmöglichkeiten liefern, ist bekannt als *kombinatorische Explosion*.

Nachdem wir nun einige grundlegende Fragestellungen der Kombinatorik betrachtet haben, wollen wir uns im Folgenden damit beschäftigen, welche Objekte in der Kombinatorik eine wichtige Rolle spielen und ein paar davon näher beleuchten.

7.2 Wie kann man Kombinatorik darstellen, welche Objekte gibt es?

In der Kombinatorik tauchen Objekte auf, die bei der Beantwortung verschiedener Fragestellungen helfen. Hierbei handelt es sich unter anderem um spezielle Zahlenfolgen, von denen wir uns einige wichtige in diesem Abschnitt ansehen möchten.

7.2.1 Die Fibonacci-Zahlen

Die vermutlich bekannteste Zahlenfolge ist die Folge der *Fibonacci-Zahlen*. Diese wurden von Leonardo von Pisa – bekannt geworden als Fibonacci – im Jahre 1202 genutzt und nach ihm benannt, obwohl sie vermutlich schon v. Chr. genutzt wurde. Schauen wir uns an, wozu Fibonacci diese Zahlenfolge seinerzeit benutzte:

Das Wachstum einer Kaninchenpopulation wurde beobachtet und sollte mathematisch modelliert werden. Vereinfacht wurde dazu angenommen, dass es zu Beginn der Betrachtungsperiode genau ein neugeborenes Kaninchenpaar gibt und dass das Weibchen jedes Kaninchenpaars nach zwei Monaten ein weiteres Kaninchenpaar zeugt. Abb. 7.2 verbildlicht die Entwicklung der Kaninchenpopulation: Zu Beginn des Betrachtungszeitraums (in der ersten grau markierte Zeile der Abbildung) gibt es ein Kaninchenpaar A, das neugeboren ist und deshalb den Suffix „0" im Namen trägt. Zwei Monate später (symbolisiert durch die nächste graue, horizontale Linie) zeugt das Paar A ein weiteres Kaninchenpaar B0. Auf der zweiten grauen Linie, nach zwei Monaten, zählen wir also schon zwei Kaninchenpaare: Das zwei Monate alte Paar A und das Paar B0. Wenn das Paar A vier Monate lebt zeugt es ein weiteres Paar C. Zum selben Zeitpunkt zeugt Paar B, jetzt 2 Monate alt, auch ein neues Paar, gelabelt E0, usw. Nach 5 Schritten gibt es bereits 8 Kaninchenpaare.

Fibonacci untersuchte folgende Fragestellung: Wie viele Kaninchenpaare gibt es zu einem Zeitpunkt n? Diese Zahl sei mit $F(n)$, der n-ten Fibonacci-Zahl, bezeichnet. Die ersten Fibonacci-Zahlen lassen sich also zeilenweise in Abb. 7.2 ablesen. Hierbei steht jede graue Linie für einen festen Zeitpunkt. Die erste Zeile für den Zeitpunkt Null an dem wir mit einem Kaninchenpaar starten, und jede weitere Zeile für eine Periode:

n	0	1	2	3	4	5	6	7	8	9	10
F(n)	1	1	2	3	5	8	13	21	34	55	89

Denkanstoß
Führen Sie Abb. 7.2 um eine weitere Zeitperiode fort und bestimmen Sie dadurch, wie viele Kaninchenpaare es in Periode 6 gibt. Das Ergebnis ist also die Fibonacci-Zahl $F(6)$.

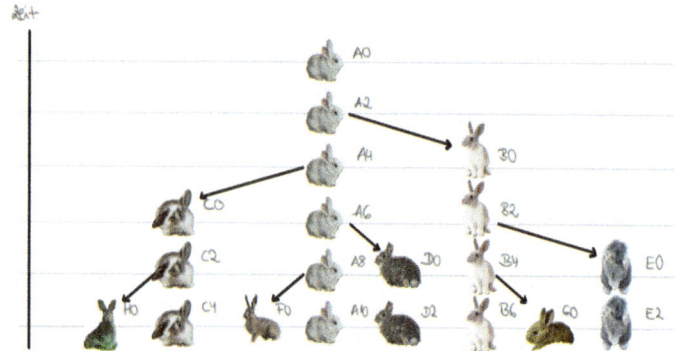

Abb. 7.2 Fibonaccis Modell der Kaninchenpopulation

Wie lassen sich die Fibonacci-Zahlen nun berechnen? Tatsächlich handelt es sich bei der Zahlenfolge der Fibonacci-Zahlen um eine sogenannte *rekursive Folge*, also eine Folge, die auf den vorigen Folgegliedern aufbaut. Für die Fibonacci-Zahlen klingt das durchaus sinnvoll: Wenn die Fibonacci-Zahlen die Anzahl der Kaninchenpaare zu einem bestimmten Zeitpunkt modellieren sollen, so hängt diese Anzahl natürlich davon ab, wie viele Kaninchenpaare es in der vorigen Periode gab, da die Anzahl der Kaninchenpaare der Vorperioden durch Vermehrung für die Anzahl der zukünftigen Kaninchenpaare relevant ist. Die Fibonacci-Zahlen lassen sich wie folgt bestimmen:

Definition: Fibonacci-Zahlen
Die Folge der Fibonacci-Zahlen ist rekursiv definiert durch

$$F(0) = 1, \quad F(1) = 1, \quad \text{sowie } F(n) = F(n-1) + F(n-2) \text{ für } n \in \mathbb{N}_{\geq 2}.$$

7.2 Wie kann man Kombinatorik darstellen, welche Objekte gibt es?

Denkanstoß
Verifizieren Sie mittels der Definition Ihre Berechnung der Fibonacci-Zahl $F(6)$ und bestimmen Sie $F(7)$ und $F(8)$, die Anzahl der Kaninchenpaare im Modell in Zeitperioden sieben und acht.

Die Fibonacci-Zahlen können, in diesem Beispiel und generell, also zur Modellierung von Wachstumsvorgängen in der Natur genutzt werden. In Fibonaccis damaligem Beispiel der Kaninchenpopulation muss jedoch angemerkt werden, dass die Kaninchen idealisiert waren, da sie beispielsweise unsterblich waren. Generell gibt es auch eine interessante Beziehung zwischen Fibonacci-Zahlen und dem goldenen Schnitt, der sich häufig in der Natur finden lässt; mehr dazu können Sie in Projekt 1.4 erfahren.

Darüber hinaus erfreuen sich die Fibonacci-Zahlen eines hohen Bekanntheitsgrades: So nutzte der Autor Dan Bown in seinem Roman „The Da Vinci Code" (2003) die Fibonacci-Zahlen für eine geheime Botschaft, und die Band *Die Orsons* rappen in ihrem Song „What's goes" die Fibonacci-Zahlen bis hin zur Zahl 144. Fibonacci-Zahlen tauchen auch in verschiedenen Videospielen auf, z. B. in „Dishonoured: Death of an Outsider" als Kombination für einen Safe, oder in „Watch Dogs", wo Fibonacci-Zahlen von einem Serienmörder an Tatorten hinterlassen werden.

Denkanstoß
Die wie vielte Fibonacci-Zahl ist die Zahl 144?

7.2.2 Catalan-Zahlen

Eine weitere bekannte Folge ganzer Zahlen sind die Catalan-Zahlen, die in einer Vielzahl von Anwendungen auftauchen. Diese Zahlenfolge wurde im 18. Jahrhundert von Euler entdeckt, doch nach dem belgischen Mathematiker Eugène Charles Catalan aus dem 19. Jahrhundert benannt. Schauen wir uns zunächst eine mögliche Herleitung der Catalan-Zahlen an, die aus dem Rechnen mit Matrizen stammt:

Gegeben seien vier Matrizen $A, B, C, D \in \mathbb{R}^{4 \times 4}$, die wir miteinander multiplizieren möchten. Wir wissen aus der Linearen Algebra, dass das Multiplizieren von Matrizen nicht kommutativ ist, also dass z. B. $A \cdot B$ im Allgemeinen nicht dasselbe Ergebnis liefert wie $B \cdot A$. Einigen wir uns also darauf, die Matrizen in alphabetischer Reihenfolge zu multiplizieren: Dann ist das Produkt von A und B, nämlich $A \cdot B$, eindeutig. Multiplizieren wir jedoch A, B und C in alphabetischer Reihenfolge, können wir entweder $(A \cdot B) \cdot C$ oder $A \cdot (B \cdot C)$ als solches Produkt wählen. Die Matrizen sind zwar alphabetisch sortiert, doch die Multiplikation geschieht, indem schrittweise Paare von Matrizen multipliziert werden, weshalb wir durch Klammersetzung verschiedene Produkte erhalten. Multiplizieren wir A, B, C und D, so erhalten wir die folgenden fünf Möglichkeiten für dieses Produkt:

1. $((A \cdot B) \cdot C) \cdot D$,
2. $A \cdot (B \cdot (C \cdot D))$,
3. $(A \cdot B) \cdot (C \cdot D)$,
4. $(A \cdot (B \cdot C)) \cdot D$,
5. $A \cdot ((B \cdot C) \cdot D)$.

Wir wissen natürlich, dass das Ergebnis der Multiplikation unabhängig von der Klammerung ist, da die Multiplikation assoziativ ist. Die *Catalan-Zahl* $C(n)$ für $n \in \mathbb{N}$ zählt die Anzahl von Möglichkeiten, mit denen man ein Produkt von $n - 1$ Faktoren klammern kann; die Zahl $n - 1$ kommt daher, dass ein Produkt aus n Faktoren $n - 1$ Produkte beinhaltet. In unserem motivierenden Beispiel hatten wir vier Matrizen miteinander multipliziert, also haben wir insgesamt drei Mal multipliziert. Das Beispiel sagt uns also, dass die dritte Catalan-Zahl $C(3) = 5$ ist.

Diese Möglichkeiten, um Klammern in Produkten zu setzen, können wir auch mit Hilfe eines Graphen (vgl. Kap. 5) darstellen. Exemplarisch für unser Beispiel sehen wir dies in Abb. 7.3: Wir lesen die Abbildung von unten nach oben und dies gibt uns die Reihenfolge der entsprechenden Produkte. Im linken Bild zum Beispiel bilden wir zuerst das Produkt aus A und B, multiplizieren dann C dazu, und dann D. Für ein Produkt aus n Faktoren hat ein solcher Graph also n Knoten, und wird *Entscheidungsbaum* oder *Binärbaum* genannt (siehe Abschn. 5.3 für Bäume). Da jede mögliche Klammerung des Produkts von n Faktoren zu genau einem Entscheidungsbaum gehört, zählt die Catalan-Zahl $C(n)$ also auch die Anzahl der Entscheidungsbäume mit n Knoten.

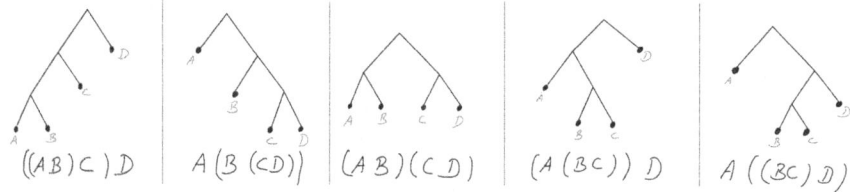

Abb. 7.3 Klammern-Setzung in Produkten anhand eines Baums

Entscheidungsbäume gibt es in verschiedenen Kontexten. Wie der Name besagt, kann man diese Graphen so verstehen, dass an jeder Abzweigung eine Entscheidung getroffen wird – in unseren Beispiel, welche der Matrizen miteinander multipliziert werden. Doch auch nicht-mathematische Aspekte können mit ihrer Hilfe untersucht oder dargestellt werden: Schauen wir uns als Beispiel Abb. 7.4 an.

Auch hierbei handelt es sich um einen Entscheidungsbaum wie im Beispiel der Matrizenmultiplikation, nur dass er andersherum gezeichnet wurde. Von unten nach oben gelesen werden hier verschiedene Tiere klassifiziert: Die erste Entscheidung auf der untersten Stufe lautet, ob das Tier Beine hat – wenn ja: dem Diagramm rechts folgen – oder nicht – in dem Fall dem Diagramm links folgen. In den nächsten Stufen

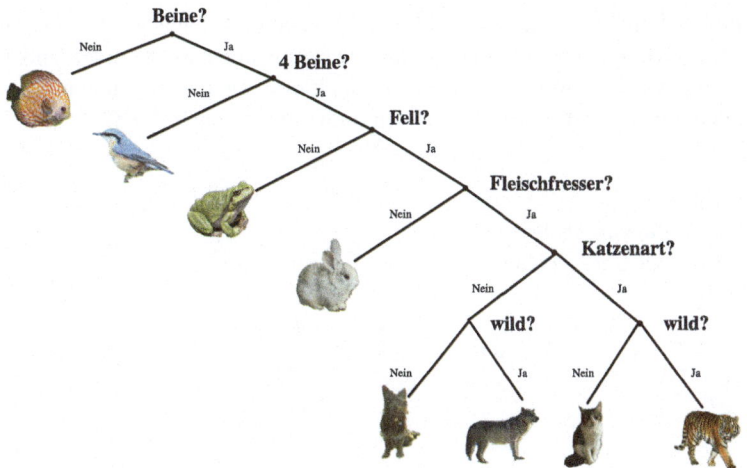

Abb. 7.4 Entscheidungsbaum zur Unterscheidung von Tierarten

entscheiden wir, ob das Tier vier Beine und Fell hat, ob es Fleisch frisst, der Familie der Katzen angehört und ob es sich um ein Wildtier handelt. Nach dem Treffen dieser Entscheidungen gibt uns der Entscheidungsbaum ein Tier zurück.

Diese Art von Graphen wird vermehrt in der Biologie und insbesondere der Genetik genutzt, um beispielsweise Abstammungsgrade und evolutionäre Beziehungen verschiedener Spezies darzustellen. In diesem Kontext sind solche Entscheidungsbäume als *phylogenetische Bäume* bekannt und stellen ein interessantes Forschungsgebiet dar.

Wie berechnen wir nun die Catalan-Zahl $C(n)$? Dazu sei folgende Definition gegeben:

Definition: Catalan-Zahlen
Die Folge der Catalan-Zahlen $C(n)$ für $n \geq 0$ ist definiert durch

$$C(n) = \frac{1}{n+1}\binom{2n}{n} = \frac{(2n)!}{(n+1)!n!}.$$

Ebenfalls können die Catalan-Zahlen rekursiv bestimmt werden. Leiten wir uns die rekursive Logik dieser Zahlenfolge an den Entscheidungsbäumen her: Die Entscheidungsbäume sind dadurch bestimmt, wie genau die Knoten miteinander verbunden sind. Man erhält einen Entscheidungsbaum mit n Knoten, indem man n in zwei Summanden k und $n - k$ ($0 \leq k \leq n$) teilt und an einer untersten Gabel des Baumes links einen Graphen mit k Knoten und rechts einen Graphen mit $n - k$ Knoten anbindet.

Insbesondere beinhalten die Entscheidungsbäume mit n Knoten also Entscheidungsbäume mit k Knoten, weshalb diese rekursive Herangehensweise inhaltlich sinnvoll klingt. Auf diese Art erhalten wir alle Entscheidungsbäume mit n Knoten, und damit bekommen wir folgende äquivalente Definition der Catalan-Zahlen:

> **Definition: Catalan-Zahlen**
> Die Folge der Catalan-Zahlen ist rekursiv definiert durch
> $$C(0) = 1, \quad C(1) = 1, \quad \text{sowie } C(n+1) = \sum_{k=0}^{n} C(k)C(n-k) \text{ für } n \in \mathbb{N}_{\geq 1}.$$

Neben der Anzahl möglicher Klammersetzungen im Produkt von $n + 1$ Faktoren und der Anzahl von Binärbäumen mit n Knoten gibt es eine Vielzahl weiterer Anwendungen der Catalan-Zahl $C(n)$, insbesondere in der Graphentheorie. Dazu zählen die Folgenden:

1. $C(n)$ ist die Anzahl möglicher Triangulierungen eines regelmäßigen $(n+2)$-Ecks. Hierbei verstehen wir unter einer *Triangulierung*, dass wir das $(n + 2)$-Eck durch im Inneren verlaufende Linien in Dreiecke zerteilen. Diese Linien verlaufen jeweils von einer Ecke in eine andere Ecke, ohne sich zu schneiden. In Abb. 7.5 sehen wir alle möglichen Triangulierungen von $(n + 2)$-Ecken für $n = 1, 2, 3$ (Dreieck, Quadrat, Fünfeck).

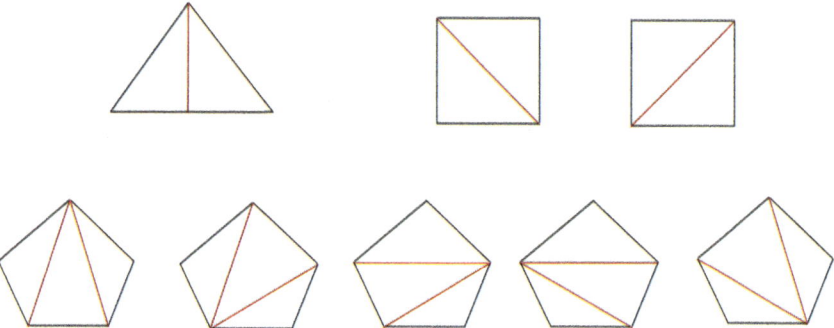

Abb. 7.5 Triangulierung von $(n + 2)$-Ecken für $n = 1, 2, 3$

Denkanstoß
Zeichnen Sie ein Sechseck und zeichnen Sie alle möglichen Triangulierungen ein. Überprüfen Sie danach mit Hilfe der Formel in der Definition der entsprechenden Catalan-Zahlen, ob Sie tatsächlich alle Triangulierungen gefunden haben.

2. Schauen wir uns ein quadratisches Gitter der Größe $n \times n$ an; ein Beispiel für $n = 3$ sehen Sie in Abb. 7.6. Wie viele Wege von unten links nach oben rechts gibt es, bei denen jeder Schritt nur nach oben oder rechts gegangen werden darf, und die Diagonale durch das Gitter nicht überquert werden darf? Auch das wird durch die Catalan-Zahl $C(n)$ gezählt.

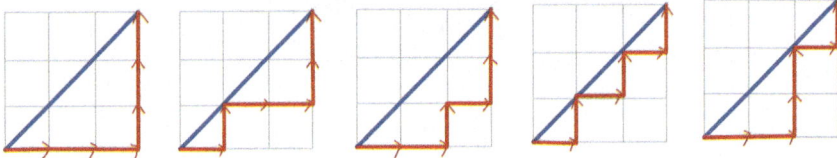

Abb. 7.6 Mögliche Wege von unten links nach oben rechts durch ein 3×3-Gitter, ohne die Diagonale zu überqueren

Denkanstoß
Zeichnen Sie ein 4×4-Gitter und zeichnen Sie alle solche Wege ein. Überprüfen Sie anhand der Formel für die entsprechende Catalan-Zahl, ob Sie alle Wege gefunden haben.

3. Die Catalan-Zahl $C(n)$ zählt ebenfalls die Anzahl der Möglichkeiten, auf die sich $2n$ Personen an einem runden Tisch paarweise die Hand geben können, ohne dass sich Arme überkreuzen.

7.2.3 Weitere Zahlenfolgen

Neben den bekannten Zahlenfolgen von Fibonacci und Catalan gibt es eine Vielzahl weiterer Zahlenfolgen, die in der Kombinatorik genutzt werden.

Dazu gehören die *Bell-Zahlen*, benannt nach Eric Temple Bell. Die n-te Bell-Zahl zählt die disjunkten Zerlegungen einer n-elementigen Menge in nichtleere Teilmengen. In einer Anwendung gesprochen, zählt die n-te Bell-Zahl also die Anzahl der

Möglichkeiten, in denen man n Personen in Gruppen verschiedener Größe aufteilen kann.

Auch die Bell-Zahlen folgen einem Rekursionsgesetz: Für eine $(n+1)$-elementige Menge kann man eine disjunkte Zerlegung bestimmen, indem man zunächst eine Teilmenge von $k \leq n$ Elementen auswählt, und diese Teilmenge dann weiter zerlegt. Entsprechend ergibt sich als Definition der Bell-Zahlen:

Definition: Bell-Zahlen
Die Folge der Bell'schen Zahlen ist rekursiv definiert durch

$$B(0) = 1, \quad B(1) = 1, \quad B(2) = 2,$$

sowie

$$B(n+1) = \sum_{k=0}^{n} \binom{n}{k} B(k) \text{ für } n \in \mathbb{N}_{\geq 2}.$$

Eine weitere Anwendung der Bell-Zahlen liegt in der Lyrik. Schauen wir uns zunächst den ersten Absatz der bekannten Ballade *Der Erlkönig* von Johann Wolfgang von Goethe (1782) an:

> *Wer reitet so spät durch Nacht und Wind?*
> *Es ist der Vater mit seinem Kind;*
> *Er hat den Knaben wohl in dem Arm,*
> *Er fasst ihn sicher, er hält ihn warm.*

Diese Passage ist im sogenannten Paarreim verfasst worden, bei dem sich die erste und zweite sowie die dritte und vierte Zeile reimen. Wir bezeichnen dieses Reimschema mit *aabb*.

Für einen Vers aus vier Zeilen gäbe es noch die weiteren möglichen Reimschemata:

- Kreuzreim: *abab*,
- Umarmender Reim: *abba*,
- Haufenreim: *aaaa*,
- sowie weitere Mischformen, die keinem klassischen Reimschema entsprechen: *aaab, aaba, abaa, abbb, aabc, abac, abca, abbc, abcb, abcc,* und *abcd*.

Diese 15 Möglichkeiten eines Reimschemas von vier Zeilen entspricht der Bell-Zahl $B(4)$. $B(n)$ gibt also die Anzahl möglicher Reimschemata für n Zeilen an.

> **Denkanstoß**
> Schauen Sie sich Ihr Lieblingsgedicht an und überlegen Sie – entweder für das komplette Gedicht oder z. B. für die erste Strophe – wie viele Möglichkeiten es geben würde, um hierauf ein Reimschema zu definieren.

Darüber hinaus gibt es noch viele weitere interessante Zahlenfolgen, darunter:

- Rencontre-Zahlen: Es gäbe n Gegenstände und n Orte. An jedem Ort sei genau ein Gegenstand verboten. Die Rencontre-Zahl $D(n)$ gibt die Anzahl der Verteilungen von Gegenständen auf Orte an, sodass an keinem Ort ein verbotener Gegenstand platziert wurde.
- Euler-Zahlen: Die Euler-Zahl $E(n, k)$ hängt von zwei Parametern ab. Sie gibt an, wie viele Anordnungen der Menge $\{1, \ldots, n\}$ es gibt, bei der genau k Elemente größer sind als das Vorige.
- Ménage-Zahlen: Auf einem Ball seien n Paare, von denen jeweils eine Person eine Ansteckblume trägt. Gesucht ist eine Sitzordnung, bei der niemand mit der ursprünglichen Partner*in zusammen sitzt und abwechselnd eine Person eine Ansteckblume trägt bzw. nicht trägt. Die Anzahl dieser Sitzordnungen kann gezählt werden; geeignet modifiziert ergibt sich die Ménage-Zahl $M(n)$.

Um ein Gefühl für die verschiedenen Zahlenreihen zu bekommen, folgt hier eine Zusammenfassung einiger wichtiger Zahlenreihen mit ihren ersten Werten:

n	0	1	2	3	4	5	6	7	8
n!	1	1	2	6	24	120	720	5.040	40.320
F(n)	1	1	2	3	5	8	13	21	34
C(n)	1	1	2	5	14	42	132	429	1.430
B(n)	1	1	2	5	15	52	203	877	4.140
M(n)	–	–	–	1	2	13	80	579	4.738

Sollte Ihnen eine Zahlenfolge unterkommen, und Sie nicht wissen, um welche Zahlenfolge es sich handelt, ob es überhaupt eine bekannte Zahlenfolge darstellt oder welcher Logik die Zahlenfolge folgt, können Sie die Ihnen bekannten Folgenglieder auf der Webseite https://oeis.org/ eingeben. Dort werden Ihnen dann Möglichkeiten gezeigt, um welche Zahlenfolge es sich handeln könnte, wie sich diese fortsetzen lässt und wo sie angewandt wird.

7.3 Was macht man mit Kombinatorik?

Nachdem wir nun einige bekannte Zahlenfolgen der Kombinatorik betrachtet haben, wollen wir uns weitere Anwendungsbeispiele für Kombinatorik anschauen. Hierbei werden wir zuerst über weitere Anwendungen aus der aufzählenden Kombinatorik sprechen und uns beispielsweise anschauen, was Kombinatorik mit Wahrscheinlichkeiten zu tun haben kann, bevor wir uns dann ein Beispiel dafür ansehen, wie uns kombinatorische Modelle bei der Informationsreduktion helfen können.

7.3.1 Aufzählende Kombinatorik

Aufzählende Kombinatorik – also der Zweig der Kombinatorik, der sich mit dem Abzählen von Objekten beschäftigt – wurde schon früh mit der Wahrscheinlichkeitstheorie kombiniert. Möchte man beispielsweise in einem Glücksspiel die Wahrscheinlichkeit für einen Gewinn berechnen, so teilt man die Anzahl günstiger Ausgänge des Spiels durch die Anzahl aller möglichen Ausgänge des Spiels.

Beim Lottospiel 6 aus 49 zum Beispiel werden sechs Zahlen aus den Zahlen 1 bis 49 gezogen. Der eigene Tipp besteht auch aus sechs Zahlen, und je mehr der getippten Zahlen mit den gezogenen Zahlen übereinstimmen, desto größer ist der Gewinn. Die Wahrscheinlichkeit, die erste Zahl richtig getippt zu haben, liegt also bei 1 („günstiger Ausgang" des Spiels ist genau die gezogene Zahl) zu 49 (alle möglichen Ausgänge des Ziehens). 1 zu 49 entspricht gerundet einer etwa 2%-igen Chance, die erste Zahl richtig getippt zu haben. Für die zweite Zahl wird es bereits schwieriger, da eine Zahl bereits gezogen worden ist. Insgesamt besteht die Chance, beim Lotto alle sechs Zahlen richtig zu tippen, bei circa 1 zu 15.537.573. Und wenn Sie über Ihre Gewinnchancen nachdenken, beachten Sie, dass Sie für den Jackpot in der Regel auch noch die Zusatzzahl richtig tippen müssen. Auch dies ist ein Beispiel der zuvor angemerkten kombinatorischen Explosion – obwohl nur sechs Zahlen getippt werden sollen, ist die Erfolgschance verschwindend gering.

Generell gibt es bei der Analyse von Glücksspielen – z. B. beim Ziehen von Kugeln – Unterscheidungen danach, ob wir bereits gezogene Kugeln wieder zurücklegen oder nicht, und ob die Reihenfolge der gezogenen Kugeln eine Rolle spielt oder nicht. Details dazu können Sie in Projekt Nr. 7.4 lernen.

Ein weiteres Anwendungsfeld der aufzählenden Kombinatorik ist die *Spieltheorie*. Hierbei geht es nicht notwendigerweise um Spiele im klassischen Sinn, sondern um Entscheidungssituationen, in denen die eigene Entscheidung im Zusammenspiel mit Entscheidungen anderer Personen stattfindet. Ein klassisches Beispiel ist das *Gefangenendilemma:* Sie wurden für eine Straftat verhaftet, die Sie gemeinsam mit Ihrer Freundin begangen haben. Sie und Ihre Freundin werden getrennt voneinander vernommen. Wenn keiner von Ihnen gesteht, droht Ihnen beiden eine Haftstrafe von je zwei Jahren. Wenn Sie beide gestehen, erhalten Sie beide eine Haftstrafe von vier Jahren. Gesteht jedoch nur eine Person, so wird die Strafe dieser Person wegen Mitarbeit auf ein Jahr reduziert; jedoch erhält die Person, die geschwiegen hat, nun eine

7.3 Was macht man mit Kombinatorik?

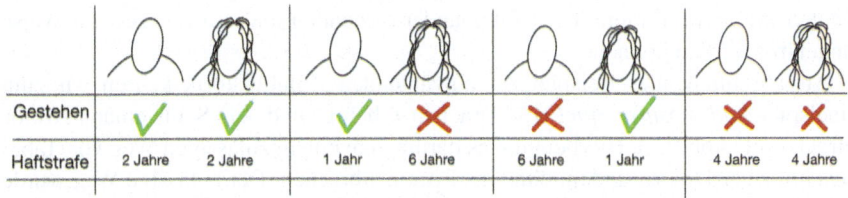

Abb. 7.7 Mögliche Verhaltensweisen und Strafen im Gefangenendilemma

Haftstrafe von sechs Jahren. In dieser Situation ist Ihr persönliches Ergebnis also nicht nur von Ihrer eigenen Handlung, sondern auch von der Handlung der anderen Person abhängig, auch wenn diese Handlung für Sie zum Zeitpunkt der Entscheidungsfindung nicht klar ist (vgl. Abb. 7.7). Die Spieltheorie beschäftigt sich unter anderem damit, wie Sie in Situationen wie dieser eine Strategie entwickeln können, die für Sie das bestmögliche Ergebnis liefert.

Aber auch Spiele im klassischen Sinne können mit Hilfe der Kombinatorik untersucht werden: Zum Beispiel kann man im Schachspiel untersuchen, wie viele mögliche Platzierungen der Türme es gibt, sodass diese sich nicht gegenseitig bedrohen (alternativ auch für Läufer, Damen, Könige oder Springer). Eine bekannte Anwendung der Kombinatorik ist die Frage nach einer Gewinnstrategie im Spiel *Nim*: Hierbei gibt es n Stapel, die jeweils eine Anzahl $m_1, \ldots, m_n$ an Münzen enthalten. In jedem Zug einer spielenden Person wird von genau einem Stapel eine beliebige Anzahl an Münzen, mindestens jedoch eine Münze, entfernt. Gewonnen hat die Person, die den letzten möglichen Zug macht.

> **Denkanstoß**
> Sei zum Beispiel $n = 3$, also es gäbe drei Stapel mit Münzen. Auf Stapel eins befinden sich sechs Münzen, auf Stapel zwei neun Münzen und auf Stapel drei zwölf Münzen. Wer gewinnt dieses Spiel und wie sieht eine Gewinnstrategie aus?

Die mathematische Formulierung sowie Beispiele der Spieltheorie können Sie im Detail in den Projekten Nr. 7.2 und 7.3 kennen lernen.

Darüber hinaus finden wir in der Optimierung viele Anwendungen der Kombinatorik. Eine solche Anwendung ist die Bestimmung möglicher Spannbäume eines Graphen (vgl. Abschn. 5.3) sowie die *Ramseytheorie,* die sich jedoch nicht auf die Optimierung beschränkt. In der Ramseytheorie geht es darum, wie viele Elemente einer Menge mit einer bestimmten Struktur ausgewählt werden müssen, sodass die ausgewählte Teilmenge diese Struktur beibehält, zum Beispiel: Wie viele Elemente einer Gruppe müssen ausgewählt werden, sodass die ausgewählten Elemente wieder eine Gruppe bilden? In der klassischen Formulierung beschäftigt sich die Ramseytheorie mit dem *Satz von Ramsey* damit, wie groß ein Graph sein muss, sodass

Knoten, die auf bestimmte Arten miteinander verbunden sind, auf eine gewisse Weise eingefärbt werden können.

Als abschließendes Beispiel zur aufzählenden Kombinatorik kehren wir zum Finalspiel *Arktos-Super-Spiel* vom Drachen Tabaluga und dem Schneemann Arktos zurück (vgl. Abb. 7.1). Hierbei ging es darum, den einzig zulässigen Weg von Tabaluga hin zu Arktos zu finden, ohne ins Eis einzubrechen. Der zulässige Weg wurde einmal durch entsprechende Beleuchtung gezeigt und sollte sich eingeprägt werden. Aber in einer solchen Situation ist man nervös und kann den gezeigten Weg möglicherweise vergessen: Wie hoch ist die Chance, den Weg trotzdem zu finden und damit das Spiel zu gewinnen?

Dazu schauen wir uns ein vereinfachtes Modell an (vgl. Abb. 7.8). Sei dazu die Eisfläche rechteckig, Tabaluga stehe oben links und Arktos unten rechts. Die Eisfläche bestehe aus $m \cdot n$ Feldern, wobei es von Tabaluga aus gesehen m Felder nach rechts und n Felder nach unten gehe. Wir vereinfachen weiter, indem wir annehmen, dass wir von Tabaluga aus jeden Schritt nur entweder nach rechts oder nach unten gehen können. Insgesamt müssen wir also $m + n$ Schritte zu Arktos gehen, davon sind m Schritte nach rechts. Nach unseren Überlegungen aus Abschn. 7.1 gibt es also $\binom{m+n}{m}$ Möglichkeiten, um diese m Schritte nach rechts zu gehen. Die verbliebenen n Schritte müssen also nach unten gegangen werden und sind somit durch die Wahl der m Schritte nach rechts bereits festgelegt. Also gibt es $\binom{m+n}{m} = \frac{(m+n)!}{m!n!}$ mögliche Arten, auf die wir von Tabaluga zu Arktos gehen können.

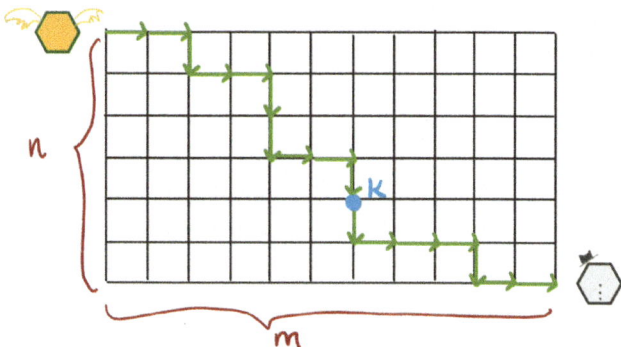

Abb. 7.8 Ein Möglicher Weg vom grünen Sechseck zum grauen über einen Punkt K (blau markiert) im Gitter

Denkanstoß
Variieren wir die obige Argumentation, indem wir statt der Schritte nach rechts die Schritte nach unten zuerst betrachten: Wir müssen insgesamt $m + n$ Schritte gehen, davon n Schritte nach unten. Dafür gibt es nach unseren Überlegungen aus Abschn. 7.1 $\binom{m+n}{n}$ viele Möglichkeiten. Die restlichen m Schritte müssen nach rechts gegangen werden. Entsprechend gibt es $\binom{m+n}{n}$ viele mögliche Wege

von Tabaluga zu Arktos – Warum ist diese alternative Herangehensweise und diese Anzahl möglicher Wege kein Widerspruch zur oben hergeleiteten Anzahl $\binom{m+n}{m}$ möglicher Wege?

Das tatsächliche Eisfeld von Arktos ist nicht rechteckig; nähern wir uns ihm als Rechteck an, so ist es in etwa $m = 11$ Felder nach rechts und $n = 6$ Felder nach unten groß. Es gibt also $\binom{m+n}{m} = \binom{17}{11} = 12.376$ mögliche Wege von Tabaluga zu Arktos, wenn wir uns in jedem Schritt nur nach unten oder nach rechts bewegen können; in Wirklichkeit konnten die Kinder im Spiel ja sogar auch nach links und nach oben laufen. Die Chance, diesen Weg zu treffen, wäre also selbst in der vereinfachten Variante 1 zu 12.376 – Sollten Sie dieses Spiel also jemals spielen, sei Ihnen empfohlen, sich den gezeigten Weg gut zu merken, da Sie sonst eine verschwindend geringe Chance haben, bei Arktos anzukommen, ohne ins Eis einzubrechen.

Denkanstoß
Nehmen wir an, Sie hätten den gezeigten Weg zwar größtenteils vergessen, würden sich aber erinnern, dass der Weg über einen bestimmten Punkt K der Spielfläche ging (vgl. Abb. 7.8). Wie hoch ist nun Ihre Chance, das Spiel zu gewinnen?

7.3.2 Kombinatorische Modelle zur Informationsreduktion

Mathematische Fragestellungen sind häufig kompliziert und benötigen viele Informationen, um beantwortet werden zu können. Schauen wir uns die Frage an, die wir eingehend gestellt hatten: Wie können wir alle Matrizen $A \in \mathbb{C}^{3\times 3}$ angeben, die nur 1 als Eigenwert haben? Eine solche Matrix ist sicherlich die Einheitsmatrix, doch gibt es weitere solche Matrizen und wenn ja, wie erhalten wir sie? Gibt es möglicherweise sogar unendlich viele solcher Matrizen? Wenn ja, wie soll es funktionieren, diese geschlossen anzugeben?

Hierbei helfen uns Modelle, die Informationen reduzieren können. Für die hier betrachtete Fragestellung haben Sie das entsprechende Modell bereits in den Vorlesungen zur Linearen Algebra I und II kennen gelernt: Die Jordan-Normalform.

Denkanstoß
Wiederholen Sie, wenn nötig, die Konzepte von Eigenwerten und Jordan-Normalform.

Über den komplexen Zahlen kann jede Matrix durch geeignete Umformungen auf ihre Jordan-Normalform transformiert werden. In der Jordan-Normalform stehen die Eigenwerte der Matrix auf der Diagonalen. Je nach Größe der zugehörigen Eigenräume befinden sich auf den Nebendiagonalen die Einträge 0 oder 1, und alle übrigen Einträge der Matrix sind Nulleinträge. Betrachten wir also die möglichen Jordan-Normalformen, die zur gesuchten Matrix $A \in \mathbb{C}^{3\times 3}$ gehören, die nur 1 als Eigenwert besitzt, so erhalten wir[4]

$$A_1 = \begin{pmatrix} 1 & 0 & 0 \\ 0 & 1 & 0 \\ 0 & 0 & 1 \end{pmatrix}, \quad A_2 = \begin{pmatrix} 1 & 0 & 0 \\ 1 & 1 & 0 \\ 0 & 0 & 1 \end{pmatrix}, \quad A_3 = \begin{pmatrix} 1 & 0 & 0 \\ 1 & 1 & 0 \\ 0 & 1 & 1 \end{pmatrix}.$$

Also lässt sich jede gesuchte Matrix A in eine dieser Jordan-Normalformen transformieren. Diese Transformation findet über eine Ähnlichkeitsrelation statt, das heißt: Es gibt eine invertierbare Matrix S, sodass $S^{-1}AS$ eine der Matrizen A_1, A_2 oder A_3 ist.

Eine Antwort zur Frage *Wie können wir alle Matrizen $A \in \mathbb{C}^{3\times 3}$ angeben, die nur 1 als Eigenwert haben?* ist also: Alle Matrizen, die ähnlich zu A_1, A_2 oder A_3 sind, sind genau die gesuchten Matrizen.

Denkanstoß
Wie können wir alle Matrizen $A \in \mathbb{C}^{5\times 5}$ angeben, die nur die Eigenwerte 2 und i besitzen?

Für eine Matrix sind alle relevanten Informationen wie z. B. ihre Determinante und ihre Eigenwerte bereits in der Jordan-Normalform abzulesen. Entsprechend reicht es oft aus, die Jordan-Normalform zu kennen, in der man sich lediglich die von Null verschiedenen Einträge merken muss – Wir konnten also Informationen reduzieren.

7.4 Ein Ausblick auf weitere Themen

Eine zentrale Frage der Kombinatorik, die wir uns bereits angeschaut haben, ist: Wie viele Objekte von einem bestimmten Typ gibt es? In unseren bisherigen Betrachtungen waren die zugrundeliegenden Mengen stets endlich. Was passiert jedoch, wenn wir uns dieselbe Frage auf unendlichen Mengen anschauen?

---

[4] Je nach Definition können sich die 1-Einträge auf der Nebendiagonalen auch auf der oberen statt auf der unteren Nebendiagonalen befinden.

7.4 Ein Ausblick auf weitere Themen

In diese Richtung geht bereits das Beispiel zu Jordan-Normalformen. Hier hatten wir uns die Frage gestellt, wie wir alle komplexen Matrizen einer bestimmten Größe angeben können, wenn nur bestimmte Eigenwerte zugelassen werden. Wir erhalten jedoch bereits eine andere Frage, wenn wir nicht länger fragen, *wie* wir diese angeben können, sondern stattdessen *wie viele* solcher Matrizen existieren.

In unserem Beispiel aller komplexer 3×3-Matrizen mit Eigenwert 1 hatten wir zwar drei verschiedene Jordan-Normalformen identifiziert – wenn wir alle solche Matrizen jedoch zählen wollten, so müssten wir auch alle Matrizen zählen, die zu diesen Jordan-Normalformen ähnlich sind. Allein zur Jordan-Normalform $A_1 = \begin{pmatrix} 1 & 0 & 0 \\ 0 & 1 & 0 \\ 0 & 0 & 1 \end{pmatrix}$ sind aber bereits alle Matrizen der Form $A_x = \begin{pmatrix} 1 & 0 & 0 \\ 0 & x & 0 \\ 0 & 0 & \frac{1}{x} \end{pmatrix} \cdot A_1 \cdot \begin{pmatrix} 1 & 0 & 0 \\ 0 & \frac{1}{x} & 0 \\ 0 & 0 & x \end{pmatrix}$ für ein $x \neq 0$ ähnlich. Es gibt bereits unendlich viele Matrizen der Form A_x, und das sind nicht mal alle Matrizen, die ähnlich zu A_1 sind, von A_2 und A_3 noch nicht einmal angefangen.

Doch es wäre unzufriedenstellend, würden wir auf die Frage *Wie viele komplexe 3×3-Matrizen mit Eigenwert 1 gibt es?* schlicht und einfach *unendlich viele* antworten. Was der Autor John Green in seinem Roman *Das Schicksal ist ein mieser Verräter* bemerkte: „Manche Unendlichkeiten sind größer als andere Unendlichkeiten.", ist auch mathematisch korrekt: Zum Beispiel finden wir mehr Jordan-Normalformen für komplexe 5×5-Matrizen mit Eigenwert 1, und entsprechend also auch mehr Matrizen mit Eigenwert 1 in der Größe 5×5 als in der Größe 3×3, doch können wir das nicht vergleichen, wenn wir schlicht *unendlich viele* antworten.

Hier treffen wir auf eine Verbindung der Kombinatorik mit der Mengenlehre aus dem Fachgebiet der Logik: Ein Bereich der Mengenlehre beschäftigt sich mit verschiedenen Konzepten von Unendlichkeit. Die sogenannten *Kardinalzahlen* verallgemeinern die natürlichen Zahlen insofern, als dass die natürlichen Zahlen die Mächtigkeiten von endlichen Mengen angeben können, und die Kardinalzahlen dafür gedacht sind, Mächtigkeiten von unendlichen Mengen zu quantifizieren. So bezeichnet man beispielsweise die Mächtigkeit der natürlichen Zahlen mit der kleinsten Kardinalzahl $\aleph_0$ (gesprochen *Aleph Null*).

Ein interessantes Paradoxon ist *Hilberts Hotel*, benannt nach dem Mathematiker David Hilbert: Betrachten wir ein Hotel, in dem es zunächst endlich viele Zimmer gäbe. Wenn alle Zimmer belegt sind, können keine neuen Gäste mehr aufgenommen werden. Diese leicht einzusehende Tatsache beruht auf dem *Schubfachprinzip* der Kombinatorik: Wenn n Objekte auf m Mengen verteilt werden sollen und $n > m$ gilt, so gibt es mindestens eine Menge, die mindestens zwei Objekte enthält. Anders sieht diese Situation jedoch im Unendlichen aus: Das Hotel besitze nun unendlich viele Zimmer, die durch unendlich viele Gäste belegt seien. Wenn nun ein neuer Gast aufgenommen werden soll, ist dies plötzlich möglich: Die Person aus Zimmer 1 zieht in Zimmer 2, der Gast aus Zimmer 2 zieht in Zimmer 3, das Paar aus Zimmer 3 zieht in Zimmer 4 und so weiter. Da es nun unendlich viele Zimmer gibt, funktioniert diese Logik.

> **Denkanstoß**
> Mit ähnlichen Argumenten können sogar abzählbar unendlich viele neue Gäste im zunächst voll belegten Hotel unterkommen. Überlegen Sie sich, wie das funktionieren kann.

Man kann sich also überlegen, wie Kombinatorik im Unendlichen funktionieren kann. Hier lernt man neue Zahlkonzepte kennen und muss einige kombinatorische Überlegungen, die auf endlichen Mengen basieren, überdenken, wie z. B. das Schubfachprinzip. Dadurch ergibt sich ein eigener, spannender Forschungsbereich.

7.5 Projekte

Auf https://aspekte.rwth-aachen.de/ finden Sie interaktive Jupyter-Nootbooks zu ausgewählten Projekten, sowie weitere Materialien zum Buch.

> **7.1 Sortieralgorithmen**
> Es sollen n ganze Zahlen der Größe nach sortiert werden, doch welche Möglichkeiten gibt es und welche Vorteile bieten diese? In diesem Projekt werden wir verschiedene Sortieralgorithmen wie Bubble-Sort, Quick-Sort und Merge-Sort kennenlernen und ihre Vor- und Nachteile untersuchen. Setzen Sie diese Algorithmen in einem Jupyter-Notebook um und vergleichen Sie ihre Laufzeiten, um den effizientesten Ansatz zu entdecken!

> **7.2 Spieltheorie nach Conway**
> Die Spieltheorie, wie Conway sie erforscht hat, betrachtet insbesondere zwei-Spieler-Spiele und interessiert sich dafür, welcher Spieler gewinnt bzw. verliert. Dabei unterteilt man große Spiele in Teilspiele, die sich getrennt analysieren lassen. In diesem Projekt beschäftigen wir uns mit der Formalisierung des Spiels Domineering. Dazu führen wir eine neue Zahlenmenge die Games ein, die eine Erweiterung der surrealen Zahlen sind.

7.3 Spieltheorie in der Wirtschaft
Die Spieltheorie modelliert Entscheidungssituationen, in denen die eigene Entscheidung von der Entscheidung Anderer abhängt. Wir starten mit dem klassischen Beispiel des Gefangenendilemmas und entwickeln daraus eine Logik, die zu einem Nash-Gleichgewicht – also einer Entscheidung, in der keine beteiligte Person Anreize hat, von ihrer Entscheidung abzurücken – führt.

7.4 Urnenmodelle
Wie groß ist die Wahrscheinlichkeit, beim Lotto 6 Richtige zu haben? Dies ist nur ein erstes Beispiel für Urnenmodelle (n Elemente in einer Urne, k werden gezogen, mit Zurücklegen oder ohne, etc.). In diesem Projekt sollen verschiedene Urnenmodelle vorgestellt und die jeweiligen Wahrscheinlichkeiten bzw. Fallzahlen bestimmt werden.

7.5 Lateinische Quadrate
Lateinische Quadrate sind quadratische $n \times n$-Anordnungen von Zahlen oder Symbolen, wobei jede der n Zahlen oder Symbole in jeder Zeile und jeder Spalte genau einmal vorkommen, ähnlich wie bei einem Sudoku. Diese Anordnungen hatten bereits früher im Jahr 1000 nach Christus religiöse oder magische Bedeutungen. In diesem Projekt wird das Konzept Lateinischer Quadrate genauer beleuchtet. Dabei werden insbesondere die Begriffe zyklische lateinische Quadrate, orthogonale lateinische Quadrate und äquivalente lateinische Quadrate durchleuchtet. Des Weiteren wird die Anwendbarkeit im Alltag, auch im Alltag einer Lehrkraft, genauer untersucht.

7.6 Catalan-Zahlen
In diesem Projekt tauchen wir in die Welt der Catalan-Zahlen ein, die in vielen Bereichen der Kombinatorik eine zentrale Rolle spielen. Wir werden ihre Definition kennenlernen und untersuchen, wie man sie berechnen kann. Ein besonderer Fokus liegt auf verschiedenen Beispielen ihres Auftretens, wie z. B. trivalente Graphen mit n Blättern, non-crossing arc diagrams und Dyckpfade. Ziel ist es, diese Beispiele zu erläutern und nach Möglichkeit die Zusammenhänge zwischen ihnen aufzuzeigen.

7.7 Sitzverteilungsmodelle bei Wahlen

Der Bundestag soll die Ergebnisse der Wahlen repräsentieren, aber wie wird die Sitzverteilung tatsächlich vorgenommen? Angesichts der begrenzten Anzahl von Sitzen im Vergleich zu den abgegebenen Stimmen und der Tatsache, dass jeder Abgeordnete eine ganze Stimme und nicht nur Anteile hat, sind spezielle Modelle zur Sitzverteilung erforderlich. In diesem Projekt untersuchen wir verschiedene Sitzverteilungsmodelle, wie z. B. das Hare/Niemeyer-Verfahren, das d'Hondt-Verfahren und das Sainte-Laguë/Schepers-Verfahren. Wir analysieren die jeweiligen Vor- und Nachteile und diskutieren ihre Auswirkungen auf die Repräsentation im Bundestag.

7.8 Rekursive Folgen

Aus der Analysis kennen wir den Begriff einer Folge. In diesem Projekt wollen wir rekursiv definierte Folgen untersuchen und insbesondere die Frage beantworten, in welchen Fällen aus einer rekursiven Folge eine geschlossene Formel für die Folgeglieder abgeleitet werden kann. Wir werden Beispiele wie die berühmte Fibonacci-Folge betrachten und Methoden entwickeln, um rekursive Folgen zu analysieren und gegebenenfalls explizite Formeln herzuleiten. Ziel ist es, ein tieferes Verständnis der Struktur und Eigenschaften rekursiver Folgen zu erlangen.

7.9 Young Tableaux

In diesem Projekt lernen wir Young-Tableaux und non-crossing partitions kennen. Beide Konzepte spielen eine wichtige Rolle in der Kombinatorik und erfordern keine tiefen Vorkenntnisse. Young-Tableaux sind besonders interessant, da sie Verbindungen zur Darstellungstheorie, algebraischen Geometrie und zu symmetrischen Gruppen aufweisen. Wir werden untersuchen, wie Young-Tableaux zur Darstellung von Permutationen und zur Lösung von Problemen der Kombinatorik verwendet werden können. Zudem betrachten wir non-crossing partitions, eine Art der Partitionierung, bei der keine zwei Teile sich kreuzen. Durch verschiedene Beispiele und einfache Visualisierungen erarbeiten wir die grundlegenden Eigenschaften und Anwendungen dieser faszinierenden mathematischen Strukturen.

7.10 Satz vom Diktator und Arrows Paradoxon

In diesem Projekt befassen wir uns mit zwei zentralen Konzepten der Sozialwahltheorie: dem Satz vom Diktator und Arrows Paradoxon. Diese beiden Ergebnisse sind eng miteinander verwoben und bieten tiefgehende Einblicke in die Herausforderungen der kollektiven Entscheidungsfindung. Arrows Unmöglichkeitstheorem, auch bekannt als Arrows Paradoxon, zeigt, dass es unmöglich ist, ein perfektes Wahlsystem zu konstruieren, das alle wünschenswerten Kriterien erfüllt. Der Satz vom Diktator führt dies weiter aus, indem er zeigt, dass unter bestimmten Bedingungen eine einzige Person (der „Diktator") die gesamte Entscheidungsgewalt besitzt. Wir werden die formalen Aussagen dieser Theoreme untersuchen, ihre Beweise skizzieren und ihre Bedeutung für moderne Wahlsysteme diskutieren. Dabei betrachten wir auch praktische Beispiele und überlegen, wie diese theoretischen Ergebnisse in realen Wahlszenarien Anwendung finden könnten.

7.11 Pólyas Theorie des Zählens: Kombinatorik trifft Gruppentheorie

In diesem Projekt erkunden wir Pólyas Theorie des Zählens und deren Verbindungen zur Kombinatorik und Gruppentheorie. Pólyas Enumerationstheorie ermöglicht es uns, symmetrische Objekte zu zählen, indem wir die Wirkung von Gruppen auf diese Objekte berücksichtigen. Ein klassisches Beispiel ist die Frage, auf wie viele Arten König Arthur und seine Ritter an einem runden Tisch sitzen können, wobei Rotationen als identisch betrachtet werden. Wir werden die Grundlagen von Pólyas Zähltheorie erlernen, die zugehörigen Gruppenkonzepte wie Permutationsgruppen und Orbit-Zähltheoreme besprechen und zahlreiche Anwendungen in der Kombinatorik untersuchen. Anhand von konkreten Beispielen und praktischen Aufgaben werden wir die Mächtigkeit dieser Methode illustrieren und ihre Bedeutung in der modernen Mathematik verdeutlichen.

7.12 Spiele auf Graphen: Strategien und Anwendungen

In diesem Projekt beschäftigen wir uns mit verschiedenen Spielen, die auf Graphen gespielt werden können, und analysieren die zugrunde liegenden mathematischen Konzepte und Strategien. Spiele wie das Unabhängigkeitsspiel, Nim auf Graphen oder das Katz-und-Maus-Spiel bieten spannende Einblicke in die Theorie der Graphen und kombinatorische Spieltheorie. Wir werden untersuchen, wie diese Spiele definiert sind, welche Strategien zum Gewinn führen und welche mathematischen Strukturen und Eigenschaften der Graphen dabei eine Rolle spielen. Ziel ist es, durch praktische Beispiele und interaktive Übungen ein tieferes Verständnis für die Wechselwirkungen zwischen Graphentheorie und Spieltheorie zu entwickeln und ihre Anwendungen in verschiedenen Bereichen der Mathematik und Informatik aufzuzeigen.

Analysis 8

Die Analysis wird häufig als „Mathematik der Natur- und Ingenieurwissenschaften" bezeichnet[1]. Auch andere Disziplinen der Mathematik spielen in Natur- und Ingenieurwissenschaften eine Rolle, jedoch ist die Motivation für die Analysis, sowie ihre historische Entwicklung, zum Großteil in diesen angewandten Naturwissenschaften zu finden. Einige Beispiele dazu werden wir uns im Laufe dieses Kapitels ansehen.

Der Fachbereich Analysis umfasst verschiedene Teilgebiete, von denen Sie einige – wie die Integration und Differentiation – bereits kennen werden. Einige weitere Fachbereiche der Analysis, wie z. B. die Variationsrechnung oder die Maßtheorie, sind Ihnen vermutlich neu. Im Laufe dieses Kapitels haben wir nicht genug Raum, um alle Teilbereiche der Analysis zu beleuchten, allerdings werden Sie in einigen Projekten die Chance haben, in weitere Bereiche der Analysis hineinzuschauen.

8.1 Was ist Analysis?

Da die Analysis, wie bereits angeführt, selbst in verschiedene Teilbereiche gegliedert wird, gibt es kaum „das eine" Konzept der Analysis. Dennoch taucht ein Konzept in der Analysis immer wieder auf: Der Begriff einer *Funktion* (oder auch *Abbildung* genannt).

Im Wesentlichen stellen Funktionen Beziehungen zwischen zwei Mengen dar, wobei diese Beziehung darin besteht, dass jedem Element aus der einen Menge (genannt *Definitionsbereich*) genau ein Element aus der anderen Menge (genannt *Wertebereich*) zugeordnet wird. Für solche Zuordnungen finden Sie leicht viele Beispiele aus dem Alltag: Wenn Sie für Ihren Geburtstag zwölf Muffins für zwölf Gäste

---

[1] https://de.wikipedia.org/wiki/Analysis, Abrufdatum 07.12.2023.

© Der/die Autor(en), exklusiv lizenziert an Springer-Verlag GmbH, DE, ein Teil von Springer Nature 2025
G. Fourier et al., *Aspekte der Mathematik*,
https://doi.org/10.1007/978-3-662-70923-8_8

backen und auf jeden Muffin den Namen eines Gasts schreiben, so haben Sie eine Funktion angewandt. Auch in bisherigen Vorlesungen, z. B. der Analysis I, sind Ihnen bereits Funktionen begegnet: Hier werden meist reellwertige Funktionen der Form $f : \mathbb{R} \to \mathbb{R}$ betrachtet, also solche Funktionen, die jeder reellen Zahl eine weitere reelle Zahl zuordnen.

Darüber hinaus werden Sie bereits die erste Verallgemeinerung dieser Art von Funktionen gesehen haben, nämlich wenn Definitions- und Wertebereich mehrdimensional sind. In Ihren bisherigen Vorlesungen zur Analysis handelte es sich hierbei meist um Funktionen der Form $g : \mathbb{R}^n \to \mathbb{R}^m$ für natürliche Zahlen n und m. In den Vorlesungen zur Linearen Algebra haben Sie sich insbesondere einen Spezialfall hiervon angesehen, nämlich *lineare Abbildungen* zwischen den Vektorräumen $\mathbb{R}^n$ und $\mathbb{R}^m$. Sie haben gelernt, dass wir diese linearen Abbildungen mit Matrizen identifizieren können, die wir wiederum gut verstehen können. Doch sind natürlich nicht alle Funktionen $g : \mathbb{R}^n \to \mathbb{R}^m$ auch linear, was wir uns in folgendem Denkanstoß vergegenwärtigen möchten:

Denkanstoß
Dieser Denkanstoß dient dazu, Ihr bisheriges Wissen über Funktionen aufzufrischen, insbesondere, falls die Vorlesungen zur Analysis für Sie bereits einige Zeit her sein sollten.
 Überlegen Sie sich Beispiele für:

1. Eine Abbildung zwischen zwei endlichen Mengen;
2. Drei reellwertige Abbildungen $f_i : \mathbb{R} \to \mathbb{R}$ ($i = 1, 2, 3$);
3. Eine lineare Abbildung $g : \mathbb{R}^n \to \mathbb{R}^m$ für $n, m \in \mathbb{N}_{\geq 2}$ nach Wahl;
4. Eine Abbildung $h : \mathbb{R}^n \to \mathbb{R}^m$ für $n, m \in \mathbb{N}_{\geq 2}$ nach Wahl, die nicht linear ist.

Ein Gegenstand der Analysis ist nun das Studieren eben solcher Funktionen und ihrer Eigenschaften. Starten wir mit reellwertigen Funktionen $f : \mathbb{R} \to \mathbb{R}$, so haben Sie zum Teil in der Schule oder in Vorlesungen zur Analysis bereits viele wesentliche Fragestellungen sowie einen Lösungsansatz dafür kennen gelernt: Ist die Funktion injektiv, surjektiv, bijektiv? Wie lautet die Umkehrfunktion einer bijektiven Funktion? Ist die Funktion stetig? Ist die Funktion differenzierbar? Wie bestimme ich das Integral der Funktion? Wichtige Begriffe hierbei, die Sie bereits kennengelernt haben, sind insbesondere Stetigkeit, Differenzierbarkeit und Integrierbarkeit, die wir anhand von Beispielen im folgenden Denkanstoß wiederholen:

8.1 Was ist Analysis?

Denkanstoß

Wir führen nun obigen Denkanstoß fort. Schauen Sie sich dazu die drei Funktionen f_i ($i = 1, 2, 3$) an, die Sie unter Punkt 2. aufgestellt haben. Überlegen Sie für alle drei Funktionen:

1. Sind die Funktionen stetig?
2. Sind die Funktionen differenzierbar? Falls ja, bestimmen Sie die Ableitung.
3. Sind die Funktionen integrierbar? Falls ja, bestimmen Sie das Integral $\int_0^2 f_i(x) dx$.

Ähnliche Fragen können wir uns natürlich auch für Funktionen der Form $g : \mathbb{R}^n \to \mathbb{R}^m$ stellen. Auch dies ist Gegenstand der Analysis. Im Wesentlichen werden hierbei die Konzepte, die Sie für Funktionen der Form $f : \mathbb{R} \to \mathbb{R}$ kennen, verallgemeinert: Der Betrag, der als Formalisierung des Abstandsbegriffs in $\mathbb{R}$ benutzt wird, wird durch die Norm ersetzt. Anstelle einer Ableitung betrachten wir nun eine Richtungsableitung, die die verschiedenen Komponenten der Vektoren berücksichtigt, und der Satz von Schwarz sagt uns, unter welchen Bedingungen wir die Reihenfolge von Richtungsableitungen tauschen dürfen. Insgesamt ergibt sich der Begriff der totalen Differenzierbarkeit, und auch hier gibt es „Ableitungsregeln". Ebenfalls können wir integrieren, und erhalten verwandte Resultate wie beispielsweise den Transformationssatz als eine verallgemeinerte Substitutionsregel.

Tatsächlich können wir auch noch abstraktere Abbildungen analysieren. Dazu stellen wir eine erste Überlegung an, bei der wir uns auf die Frage beschränken wollen, ob eine gegebene Funktion stetig ist. Dazu erinnern wir uns an die $\varepsilon - \delta$-Definition einer stetigen Funktion:

Definition: Stetigkeit in einem Punkt x_0
Sei $D_f \subseteq \mathbb{R}$ und $f : D_f \to \mathbb{R}$ eine Funktion. Wir nennen f *stetig in einem Punkt* $x_0 \in D_f$, wenn zu jedem $\varepsilon > 0$ ein $\delta > 0$ existiert, sodass für alle $x \in D_f$ mit $|x - x_0| < \delta$ folgt: $|f(x) - f(x_0)| < \varepsilon$.

Als vereinfachte Vorstellung von Stetigkeit haben Sie vermutlich im Kopf, dass man „die Funktion zeichnen kann, ohne den Stift abzusetzen". Tatsächlich steht das – vereinfacht ausgedrückt – auch genau in der Definition: Wenn die x-Werte im Definitionsbereich nah beieinander liegen (δ), so liegen auch die Funktionswerte $f(x)$ nah beieinander (ε). Insbesondere hat die Funktion also keine Sprünge, für die Sie beim Zeichnen der Funktion den Stift neu ansetzen müssten. Die Stelle der Definition, an der benutzt wird, dass Definitions- und Wertebereich in $\mathbb{R}$ liegen, ist dort, wo das Verständnis von „nahe beieinander" spezifiziert wird: $|x - x_0|$ bzw. $|f(x) - f(x_0)|$. Der Betrag formalisiert unseren Abstandsbegriff über $\mathbb{R}$. Sobald wir jedoch einen allgemeineren Abstandsbegriff entwickeln, benötigen wir nicht länger, dass Definitions- und Wertebereich in den reellen Zahlen liegen. Hierfür kann man *Metriken* definieren, und dann Stetigkeit von Funktionen zwischen metrischen Räumen analysieren, oder es können auch Funktionen zwischen topologischen Räumen (siehe auch Kap. 10) auf Stetigkeit hin untersucht werden. Die Räume, zwischen denen die Funktion abbildet, müssen also über eine geeignete Struktur verfügen. Diese Gedanken wollen wir an dieser Stelle nicht vertiefen, sondern Ihnen lediglich mitgeben, dass mittels geeigneter Verallgemeinerungen auch allgemeinere Funktionen analysiert werden können.

Zur Untersuchung von Funktionen, und auch darüber hinaus, sind *Grenzwerte* (oder *Limites*) ein wichtiges Tool der Analysis. Sie finden diese zum Beispiel in der Definition der (Folgen-)Stetigkeit einer Funktion, oder auch in der Definition der Differenzierbarkeit einer Funktion. So wird bei einer in $x_0 \in \mathbb{R}$ differenzierbaren Funktion $f : \mathbb{R} \to \mathbb{R}$ gemäß Definition der Grenzwert des Differenzenquotients betrachtet, welcher auch der Ableitung an dieser Stelle entspricht:

$$f'(x_0) = \lim_{x \to x_0} \frac{f(x) - f(x_0)}{x - x_0}.$$

In diesem Grenzwert passiert Folgendes: Anstatt die Funktion global auf ihrem Definitionsbereich zu betrachten, gehen wir in eine Mikro-Ansicht eines Ausschnitts des Definitionsbereiches um x_0 herum. Innerhalb dieses Ausschnitts nehmen wir nun schrittweise minimale Annäherungen an x_0 vor. Diese beliebig kleinen Abschnitte nennen wir auch *infinitesimale* Abschnitte, hergeleitet vom lateinischen Wort *infinitus*, was *unbegrenzt* oder *unbestimmt* bedeutet. Das zugehörige mathematische Konzept, das sich mit solchen infinitesimalen Betrachtungen beschäftigt, nennt sich *Infinitesimalrechnung*. Mit einigen Beispielen dazu werden wir uns im folgenden Abschnitt beschäftigen, und insbesondere auch eine kurze Geschichte der Analysis als mathematische Disziplin kennen lernen.

8.2 Was sind bemerkenswerte Erkenntnisse der Analysis?

In diesem Abschnitt werden wir einige Resultate der Analysis näher betrachten. Dabei bewegen wir uns chronologisch durch die Geschichte der Analysis und bekommen somit auch einen Eindruck von ihrer Entwicklung. Ebenfalls werden wir sehen, dass die Motivation für viele Erkenntnisse oder Forschungen in der Analysis im „realen Leben" zu finden ist, da sie beispielsweise aus der Physik kommt. Obwohl die Analysis ein Zweig der theoretischen Mathematik ist, beschäftigt sie sich also viel mit der Praxis. Beginnen wir also mit einer kurzen Geschichte der Analysis:

Bereits im fünften Jahrhundert v. Chr. beschäftigten Menschen sich mit der Infinitesimalrechnung, auch wenn sie damals noch nicht so genannt wurde. Ein bekanntes

8.2 Was sind bemerkenswerte Erkenntnisse der Analysis?

Beispiel hierfür findet sich in *Zenons Paradoxien der Vielheit:* Eine Person möchte von dem Ort, an dem sie sich befindet, zu einem gewissen anderen Ort gehen. Um diesen Weg zurückzulegen, muss sie jedoch erst den halben Weg zurücklegen. Vom verbliebenen Weg wird sie abermals zuerst die Hälfte gehen müssen, ehe sie vom restlichen Weg wieder die Hälfte gehen kann. Diese Einteilung lässt sich beliebig oft fortführen, indem stets die Hälfte des verbliebenen Wegs gegangen wird. Zenon von Elea, ein griechischer Philosoph, leitete daraus ab, dass das Zurücklegen eines Weges somit aus unendlich vielen Aufgaben besteht. Das Erledigen von unendlich vielen Aufgaben bezeichnet er als Unmöglichkeit, woraus Zenons Paradoxon entsteht: Wir wissen aus unserer Erfahrung, dass es durchaus möglich ist, einen Weg von A nach B zurückzulegen. Unterteilen wir diesen Weg jedoch in diese unendlich vielen Aufgaben, so sollte es unmöglich sein, diese zu bewältigen.

> **Denkanstoß**
> Eine weitere Variante dieses Paradoxons von Zenon, über das auch Aristoteles schrieb, ist das Wettrennen zwischen Achilles und der Schildkröte. Hierbei laufen Achilles und eine Schildkröte, die sich mit geringerer Geschwindigkeit als Achilles fortbewegt, um die Wette; um den Nachteil der geringeren Geschwindigkeit auszugleichen, erhält die Schildkröte zum Start einen Vorsprung.
> Überlegen Sie sich, was diese Geschichte mit Zenons Paradoxon zu tun hat.

Zwar sehen wir hier Anfänge der Infinitesimalrechnung – wir unterteilen den Weg in beliebig kleine Abschnitte – allerdings sehen wir hier auch, dass der Versuch, diese beliebig kleinen Abschnitte mathematisch zu nutzen, zu Widersprüchen führt. In der heutigen Analysis wird vermehrt mit Grenzwerten gearbeitet, und in den 1960er-Jahren wurde die Infinitesimalrechnung widerspruchsfrei gestaltet.

Nicht viel später als Zenon, nämlich um 400 v. Chr., rückte die Frage in den Vordergrund, wie man Flächeninhalte oder Volumina von geometrischen Objekten bestimmen kann. Einige Resultate in diesem Bereich werden Eudoxos von Knidos, einem griechischen Mathematiker und Philosophen, zugeschrieben, auch wenn seine Werke nicht mehr in Gänze erhalten sind. Er wollte Volumina von Objekten bestimmen, und seine Herangehensweise bestand darin, dazu welche Objekte zur Hilfe zu nehmen, von denen das Volumen bereits bekannt war. So fand er zum Beispiel heraus, dass das Volumen eines Kegels genau einem Drittel des Volumens eines Zylinders gleicher Höhe entspricht (vgl. Abb. 8.1).

Eudoxos von Knidos wird in diesem Kontext auch die *Exhaustionsmethode* zugeschrieben, die als frühe Form der Integration angesehen werden kann und somit ebenfalls ein infinitesimales Verfahren darstellt. Eine der bekanntesten Anwendungen der Exhaustionsmethode liegt in der Berechnung des Flächeninhalts eines Kreises, was wir ins um Folgenden ansehen wollen. Das Wort *Exhaustionsmethode* stammt von

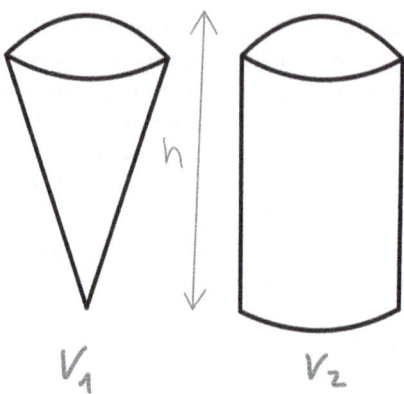

Abb. 8.1 Verwandte Objekte zur Annäherung an neue Objekte nutzen

Lateinischen *exhaurire,* was *erschöpfen* oder *herausnehmen* bedeutet. Die Wortherkunft deutet auch bereits an, wie das Verfahren funktioniert: Das Objekt, an dem wir interessiert sind (hier: der Kreis), wird durch andere, bekannte Objekte (hier: n-Ecke) angenähert. Wie Abb. 8.2 zeigt, wird im ersten Schritt im Kreis ein Dreieck platziert. Natürlich füllt das Dreieck den Kreis noch nicht aus, weshalb wir stattdessen im nächsten Schritt ein Viereck im Kreis platzieren. Um uns dem Kreis immer mehr anzunähern, nehmen wir nach und nach Ecken hinzu, füllen also unseren Kreis mit n-Ecken für wachsendes n; in der Abb. 8.2 sehen Sie bereits, dass wir für $n = 8$ bereits eine gute Annäherung an den Kreis erhalten. Dies ist ein infinitesimales Verfahren, da wir dem n-Eck beliebig oft weitere Ecken hinzufügen und somit dem Kreis immer näher kommen, ohne ihn jemals zu erreichen, da er keine Ecken besitzt. Schlussendlich „erschöpfen" wir den Kreis mit dem n-Eck für beliebig großes n, woher der Name dieser Methode stammt.

Wo ist nun der Zusammenhang zur Integration? Um dies einzusehen, beginnen wir mit dem Achteck aus Abb. 8.2, mit dem wir den Kreis gefüllt haben. Der Flächeninhalt des Achtecks nähert sich dem Flächeninhalt des Kreises an, wenn wir mehr Ecken hinzufügen. In Abb. 8.3 haben wir dieses Achteck nun in Dreiecke unterteilt und diese dann, rechts in der Abbildung, anders aufgefächert. Da sich der Flächeninhalt des Achtecks unter diesen Operationen nicht ändert, geben also auch die Dreiecke rechts im Bild den Flächeninhalt des Achtecks – und somit eine Näherung des Flächeninhalts des Kreises – an. Das rechte Bild könnte bereits an Ihre ersten Zugänge zur Integration als „Fläche unter einer Kurve" erinnern.

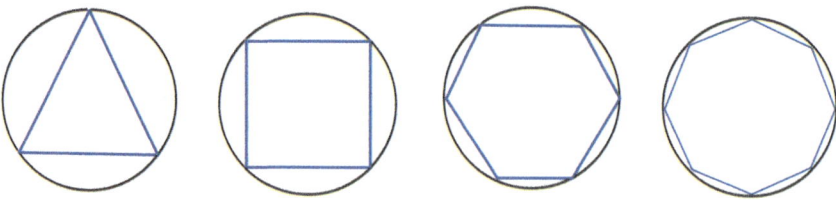

Abb. 8.2 Eine Annäherung an den Kreis durch n-Ecke ($n = 3, 4, 6, 8$)

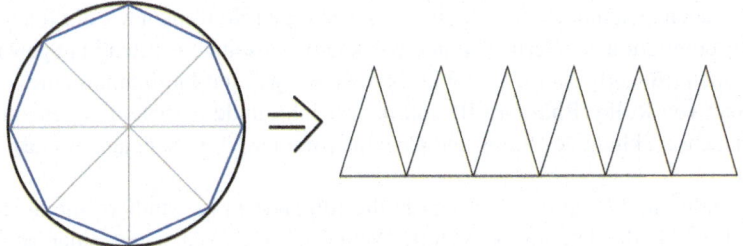

Abb. 8.3 Zusammenhang zwischen der Annäherung an den Kreis und der Integration

Denkanstoß
Überlegen Sie sich, wie sich Abb. 8.3 verändert, wenn Sie die Exhaustionsmethode fortführen, also wenn Sie immer mehr Ecken zum n-Eck hinzufügen, welches den Kreis annähert. Wie verändert sich insbesondere die rechte Seite der Abbildung?

Etwa 240 v. Chr. entwickelte Archimedes eine frühe Anschauung der heutigen Differentiation:

Wenn Sie sich die Ableitung einer reellwertigen Funktion in einem Punkt x_0 grafisch vorstellen, so denken Sie an die Tangente zu der Funktion in x_0. Archimedes näherte sich dieser Vorstellung an, indem er diese Tangente unterteilte: Er beschrieb dazu einen Anteil, der von der Funktion weg zeigt, sowie einen Anteil, der sich mit der Funktion bewegt. Kombiniert ergeben diese die Tangente, die Sie sich unter der Ableitung in x_0 vorstellen. Eine Anschauung für diese Aufteilung der Tangente sehen Sie anhand eines Beispiels von Archimedes, nämlich einer Spirale, in Abb. 8.4.

Abb. 8.4 Erste Annäherung zur Differentiation durch Archimedes

Denkanstoß
Warum handelt es sich bei der in Abb. 8.4 gezeigten Spirale nicht um den Graphen einer Funktion?

Es gab jedoch nicht nur frühe Varianten von wichtigen Konzepten wie der Integration und Differentiation, sondern auch heute bekannte Resultate wurden in abgewandelten Formen früh aufgestellt. So gab es bereits im zwölften Jahrhundert eine Version vom Satz von Rolle (Bhāskara II) und im 14. Jahrhundert Abhandlungen zur Taylorreihenentwicklung des Sinus und Cosinus (Madhava von Sangamagrama).

Ebenfalls im 14. Jahrhundert wurde die folgende Frage studiert, die auch eine Motivation für die Integration liefert: Wenn sich ein Wagen mit einer gewissen Geschwindigkeit fortbewegt, wie viel Strecke legt er in einer gegebenen Zeit zurück? Diese Frage wollen wir uns im Folgenden für verschiedene Fälle ansehen.

Fall 1: Der Wagen fährt eine konstante Geschwindigkeit. In diesem Fall ist die Frage leicht zu beantworten: Fährt der Wagen konstant eine Geschwindigkeit von beispielsweise 10 m pro Sekunde, so hat er nach vier Sekunden 10 Meter pro Sekunde · 4 Sekunden = 40 Meter zurückgelegt. Dazu wurde die Geschwindigkeit des Wagens mit der Zeit multipliziert, in der dieser fährt. Der Naturwissenschaftler, Philosoph und Bischof Nikolaus von Oresme überführte diese Rechnung im 14. Jahrhundert in eine geometrische Vorstellung: Der Ausgangspunkt hierfür ist die Gleichung

$$\text{Geschwindigkeit} \cdot \text{Zeit} = \text{Strecke}.$$

Bezeichnen wir nun die Geschwindigkeit *(speed)* mit s, die Zeit *(time)* mit t, und die zurücklegte Strecke *(distance)* mit d, so lautet diese Gleichung $s \cdot t = d$. Nikolaus von Oresme bemerkte nun, dass dies genau der Formel zur Berechnung des Flächeninhalts eines Rechtecks mit Kantenlängen s und t sowie Flächeninhalt d entspricht (siehe linkes Bild in Abb. 8.5). Diese Erkenntnis wollen wir uns in den folgenden Fällen zunutze machen.

Fall 2: Mehrere Zeitintervalle mit verschiedenen konstanten Geschwindigkeiten. Zunächst fahre der Wagen zwei Zeitintervalle lang: Das erste Intervall dauere t_1 viele Sekunden, in denen der Wagen sich mit konstanter Geschwindigkeit s_1 Meter pro Sekunde bewege. Das zweite Intervall dauere t_2 viele Sekunden, während der Wagen eine konstante Geschwindigkeit von s_2 Metern pro Sekunde fahre. Wie lang ist nun die gesamte Strecke (d), die der Wagen zurücklegt? Dazu können wir die Strecken addieren, die der Wagen im ersten Intervall (d_1) und im zweiten Intervall (d_2) gefahren ist. Nutzen wir dazu die oben hergeleiteten Formeln, so ergibt sich

$$d = s_1 \cdot t_1 + s_2 \cdot t_2.$$

Die geometrische Anschauung durch zwei Rechtecke ist im rechten Bild in Abb. 8.5 zu sehen.

8.2 Was sind bemerkenswerte Erkenntnisse der Analysis?

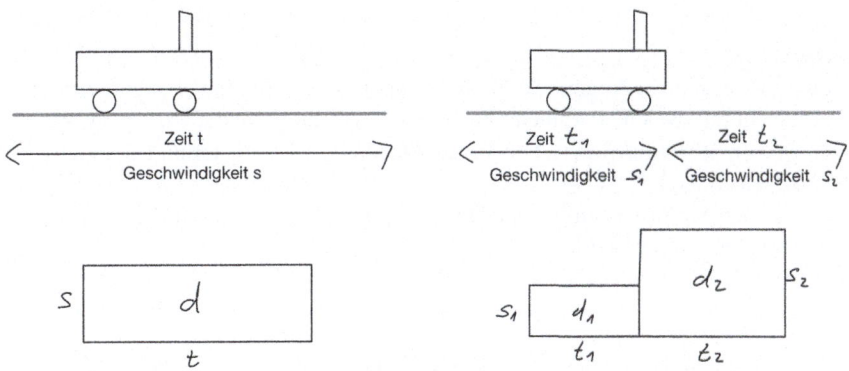

Abb. 8.5 Bestimmung der zurückgelegten Distanz – geometrische Interpretation

Fall 3: Der Wagen beschleunigt gleichmäßig. Hierzu könnte der Wagen zum Beispiel aus dem Stillstand gleichmäßig auf 10 m pro Sekunde beschleunigen. Wie können wir nun bestimmen, wie viel Strecke er nach einer gewissen Zeit zurückgelegt hat? Um uns der gesuchten Strecke anzunähern, können wir das Zeitintervall der Beschleunigung in viele kleine Zeitintervalle unterteilen, in denen der Wagen dann näherungsweise eine konstante Geschwindigkeit inne haben soll. Die insgesamt zurückgelegte Strecke ergibt sich dann abermals als Summe aller zurückgelegter Teilstrecken. Grafisch ist dies in Abb. 8.6 dargestellt. Wählt man immer kleinere Intervalle, in denen die Geschwindigkeit näherungsweise konstant ist, so nähert man sich immer mehr der tatsächlich zurückgelegten Strecke an. Wie in Abb. 8.6 gezeigt, nähert man sich durch diese Verfeinerung der Intervalle – im Bild entspricht dies immer schmaler werdenden Rechtecken – immer mehr dem eingezeichneten Dreieck an, dessen Flächeninhalt also die tatsächlich zurückgelegte Strecke darstellt.

Fall 4: Der Wagen fährt verschiedene, nicht konstante Geschwindigkeiten. Im allgemeinen Fall bewegt sich der Wagen beliebig fort. Hierbei kann er stückweise mit konstanter Geschwindigkeit fahren, kann gleichmäßig beschleunigen, kann beliebig beschleunigen, oder kann auch abbremsen und dadurch langsamer werden. Verfolgen wir den Ansatz aus Fall 3 weiter – unterteilen also die Strecke in kleine Teilabschnitte, in denen wir die Geschwindigkeit näherungsweise konstant halten, und verfeinern diese Unterteilung immer weiter – so erhalten wir die zurückgelegte Strecke letztendlich als Fläche unter einer Kurve.

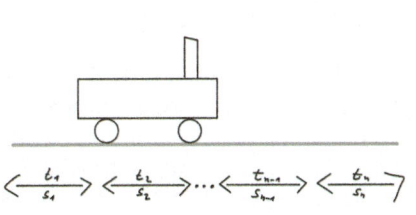 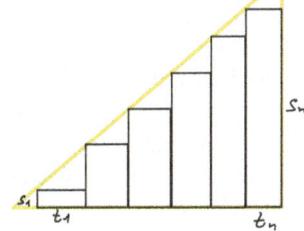

Abb. 8.6 Verfeinerung der Intervalle – Dreieck

> **Denkanstoß**
> Führen Sie sich vor Augen, warum im geometrischen Bild in Fall 4 eine Kurve auftaucht und welche Parameter bestimmen, welche Form die Kurve hat. Was ist also die Beziehung zwischen Veränderungen der Parameter und Geometrie in diesem Beispiel?
> Machen Sie sich ebenfalls Gedanken darüber, was das geschilderte Vorgehen mit Integration zu tun hat.

Eine verwandte motivierende Frage stellte Galileo Galilei im 17. Jahrhundert, als er die Gravitation studierte. Im Rahmen eines Versuchs ließ er einen Ball eine Rampe herunterrollen und beobachtete dabei, dass der Ball schneller wurde, je länger er rollte. Der Ball rollt also nicht mit konstanter Geschwindigkeit, und er schien auch nicht linear zu beschleunigen. Um diesen Effekt quantifizieren zu können, stoppte Galileo Galilei für verschiedene zurückgelegte Distanzen des Balls auf der Rampe die Zeit und addierte die Distanzen, die der Ball in sehr kleinen Zeitintervallen zurücklegte. Er fand heraus, dass sich die Gravitation in etwa parabelförmig verhält: Rollt der Ball x Sekunden lang die Rampe herunter, so legt er etwa x^2 Einheiten Strecke zurück.

Galileo Galilei gilt gemeinsam mit Johannes Kepler und Isaac Newton als eine der wichtigsten Personen für die physikalische Motivation der Analysis. Im 17. Jahrhundert interessierten sie sich für Fragestellungen zur Gravitation, insbesondere zum Fallen von Objekten, zur Bewegung von Objekten sowie zu Orbiten von Planeten. Zu diesem Zeitpunkt fehlten jedoch die mathematischen Werkzeuge, um diese Fragestellungen sauber zu beantworten: Isaac Newton begann deshalb, diese auszuarbeiten. Er erarbeitete die Grundlagen zur Infinitesimalrechnung, um beispielsweise mathematisch erklären zu können, wie ein Objekt jede Sekunde schneller fallen kann. Zeitgleich entwickelte Gottfried Wilhelm Leibniz, unabhängig von Newton, ebenfalls Grundlagen der Infinitesimalrechnung, weshalb die Anfänge dieser Disziplin nun beiden Mathematikern zugeschrieben werden.

Nicht nur die Infinitesimalrechnung wurde im 17. Jahrhundert formal entwickelt: Ebenfalls zu dieser Zeit arbeiteten Fermat und Descartes an analytischer Geometrie sowie Maxima und Minima von Abbildungen. Im Jahr 1637 veröffentlichte Descartes sein Buch *La Géométrie*, in dem das kartesische Koordinatensystem eingeführt wird. Die Definition einer Abbildung folgte durch Euler im 18. Jahrhundert, was häufig als Beginn des Fachbereichs Analysis angesehen wird. Der Stetigkeitsbegriff für Abbildungen wurde danach im Jahr 1816 von Bolzano definiert; ebenfalls wurde die Integration formal von Riemann eingeführt. In den 1920er-Jahren begann Banach mit der Funktionalanalysis, die sich mit strukturerhaltenden Abbildungen zwischen bestimmten Vektorräumen befasst, auf denen eine Art Grenzwertbegriff definiert werden kann (z. B. Topologie, Norm, innere Produkte, ...). Im 20. Jahrhundert führte Lebesgue das nach ihm benannte Lebesgue-Integral ein und überarbeitete damit die Maßtheorie.

In allen Teilgebieten der Analysis gibt es eine Vielzahl wichtiger Resultate. Einige davon sind ohne entsprechende Vorkenntnisse schwierig zu verstehen. Allerdings kennen Sie aus den Vorlesungen zur Analysis bereits imposante Aussagen aus der Analysis, von denen wir Sie an zwei in einer vereinfachten Form erinnern möchten:

1. Integration und Differentiation hängen zusammen, wie schon Kepler und Galileo herausfanden: Die Höhe einer Kurve entspricht der Rate, mit der die Fläche der Kurve wächst

$$\frac{d}{dx}\int_a^x f(t)\,dt = f(x).$$

2. Der Hauptsatz der Differential- und Integralrechnung: Um das Integral einer stetigen Funktion f zu bestimmen, reicht es aus, die Stammfunktion F und die Randpunkte a und b zu kennen:

$$\int_a^b f(t)\,dt = F(b) - F(a).$$

Das ist eine erstaunliche Aussage, wenn man sich vor Augen führt, dass Stetigkeit doch per Definition eine lokale Eigenschaft ist, und uns dieser Hauptsatz dennoch eine so weitreichende Aussage liefert.

8.3 Was macht man mit Analysis?

Wie Sie bereits im vorigen Abschnitt sehen konnten, wird ein Teil der Analysis durch Fragestellungen aus der Physik motiviert, die sich zum Beispiel mit der Gravitation oder der Bewegung von Objekten befassen. Auch wenn die Analysis ein Teilgebiet der theoretischen Mathematik darstellt, ist sie tief mit angewandten Naturwissenschaften verbunden, wie zum einen diese Motivationen zeigen, als auch zum anderen einige Anwendungen manifestieren. Zwei solcher Anwendungen möchten wir uns im Folgenden näher ansehen.

8.3.1 Anwendung 1: Differentialgleichungen in der Physik

Viele physikalische Fragestellungen befassen sich damit, einen Gegenstand oder seine Eigenschaften näher zu untersuchen, zum Beispiel den Orbit eines Planeten darzustellen. Um dies zu erreichen, werden in der Forschung häufig Veränderungen dieses Gegenstands bzw. Veränderungen seiner betrachteten Eigenschaft untersucht. Im Beispiel des Orbits eines Planeten wird die Platzierung dieses Planeten im Himmel über den Zeitverlauf beobachtet.

Die Veränderungen des Objekts oder seiner Eigenschaften zu untersuchen ist ein häufiges Vorgehen bei der Untersuchung physikalischer Fragestellungen. Die Veränderungen können mit der Zeit stattfinden, mit einem Ortswechsel oder mit anderen Variablen verbunden sein. Das Ziel ist es also, die gesuchte Eigenschaft in Abhängigkeit dieser Variablen darzustellen. Das sieht zum Beispiel so aus: $g(t, s)$, wobei g eine geeignete Funktion sein soll, die von den Parametern t der Zeit und s des Orts abhängt. $g(t, s)$ gibt also die gesuchte Eigenschaft zu einem Zeitpunkt t an einem Ort s an.

Um diese Funktion aufzustellen, können die Beobachtungen über Veränderungen mit der Zeit bzw. dem Ort genutzt werden. Auf der Modellseite entspricht eine Veränderung mit der Zeit der Ableitung $\frac{d}{dt} g(t, s)$, und eine Veränderung mit einem Ortswechsel der Ableitung $\frac{d}{ds} g(t, s)$.

Hier kommen die sogenannten *Differentialgleichungen* – also Gleichungen, in denen Differentiale, also Ableitungen, auftauchen – ins Spiel. Differentialgleichungen setzen die Funktion (z. B. $g(t, s)$) mit ihren Ableitungen (hier: $\frac{d}{dt} g(t, s)$ und $\frac{d}{ds} g(t, s)$) in Verbindung, um die Form der Funktion $g(t, s)$ zu bestimmen. Ein Beispiel: Wir möchten eine Eigenschaft $g(t, s)$ modellieren und haben in Beobachtungen herausgefunden, dass die Eigenschaft von einem Ortswechsel unabhängig ist, also:

$$\frac{d}{ds} g(t, s) = 0.$$

Ebenfalls haben wir herausgefunden, dass sich die zu untersuchende Eigenschaft mit der Zeit um einen Faktor $\lambda \in \mathbb{R}$ skaliert, also:

$$\frac{d}{dt} g(t, s) = \lambda g(t, s).$$

Führen wir diese Informationen zusammen, so können wir die Form der Funktion $g(t, s)$ näher bestimmen: Da die Ableitung nach s verschwindet, ist die Funktion von s unabhängig und es handelt sich stattdessen um eine Funktion $g(t)$. Damit die Ableitung nach t nun einem λ-fach der ursprünglichen Funktion entspricht, muss $g(t)$ die Form $\mu \exp \lambda t$ für ein $\mu \in \mathbb{R}$ haben.

Falls wir zusätzlich noch einen Messwert der Eigenschaft g zu einem bestimmten Zeitpunkt t_0 kennen, also $g(t_0) = \mu_0$ für ein gewisses $\mu_0 \in \mathbb{R}$, so können wir auch den Parameter μ bestimmen und damit die Gleichung g konkret aufstellen. Eine solche Vorgabe ($g(t_0) = \mu_0$) nennen wir einen *Anfangswert* zu unserer Differentialgleichung.

Denkanstoß
Prüfen Sie nach, dass die Differentialgleichung

$$\frac{d}{ds} g(t,s) = 0, \quad \frac{d}{dt} g(t,s) = \lambda g(t,s)$$

von $g(t,s) = g(t) = \mu \exp \lambda t$ gelöst wird.
Warum ist das die einzig mögliche Form für $g(t,s)$?
Überlegen Sie sich einen Anfangswert $g(t_0) = \mu_0$ für t_0, μ_0 nach Wahl und bestimmen Sie daraus den Parameter μ und somit die konkrete Funktion $g(t)$.

Insgesamt gibt es verschiedene Arten von Differentialgleichungen, die in manchen Formen mit konkreten Lösungsverfahren zu lösen sind – zum Teil sogar mit einer eindeutigen Lösung – zum Teil jedoch nicht. Wesentliche Fragen beim Studieren von Differentialgleichungen sind, ob die Differentialgleichung eine Lösung besitzt, ob diese Lösung konkret angegeben werden kann, und ob diese Lösung eindeutig ist. Für eine bestimmte Art von Differentialgleichungen, nämlich den sogenannten *Linearen Differentialgleichungen*, können Sie mehr dazu in Projekt Nr. 3.4 erfahren.

Für Differentialgleichungen gibt es viele Anwendungen: Bewegungsgleichungen, Gleichungen über Schwingungen, Bahnen von Himmelskörpern, Wachstumsprozesse in der Biologie, Strömungsmechanik und viele Weitere.

8.3.2 Anwendung 2: Kartografieren der Erde mittels Mannigfaltigkeiten

Sie werden in Ihrem Leben vermutlich schon mehrere Landkarten gesehen haben, ob von Deutschland, Italien, anderen Ländern oder gar Kontinenten. In jeder dieser Landkarten können Sie mittels Richtungsangaben wie nördlich bzw. südlich und westlich bzw. östlich navigieren – die Landkarten befinden sich also im $\mathbb{R}^2$. Wenn Sie sich jedoch die gesamte Welt anschauen wollen, so können Sie dies mittels eines Globus tun, da die Erde nun mal keine Scheibe sondern ein Ball ist, und somit insbesondere ein dreidimensionales Objekt – sie befindet sich also im $\mathbb{R}^3$. Wie kann es nun sein, dass die Erde dreidimensional ist, unsere Landkarten aber nur zweidimensional?

Zunächst möchten wir diese Idee plausibilisieren, ohne Mathematik zu nutzen: Dadurch, dass wir Teile der dreidimensionalen Erde auf einer zweidimensionalen Karte abbilden, gehen zwangsläufig Informationen verloren. Weil die Erde eine Sphäre ist, ist ihre Oberfläche gekrümmt, und diese Krümmung sehen wir auf Landkarten nicht mehr. Was passiert allerdings, wenn wir uns auf ein einziges Land, wie zum Beispiel Italien (siehe Abb. 8.7), beschränken? Die betrachtete Fläche auf dem Globus ist dann so klein, als dass die Krümmung kaum merklich ist. Wenn Sie bei-

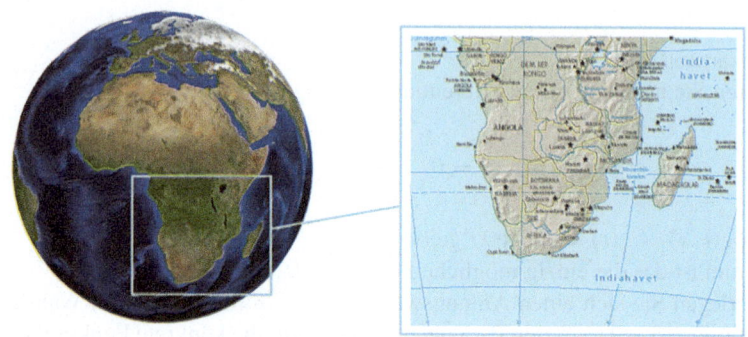

Abb. 8.7 Mannigfaltigkeiten und Abbildungen in die Ebene werden beim Kartografieren der Erde genutzt

spielsweise vor dem offenen Meer am Strand stehen, erkennen Sie am Horizont die Krümmung der Erde ebenfalls nicht. Das bedeutet, wenn wir uns nur ein kleines Stück des Globus, wie Italien, ansehen, ist die Krümmung – also die dritte Dimension – so vernachlässigbar, dass uns eine Karte mit zwei Dimensionen genügt. Was passiert hier mathematisch?

Betrachten wir Abb. 8.7, so verbinden wir den Ausschnitt, der Italien auf dem Globus zeigt (links im Bild) mit der Landkarte von Italien (rechts im Bild) mittels einer Abbildung. Diese Abbildung ist ein sogenannter *Homöomorphismus,* bei dem es sich – vereinfacht gesprochen – um eine bijektive und stetige Abbildung handelt. Der Definitionsbereich dieser Abbildung ist somit der Globus, und der Wertebereich ist die Landkarte, liegt also insbesondere im $\mathbb{R}^2$. Die Bijektivität der Abbildung ist auch in diesem Beispiel inhaltlich leicht ersichtlich: Die Landkarte von Italien enthält genau die Orte Italiens, die auch auf dem Globus eingezeichnet sind. Zeichnen wir eine Landkarte von einem Ausschnitt des Globus, so wird es sich hierbei stets um eine 1 : 1-Zuordnung handeln. Eine so erstellte Landkarte nennen wir auch im mathematischen Sinn eine *Karte*.

Das funktioniert natürlich nicht nur für Italien: Jeder Ausschnitt des Globus lässt sich auf diese Weise, also mittels einer Abbildung in den $\mathbb{R}^2$, kartografieren. Insgesamt kann also von jedem Ort des Globus eine Landkarte erstellt werden, in der dieser Ort liegt, und das kann so lange fortgeführt werden, bis die komplette Erdoberfläche abgedeckt worden ist. Insgesamt haben wir also ausgehend vom Globus eine Sammlung von Abbildungen in den $\mathbb{R}^2$ erhalten, die den Globus kartografieren. Diese Sammlung von Abbildungen nennen wir einen *Atlas* – die Sammlung der Landkarten, wie Sie ihn im Erdkundeunterricht in der Schule genutzt haben. Beim Atlas müssen wir noch darauf achten, dass die Karten kompatibel sind, also beispielsweise, dass die Überschneidungen, zum Beispiel die Ränder, der jeweiligen Karten sinnvoll übereinander passen.

> **Denkanstoß**
> Warum brauchen wir einen Atlas – also eine Sammlung von (Land-)karten, um die Erdkugel zweidimensional darzustellen? Was passiert, wenn man versucht, die komplette Erdkugel an einem Stück zweidimensional darzustellen?

Verallgemeinern wir dieses Vorgehen, so lernen wir ein großes Konzept aus der Analysis (und aus der Topologie) nennen: *Mannigfaltigkeiten.* Wir wollen Mannigfaltigkeiten an dieser Stelle nicht formal definieren, sondern anhand des Beispiels der Kartografierung der Erdkugel erklären. Wir starten mit einem Objekt, in unserem Beispiel mit der Erdkugel. Dieses Objekt darf im Allgemeinen kompliziert erscheinen. Wir nennen dieses Objekt eine *Mannigfaltigkeit,* sofern es möglich ist, dieses Objekt so zu verformen, dass es lokal wie ein $\mathbb{R}^n$ aussieht. Lokal so auszusehen bedeutet, dass wir uns kleine Bereiche des Objekts nehmen können, und zwischen diesen Bereichen und einer Teilmenge des $\mathbb{R}^n$ einen Homöomorphismus definieren können, sodass diese kleinen Bereiche bijektiv in eine Teilmenge des $\mathbb{R}^n$ abgebildet werden. Jeder solcher Homöomorphismus wird Karte genannt. Im Beispiel der Erdkugel waren die Karten die Landkarten, die wir für verschiedene Bereiche der Erdkugel gezeichnet haben; die Erdkugel sieht also lokal aus wie der $\mathbb{R}^2$. Die Sammlung solcher Karten, die miteinander kompatibel sind, haben wir einen Atlas genannt.

Somit ist eine Mannigfaltigkeit also ein Objekt, das lokal dem $\mathbb{R}^n$ gleicht. Global muss dies jedoch nicht der Fall sein (vgl. obiger Denkanstoß). Mannigfaltigkeiten sind also Objekte, die zwar kompliziert aussehen können, aber bei lokaler Betrachtung leicht verständlich sind, da wir den euklidischen Raum $\mathbb{R}^n$ sehr gut verstehen. Insbesondere können wir auch Eigenschaften, die wir im $\mathbb{R}^n$ kennen, auf kompliziertere Objekte übertragen, indem wir die Übersetzung zwischen der Mannigfaltigkeit und dem $\mathbb{R}^n$ in Form des Atlas benutzen; so kann man beispielsweise differenzierbare Mannigfaltigkeiten definieren. Mannigfaltigkeiten tauchen in verschiedenen Anwendungen auf, wie hier im Beispiel der Erdkugel, aber auch in anderen Feldern wie z. B. der theoretischen Physik.

Weitere Anwendungen und Beispiele für Mannigfaltigkeiten, sowie deren formale Definition, finden Sie in Projekt Nr. 8.12.

8.4 Ein Ausblick auf weitere Themen

Wie im Laufe dieses Kapitels bereits angeklungen ist, gibt es in der Analysis viele Teilgebiete, von denen wir in diesem Rahmen nur einige ausgewählt und kurz beleuchtet haben. Darüber hinaus gibt es weitere Bereiche, die viele neue Definitionen und Aussagen mit sich bringen: Die harmonische Analysis, die Funktionalanalysis, die Vektoranalysis, die Maßtheorie und viele Weitere. Anstatt diese Bereiche hier neu einzuführen, möchten wir uns als Ausblick zur Analysis im Folgenden eine Verallgemeinerung von bisher bekannten Resultaten ansehen.

Sie haben sich sicher schon häufig mit dem euklidischen Raum $\mathbb{R}^n$ beschäftigt, und hier zum Beispiel eine Funktion $f : \mathbb{R} \to \mathbb{R}$ auf Differenzierbarkeit hin untersucht. Doch wie können wir Differenzierbarkeit einer Funktion $g : \mathbb{C} \to \mathbb{C}$ untersuchen? Dies ist Thema von Projekt Nr. 8.2.

Ein wichtiger Punkt bei allen Untersuchungen innerhalb der Analysis ist die Dimension des Raumes, über dem wir zum Beispiel eine Funktion betrachten wollen. Da Sie sich in der Analysis-Vorlesung primär in $\mathbb{R}^n$ bewegt haben, haben Sie vorrangig endlich-dimensionale Räume und Funktionen darin studiert – was ändert sich, wenn wir uns stattdessen unendlich-dimensionale Räume anschauen? Wir möchten uns den Unterschied zwischen Analysis auf endlich-dimensionalen Räumen und Analysis auf unendlich-dimensionalen Räumen im Folgenden anhand des Beispiels der Norm ansehen. Dazu wiederholen wir zunächst die Definition:

Definition: Norm
Eine *Norm* ist eine Abbildung

$$||\cdot|| : V \to \mathbb{R}_{\geq 0}$$

von einem $\mathbb{R}$-Vektorraum V in die positiven reellen Zahlen, die folgende Eigenschaften erfüllt:
Für alle $x, y \in V$ und alle $\lambda \in \mathbb{R}$ gilt

1. Definitheit: $||x|| = 0 \Rightarrow x = 0$,
2. Homogenität: $||\lambda x|| = \lambda ||x||$,
3. Dreiecksungleichung: $||x + y|| \leq ||x|| + ||y||$.

Das einfachste Beispiel einer Norm ist der Betrag einer reellen Zahl, also für $x \in \mathbb{R}$: $||x|| := |x|$. Eine weitere bekannte Norm ist die euklidische Norm, die für $(x, y) \in \mathbb{R}^2$ die Form $||(x, y)|| := \sqrt{(x^2 + y^2)}$ hat. Die euklidische Norm gibt anschaulich die Länge eines Vektors an.

In der Analysis-Vorlesung werden Sie ebenfalls gesehen haben, dass über endlich-dimensionalen Vektorräumen alle Normen äquivalent sind. Anschaulich gesagt bedeutet das, dass die verschiedenen Normen zum selben Konvergenzbegriff führen: Konvergiert eine Folge von Vektoren $(x_n)_{n \in \mathbb{N}}$ für $x_n \in \mathbb{R}^m$ für alle $n \in \mathbb{N}$ gegen einen Vektor $x \in \mathbb{R}^m$ bezüglich einer bestimmten Norm $||\cdot||$ – also, wenn $\lim_{n \to \infty} ||x_n|| = ||x||$ gilt, so konvergiert diese Folge auch bezüglich jeder anderen Norm im $\mathbb{R}^m$ gegen diesen Vektor x. Bei Konvergenz muss also nicht spezifiziert werden, bezüglich welcher Norm die Konvergenz gemeint ist.

8.4 Ein Ausblick auf weitere Themen

Denkanstoß

Wenn Normen Ihnen nicht mehr präsent sind, wiederholen Sie den Begriff gerne. Schauen Sie sich dazu weitere Beispiele von Normen an, zum Beispiel die Maximumsnorm, die Summennorm und die p-Norm im $\mathbb{R}^n$.

Wiederholen Sie die formale Definition von äquivalenten Normen und vollziehen Sie für einige Normen im $\mathbb{R}^2$ (z. B. Maximumsnorm und Summennorm) nach, warum diese äquivalent sind.

Dieses Bild verändert sich nun in unendlich-dimensionalen Vektorräumen: Hier sind nicht alle Normen äquivalent. Insbesondere kann es sein, dass eine Folge bezüglich einer Norm konvergiert, aber bezüglich einer anderen Norm nicht. Das schauen wir uns im folgenden Beispiel an:

Beispiel

Wir betrachten den reellen Vektorraum $C[0, 1]$ der stetigen Funktionen $f : [0, 1] \to [0, 1]$. Hierbei handelt es sich um einen unendlich-dimensionalen Vektorraum. Auf diesem Vektorraum wollen wir uns nun zwei Normen anschauen; dazu sei für $f \in C[0, 1]$

1. $||f||_\infty := \sup_{x \in [0,1]} |f(x)|$, und
2. $||f||_2 := \sqrt{\int_0^1 |f(x)|^2 dx}$ definiert.

Um zu zeigen, dass diese beiden Normen nicht äquivalent sind, wollen wir nun eine Folge von stetigen Funktionen f_n finden, die bezüglich der einen Norm gegen eine stetige Funktion f konvergieren, bezüglich der anderen Norm jedoch nicht. Dazu wählen wir f_n wie in Abb. 8.8 gezeigt.

Wie wir auch in Abb. 8.8 sehen, wird die Fläche unter der Funktion für wachsendes n immer geringer. Es folgt

$$\lim_{n \to \infty} ||f_n||_2 = \lim_{n \to \infty} \sqrt{\int_0^1 |f_n(x)|^2 dx} = 0,$$

also ist der Grenzwert dieser Funktionenfolge bezüglich der $||\cdot||_2$-Norm die Nullfunktion. Andererseits nimmt die Funktion f_n für jedes n immer als Maximum den Funktionswert 1 an, woraus

$$\lim_{n \to \infty} ||f_n||_\infty = \sup_{x \in [0,1]} |f_n(x)| = 1$$

folgt. Die Nullfunktion nimmt bezüglich der $\|\cdot\|_\infty$-Norm den Wert Null an und kann somit nicht der Grenzwert der Funktionenfolge f_n bezüglich dieser Norm sein.

Wir sehen also anhand dieses Beispiels ein, dass Normen über unendlich-dimensionalen Vektorräumen nicht äquivalent sind.

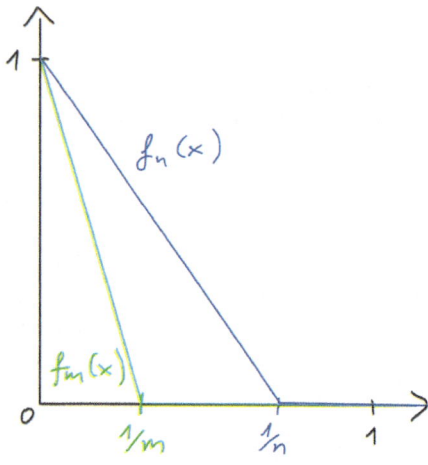

Abb. 8.8 Definition der Funktion f_n aus dem Beispiel

Denkanstoß

1. Warum ist $C[0, 1]$ unendlich-dimensional?
2. Überprüfen Sie, dass es sich bei $\|\cdot\|_\infty$ und $\|\cdot\|_2$ tatsächlich um Normen handelt.
3. Weisen Sie nach, dass die Funktion f_n tatsächlich stetig ist. Können Sie eine explizite Formel für f_n angeben?
4. Vollziehen Sie die Berechnungen von $\lim_{n\to\infty} \|f_n\|_\infty$ und $\lim_{n\to\infty} \|f_n\|_2$ nach.
5. Warum lässt sich aus $\lim_{n\to\infty} \|f_n\|_2 = 0$ schließen, dass f_n bezüglich der $\|\cdot\|_2$-Norm als Grenzwert die Nullfunktion hat?

Dies ist nur einer der Unterschiede zwischen Analysis auf endlich-dimensionalen Vektorräumen und Analysis auf unendlich-dimensionalen Vektorräumen.

8.5 Projekte

Auf https://aspekte.rwth-aachen.de/ finden Sie interaktive Jupyter-Nootbooks zu ausgewählten Projekten, sowie weitere Materialien zum Buch.

8.1 Vollständigkeit und die Konstruktion der reellen Zahlen
Sie haben sich in ihrem Mathematikstudium intensiv mit den reellen Zahlen beschäftigt. Aber warum sind die reellen Zahlen eigentlich so eine natürliche Konstruktion, dass sie so einen wichtigen Platz in Ihrem Studium einnehmen? In diesem Notebook werden wir uns die reellen Zahlen auf natürlichem Wege selbst herleiten, indem wir von der sogenannten Vervollständigung Gebrauch machen, die man für jeden metrischen Raum durchführen kann. Dabei werden wir wichtige topologische Begriffe diskutieren.

8.2 Differenzierbarkeit über den komplexen Zahlen
In der Analysis ist man gewohnt, mit reellen Funktionen zu rechnen. Was passiert nun, wenn man den Definitionsbereich der reellen Zahlen durch komplexe Zahlen ersetzt? In diesem neuen Kontext ergeben sich sowohl Gemeinsamkeiten als auch Unterschiede, die wir genauer erkunden werden. Um dies zu tun, starten wir erneut mit dem Thema Differentiation und beleuchten, wie sich die Dinge verändern, wenn wir komplexe statt reelle Funktionen betrachten.

8.3 Maßtheorie
In der Analysis haben Sie bereits ein Integral kennen gelernt, das sogenannte Riemann-Integral. Wie man den Integralbegriff abstrahieren kann, sodass man auch höher-dimensionale Funktionen integrieren kann, lehrt uns das Lebesgue-Integral. Bei seiner Konstruktion gehen wir nicht nur auf reelle Vektorräume ein, sondern machen uns auch Gedanken, wie man einen Volumenbegriff für ein abstraktes Setting definieren kann. Dabei wird uns der Begriff des Maßes beschäftigen.

8.4 Knotentheorie

Die Knotentheorie, ein faszinierendes Gebiet der Mathematik, untersucht die Eigenschaften von Knoten – kompliziert verwobene Schlaufen ohne freie Enden. Das Studium der Knotentheorie kann die Problemlösungsfähigkeiten verbessern und das Verständnis der Topologie, einem wichtigen Zweig der Mathematik, vertiefen. Zudem hat sie praktische Anwendungen in Bereichen wie der Biologie, wo sie hilft, die Komplexität von DNA-Strukturen zu entschlüsseln, und in der Physik, wo sie zum Verständnis der Quantenfeldtheorie beiträgt. Durch die Beschäftigung mit der Knotentheorie lösen Sie nicht nur spannende mathematische Rätsel, sondern öffnen auch Türen zu interdisziplinärer Forschung und Innovation.

8.5 Integration in mehreren Dimensionen

Das Studium der Integration von Funktionen in höheren Dimensionen eröffnet ein tiefes Verständnis für mathematische Konzepte wie das Green- und Stokes-Theorem in zwei Dimensionen und das Gauß-Theorem in drei Dimensionen. Diese Sätze sind nicht nur mathematisch elegant, sondern haben auch weitreichende Anwendungen in der Physik und Ingenieurwissenschaften, beispielsweise in der Fluiddynamik und im Elektromagnetismus. Sie ermöglichen es, komplexe Flächen- und Volumenintegrale auf einfachere Randintegrale zu reduzieren, was die Berechnungen enorm vereinfacht. Durch das Erlernen dieser Konzepte erhalten Sie wertvolle Werkzeuge, um anspruchsvolle Probleme in verschiedenen wissenschaftlichen und technischen Bereichen zu lösen.

8.6 Möbiustransformationen

Möbiustransformationen sind Abbildungen der komplexen Zahlen auf sich selbst, die Winkel, Geraden und Kreise erhalten. In diesem Projekt werden wir diese Abbildungen einführen und erste Strukturresultate betrachten. Durch die Untersuchung von Möbiustransformationen werden wir die faszinierenden Eigenschaften der komplexen Zahlen und ihre geometrischen Interpretationen entdecken.

8.5 Projekte

8.7 Das Banach-Tarski-Paradoxon
Wir untersuchen das Banach-Tarski-Paradoxon, ein verblüffendes Resultat der Maßtheorie und der Geometrie. Das Paradoxon besagt, dass es möglich ist, eine Kugel in endlich viele Teile zu zerlegen und diese zu einer zweiten Kugel der gleichen Größe wie die erste neu zusammenzusetzen.

8.8 Die Gamma-Funktion und andere spezielle Funktionen
Dieses Projekt führt in die Gamma-Funktion und ihre Verallgemeinerungen wie die Beta-Funktion und die Zeta-Funktion ein. Wir untersuchen die Eigenschaften, Identitäten und Anwendungen dieser speziellen Funktionen in der Analysis und der Zahlentheorie.

8.9 Gleichmäßige Approximation und Stone-Weierstrass-Theorem
Wir betrachten das Konzept der gleichmäßigen Approximation von Funktionen und den Stone-Weierstrass-Theorem. Dieses Projekt untersucht, wie polynomiale und trigonometrische Approximationen verwendet werden können, um kontinuierliche Funktionen zu nähern.

8.10 Modularformen
Dieses Projekt untersucht modulare Formen, die spezielle analytische Funktionen sind, die unter bestimmten Transformationen der oberen Halbebene invariant bleiben. Modulare Formen sind komplexe Funktionen, die bei der Untersuchung von elliptischen Kurven und in der Zahlentheorie eine zentrale Rolle spielen. Wir betrachten ihre Definition, grundlegende Eigenschaften und Anwendungen, insbesondere in der Beweisführung von Fermats letztem Satz und anderen tiefen mathematischen Theoremen.

8.11 Potenzreihen und Konvergenzradien

Potenzreihen sind unendliche Reihen von Potenzen einer Variablen, die oft zur Darstellung von Funktionen verwendet werden. Der Konvergenzradius einer Potenzreihe gibt an, innerhalb welchen Bereichs um den Entwicklungspunkt herum die Reihe konvergiert. In diesem Projekt untersuchen wir verschiedene Arten von Konvergenz von Potenzreihen und betrachten Beispiele bekannter Funktionen wie die Exponentialfunktion, den Sinus und die geometrische Reihe.

8.12 Mannigfaltigkeiten

Um Lösungsmengen von Gleichungen in mehreren Dimensionen zu beschreiben, verwenden wir Konzepte aus der Differentialgeometrie. Eines davon sind Mannigfaltigkeiten. Mannigfaltigkeiten sind geometrische Objekte, die lokal wie euklidische Räume aussehen, aber global unterschiedliche Strukturen haben können. Karten und Atlanten sind Werkzeuge, um Mannigfaltigkeiten zu beschreiben. Eine Karte ist eine lokale Parametrisierung, die Teile einer Mannigfaltigkeit auf einen euklidischen Raum abbildet. Ein Atlas besteht aus einer Sammlung solcher Karten, die die gesamte Mannigfaltigkeit abdecken. In unserem Projekt werden wir uns mit der Visualisierung von Mannigfaltigkeiten in drei Dimensionen befassen und Techniken wie Parametrisierungen und Karten verwenden, um eine anschauliche Darstellung zu erstellen.

8.13 Leibniz und seine Mathematik

In diesem Projekt betrachten wir Gottfried Wilhelm Leibniz und seine bedeutenden Beiträge zur Mathematik, wie die Entwicklung der Infinitesimalrechnung und das Binärsystem, das die Grundlage der modernen Computertechnologie bildet. Wir werden uns damit beschäftigen, unter welchen Bedingungen Leibniz Mathematik betrieben hat und wie sein Wirken historisch eingeordnet werden kann. Besonders interessant ist der Streit zwischen Leibniz und Isaac Newton über die Priorität der Entdeckung der Infinitesimalrechnung, der zu einer der berühmtesten wissenschaftlichen Kontroversen der Geschichte wurde. Durch die Untersuchung dieser Aspekte werden wir das Leben und Werk von Leibniz besser verstehen und seine weitreichenden Auswirkungen auf die moderne Mathematik und Technologie würdigen.

Geometrie   9

Die Geometrie ist eines der ältesten Gebiete der Mathematik. Ausgehend von konkreten Landvermessungsproblemen über erste Formalisierungsversuche durch die Schule Euklids umfasst der Begriff Geometrie heute viele verschiedene Methoden und Denkrichtungen der modernen Mathematik. In diesem Kapitel möchten wir die klassischen Geometrien der Ebene und Sphäre beleuchten und einige Ausblicke auf moderne Themen bieten. Eine umfassende Einführung würde mehrere Bücher füllen.

9.1   Was ist Geometrie?

Geometrie beschäftigt sich mit der Mathematik eines Raumes und untersucht die relative Lage von Punkten, Geraden, Ebenen, sowie Konzepte für Abstände, Winkel, Flächeninhalte und Krümmung. Dabei muss man sich, wie wir später in diesem Kapitel noch sehen werden, schon genau überlegen, was man in einer allgemeinen Geometrie als ‚Gerade' verstehen möchte. Später mehr dazu, wenn wir den Begriff einer Geodätischen betrachten.

Der Begriff Geometrie stammt vom altgriechischen Wort $\gamma\epsilon\omega\mu\epsilon\tau\rho\iota\alpha$ für Landmasse ab, das sich aus den Wörtern für Erde und Maß zusammensetzt. Das erklärt auch schon gut den historischen Ursprung der Geometrie. Schon vor Tausenden von Jahren haben Menschen Geometrie betrieben und sich geometrische Fragen gestellt. Einige Überlegungen sind im Zusammenhang mit Konstruktions- und Bauvorhaben aufgetaucht und hatten eine genaue Beschreibung unserer Welt oder die konkrete Lösung eines Konstruktions- oder Vermessungsproblems als Ziel.

Bereits im alten Mesopotamien wurden beispielsweise geometrische Methoden zur Approximation von $\sqrt{2}$ entwickelt, um Felder möglichst genau aufteilen zu können. Der Bau der Pyramiden in Ägypten oder antiker Steinkreise wie zum Beispiel in Stonehenge erforderten tiefe geometrische Kenntnisse.

Eine Reise in die Vergangenheit
Ein bemerkenswertes Beispiel für die Fähigkeiten der Zivilisation im alten Mesopotamien ist die approximative Berechnung der Quadratwurzel aus 2. Obwohl sie keine modernen Werkzeuge und Algorithmen zur Verfügung entwickelten die Babylonier erstaunlich genaue Methoden zur Annäherung des Wertes von $\sqrt{2}$. Sie nutzen um das Jahr 1700 vor Christus ein sexagesimales Zahlensystem zur Basis 60. Unser heutiges dezimales Zahlensystem basiert auf der Basis 10. Das Basis 60-System ist tatsächlich in einigen Aspekten sehr praktisch.

Viele mathematische Aufzeichnungen der Babylonier sind auf Tonplatten in Keilschrift überliefert. Die Funde zeigen, dass damals neben vielen anderen Resultaten bereits das Wissen vorhanden war, wie die Quadratwurzel aus 2 bestimmt werden kann. Vergleiche dazu auch Beispiel 2.1 und Abb. 2.1 im Kapitel zur Algebra.

Eine der bekanntesten Babylonischen Platten, YBC 7289 ist in Abb. 9.1 zu sehen. Sie enthält eine Annäherung der Quadratwurzel von 2. Die auf der Platte gefundene Zahl ist 1.4142131, was auf sechs Dezimalstellen genau ist (die tatsächliche Quadratwurzel von 2 ist ungefähr 1.414213562). Man geht heute davon aus, dass diese Tonplatte das Werk eines Studenten im südlichen Mesopotamien irgendwann zwischen 1800 und 1600 vor Christus war.

Die durch die Babylonier verwendete iterative Methoden zur Annäherung der Quadratwurzel von 2 ähnelt dem heute bekannten Babylonischen Algorithmus, der auch Heronsche Methode genannt wird: Man startet dabei mit einer offensichtlich sehr groben Schätzung von $x_1 = 1$ für den Wert von $\sqrt{2}$ und iteriert dann folgende simple rekursive Formel

$$x_{n+1} = \frac{1}{2}\left(x_n + \frac{2}{x_n}\right),$$

um die jeweils nächstbeste Approximation zu berechnen, bis eine ausreichende Genauigkeit erreicht ist. Diese Methode liefert schnell sehr genaue Ergebnisse.

9.1 Was ist Geometrie?

Abb. 9.1 Tontafel Nummer YBC 7289 aus Mesopotamien auf der die Berechnung der Länge der Diagonale im Einheitsquadrat zu sehen ist. Bill Casselmann hat uns das Bild zur Verfügung gestellt. Auf seiner Webseite [13] sind Hintergrundinformationen und weitere Abbildungen zu finden. John Carlos Baetz hat ebenfalls weitere Infos auf seinem Blog [11] gesammelt

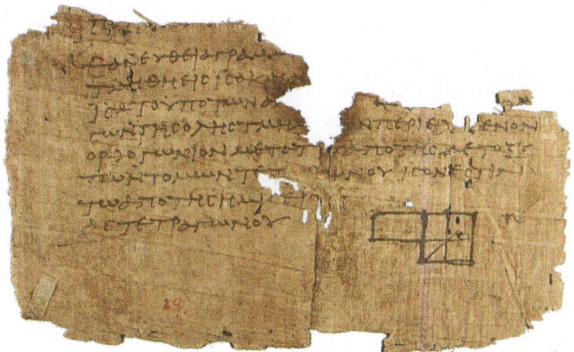

Abb. 9.2 Papyrusfragment mit einem der ältesten und vollständigsten Diagramme aus Euklids *Elementen der Geometrie*. (Quelle: https://personal.math.ubc.ca/~cass/Euclid/papyrus/papyrus.html, William Casselmann, letzter Aufruf der Seite: 30.10.24)

Ein ganz klassisches Beispiel für eine Geometrie ist die *euklidische Geometrie*. Euklids Bücher gehören zu den ältesten überlieferten Mathematik Büchern der Welt. Wunderschöne Textfragmente sind zum Beispiel auf der Webseite von Bill Casselmann [14] zusammengetragen von denen wir eines in Abb. 9.2 zeigen dürfen. Zu sehen ist dort eines der ältesten und vollständigsten Diagramme aus Euklids *Elementen der Geometrie*. Das Papyrusfragment wurde 1896/97 von der renommierten Expedition von B. P. Grenfell und A. S. Hunt unter den bemerkenswerten Abfallhaufen von Oxyrhynchus gefunden wurde. Es befindet sich heute in der Universität von Pennsylvania.

Zurück zur Mathematik. Etwas formeller gesagt ist die euklidische Ebene ein Beispiel für einen *metrischen Raum*, also für eine Menge X mit einer Abstandsfunktion oder Metrik. Eine *Metrik* ordnet einem Paar von Punkten in einem Raum einen Abstand zu und erfüllt eine Reihe weiterer sinnvoller Eigenschaften. So soll zum Beispiel der Abstand von einem Punkt x zu einem anderen Punkt y gemessen dasselbe ergeben, wie wenn man in die umgekehrte Richtung von y nach x misst. Diese Eigenschaft nennen wir *Symmetrie* der Metrik. Außerdem soll ein Abstand nur dann null sein, wenn man nicht zwischen zwei verschiedenen Punkten misst. Abstände sollen also *positiv* sein. Eine letzte wünschenswerte Eigenschaft ist die Formalisierung der natürlichen Erfahrung, dass Umwege über zusätzliche Punkte weiter sind als der direkte Weg. Dies wird durch die *Dreiecksungleichung* formalisiert.

Schauen wir uns jetzt die formale Definition einer Metrik an.

Definition: Metrik und metrischer Raum
Eine *Metrik d* auf einer Menge X ist eine Abbildung $d : X \to \mathbb{R}$, die folgende Bedingungen für beliebige Punkte x, y, und z aus X erfüllt:

- (Positivität) Ist x von y verschieden, so haben die Punkte einen echten Abstand, d.h. für alle $x \neq y$ in X gilt $d(x, y) > 0$.
- (Symmetrie) Der Abstand hängt nicht von der Richtung der Messung ab, d.h. für alle $x, y \in X$ gilt $d(x, y) = d(y, x)$.
- (Dreiecksungleichung) Der Weg über eine Seite eines Dreiecks mit Ecken x, y und z ist immer kürzer als die Summe der beiden anderen Wege, d.h. für alle $x, y, z \in X$ gilt die Ungleichung

$$d(x, y) \leq d(x, z) + d(z, y).$$

Das Paar (X, d) nennt man dann auch einen *metrischen Raum*.

Die so definierten *metrischen Räume* (X, d) sind ein wesentliches Objekt in der modernen Geometrie. Man untersucht beispielsweise kürzeste Wege und versucht Teilklassen dieser Räume und ihre Symmetrien genauer zu verstehen. Ein Ihnen sicher bekanntes Beispiel für einen metrischen Raum ist die euklidische Ebene (Abb. 9.3).

9.1 Was ist Geometrie?

Beispiel: Die Euklidische Ebene

Wir betrachten jetzt folgendes Modell der euklidischen Ebene: Die Koordinatenebene $\mathbb{E}^2$ genannt ist als Menge gegeben durch:

$$\mathbb{E}^2 = \{(x, y) | x, y \in \mathbb{R}\}.$$

Es handelt sich bei dieser Menge also um Paare von reellen Zahlen, die wir als Koordinaten in Bezug auf zwei senkrecht stehende Achsen verstehen wollen. Dabei ist ein Ursprung mit Koordinaten $(0, 0)$ fest gewählt.

Der Abstand zwischen zwei Punkten $P_1 = (x_1, y_1)$ und $P_2 = (x_2, y_2)$ in der Koordinatenebene wird berechnet durch

$$d_2(P_1, P_2) = \sqrt{(x_1 - x_2)^2 + (y_1 - y_2)^2}.$$

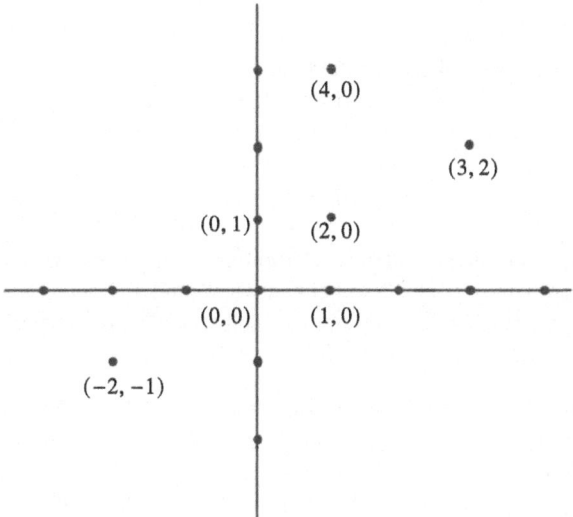

Abb. 9.3 Skizze der euklidischen Ebene mit einigen eingezeichneten Punkten, die mit ihren Koordinaten beschriftet sind

Mit einer konkreten Metrik auf einer gegebenen Menge X, wie im Beispiel eben für die euklidische Ebene angegeben, können wir nicht nur Abstände zwischen Punkten berechnen. Eine Metrik ermöglicht uns zu bestimmen, was eine kürzeste Verbindung zwischen zwei Punkten sein kann. Eine solche kürzeste Verbindung wird, wie sicher allen Leser:innen bekannt ist, in der euklidischen Ebene durch ein Geradenstück beschrieben. Je zwei verschiedene Punkte in der Ebene definieren eindeutig eine Gerade. Der Geradenabschnitt zwischen den Punkten ist dann deren kürzeste Verbindung.

Denkanstoß
Überlegen Sie sich, wie eine solche Gerade aussieht. Versuchen Sie zu zeigen, dass es zu je zwei verschiedenen Punkten $P_1 = (x_1, y_1)$ und $P_2 = (x_2, y_2)$ aus der Menge $\mathbb{R}^2$ genau eine Gerade gibt, die beide Punkte enthält.

Wir beschreiben jetzt, was es bedeutet, in einem allgemeinen metrischen Raum den kürzesten Weg zwischen zwei Punkten zu finden. Dazu benötigen wir zunächst ein paar weitere Begriffe.

Wir werden Wege in metrischen Räumen mathematisch als Kurven beschreiben. Formal sind Kurven Abbildungen, die ein Intervall oder die gesamte euklidische Gerade in den metrischen Raum abbilden, als würden wir ein Stück Schnur auf unseren metrischen Raum legen. Das wollen wir so machen, dass Abstände von Punkten gemessen im Intervall (d. h. auf der Schnur) auch genau den Abständen der zugeordneten Bildpunkte in unserem metrischen Raum entsprechen. Dafür führen wir den Begriff der abstandserhaltenden Abbildung ein, der dieses Phänomen beschreibt.

Definition: Abstandserhaltende Abbildung
Seien $(X, d_X), (Y, d_Y)$ zwei metrische Räume. Eine Abbildung $f : X \to Y$ heißt *abstandserhaltend*, wenn für alle $x_1, x_2 \in X$ gilt

$$d_Y(f(x_1), f(x_2)) = d_X(x_1, x_2).$$

Eine bijektive, abstandserhaltende Abbildung nennen wir *Isometrie*. Existiert eine Isometrie von X nach Y, so nennen wir X und Y *isometrisch*. Eine Isometrie eines metrischen Raumes auf sich selbst heißt *Automorphismus*.

Schauen wir uns direkt zwei konkrete Beispiele für solche Abbildungen an. Seien dazu $X = \mathbb{R}^2$ mit $d(x, y) = |x - y|$ und $Y = \mathbb{E}^2$ mit $d = d_2$ gegeben. Als Menge ist die euklidische Ebene Y zur Punktmenge X identisch. Als metrische Räume sind die Paare (Y, d_2) und (X, d) aber verschieden. Die Abbildung $f : X \to Y$ mit $x \mapsto (x, 0)$ ist abstandserhaltend, aber keine Isometrie.

Betrachten sie als weiteres Beispiel $X = \mathbb{Z}$ und $d(x, y) = |x - y|$. Dann ist $f : \mathbb{Z} \to \mathbb{Z}$ mit $x \mapsto x + a$ ein Automorphismus für alle $a \in \mathbb{Z}$.

Mit Hilfe abstandserhaltender Abbildungen können wir nun beschreiben, was wir unter kürzesten Verbindungen zwischen Punkten in beliebigen metrischen Räumen verstehen.

9.1 Was ist Geometrie?

> **Definition: Geodätische**
> Eine *Geodätische* γ in einem metrischen Raum (X, d) ist eine stetige, abstandserhaltende Abbildung $\gamma : I \to X$, wobei I eine der folgenden Teilmengen in $\mathbb{R}$ sei: entweder $\mathbb{R}$ selbst, ein Intervall $[a, b]$ mit $a < b \in R$, oder Teilmengen wie $[a, \infty)$ oder $(-\infty, a]$.
>
> Wir sagen $x \in X$ *liegt auf der Geodätischen* γ, wenn x im Bild von γ enthalten ist. Liegen drei Punkte auf einer gemeinsamen Geodätischen, so nennen wir diese Punkte *kolinear*.

Zunächst einmal ist anzumerken, dass es metrische Räume gibt, in denen zwischen zwei Punkten mehrere Geodätische existieren können. Die Eigenschaft, dass im Spezialfall der euklidischen Ebene zwei Punkte jeweils eine eindeutige Geodätische (also Gerade) bestimmen, ist etwas besonderes.

> **Denkanstoß**
> Betrachten Sie den Graphen in Abb. 9.4. Der Abstand zwischen zwei Ecken ist die Anzahl der Kanten eines kürzesten Pfades von einer Ecke zur anderen. Überlegen Sie sich wie viele gleich lange Pfade es zwischen zwei ausgewählten Ecken gibt. Suchen Sie sich dazu zwei beliebige der fett markierten Ecken aus. Was passiert wenn man die Längen einzelner Kanten ändert und so eine andere Metrik auf dem Graphen betrachtet?

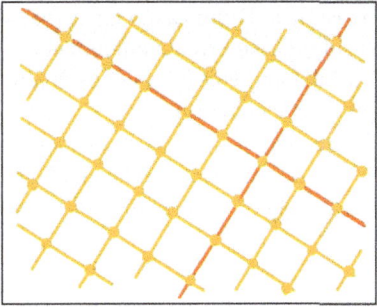

Abb. 9.4 Ein Graph mit vielen kürzesten Pfaden zwischen Paaren von Ecken

Mit den oben eingeführten Geodätischen haben wir ein erstes, zentrales Werkzeug in der Geometrie kennen gelernt. Die Menge aller Geodätischer und wie sie sich verhalten sagt schon viel über eine Geometrie aus. Zu den in der Geometrie relevanten Werkzeugen und Objekten gehören darüber hinaus auch Winkel oder verschiedene Begriffe für Krümmung. Dabei ist sowohl das lokale Verhalten in einer kleinen Umgebung um einen Punkt, als auch globales Verhalten in der gesamten Geometrie von Interesse und Relevanz.

Heute unterscheiden wir zwischen konkreten Modellen von Geometrie und abstrakten, zum Teil axiomatisch festgelegten Geometrie-Konzepten. Die Begriffe und Definitionen von Punkt, Gerade und (Hyper-)Ebene sind je nach Teilgebiet der Geometrie weit gefasst und unterschiedlich definiert und ausgeprägt. Auch Begriffe wie Krümmung oder Winkel können in verschiedenen Kontexten unterschiedlich definiert sein.

Für unsere Zwecke werden wir mit folgender Beschreibung dessen arbeiten, was wir unter Geometrie verstehen wollen:

> **Definition: Geometrie – Der Versuch einer Definition**
> Eine *Geometrie* ist eine mathematische Struktur, deren Elemente und Bestandteile typischerweise Punkte, Geraden oder Ebenen genannt werden. Dabei werden die Beziehungen dieser Elemente über Axiome geregelt oder durch ein konkretes Modell, durch Angabe von Punkten und einer Abstandfunktion, beschrieben.

Mit dieser groben Beschreibung wollen wir im Rest des Kapitels arbeiten. Im Unterschied zu einer Geometrie (siehe oben) sprechen Mathematiker:innen auch oft über geometrische Objekte. Dazu gehören unter anderem Dinge, die in einer Geometrie geformt werden können. Zum Beispiel Geraden, Ebenen, Sphären, Würfel, Tetraeder oder andere Formen.

Als mathematisches Gebiet ist die Geometrie uralt. Im 19. Jahrhundert passierten jedoch bahnbrechende Entwicklungen, die unser Verständnis von Geometrie wesentlich erweiterten. Zunächst einmal bewies Carl Friedrich Gauß das *Theorema Egregium,* also den „bemerkenswerten Satz", der besagt, dass ein gewisser Krümmungsbegriff (genannt Gauss'sche Krümmung) einer Fläche unabhängig davon ist, wie wir die Fläche in den euklidischen Raum hineinlegen, genauer einbetten. Diese Erkenntnis führte zur Untersuchung von Flächen als eigenständige Räume und zur Entwicklung der Riemannschen Geometrie.

Ebenfalls im 19. Jahrhundert wurde die Existenz widerspruchsfreier, nichteuklidischer Geometrien gezeigt. Seitdem hat sich das Fachgebiet in zahlreiche Teilgebiete wie zum Beispiel die Differentialgeometrie, metrische Geometrie oder diskrete Geometrie aufgeteilt.

9.2 Wie kann man geometrische Objekte angeben?

Bisher haben wir nur ein konkretes Beispiel für eine Geometrie in diesem Kapitel kennen gelernt: die euklidische Ebene anhand des Modells im Beispiel auf S. 187. Möchte man weitere Geometrien oder geometrische Objekte betrachten, die nicht Teil der euklidischen Geometrie sind, stellt sich zunächst einmal die Frage, wie man überhaupt eine Geometrie angeben kann.

Im Wesentlichen verfolgen Mathematiker:innen zwei Wege, um Geometrien eindeutig zu beschreiben: Modelle für und axiomatische Beschreibungen von Geometrien.

9.2 Wie kann man geometrische Objekte angeben?

Die euklidische Ebene haben wir oben im Abschn. 9.1 bereits als Modell eingeführt, das heißt sie wurde konkret als Menge mit Abstandsfunktion angegeben.

Von Euklid selbst wurde die *euklidische* Geometrie ursprünglich anhand einer Liste sogenannter *Postulate* eingeführt und beschrieben. Was Euklid damals Postulat nannte, würden wir heute als *Axiom* bezeichnen.

Ein solches Axiom ist in gewisser Weise ein Grundbaustein, auf dem die betrachtete Mathematik aufbaut. Es handelt sich hierbei also um eine Festlegung von Begriffen und Eigenschaften, die man nicht beweisen muss oder kann und die das Fundament der betrachteten Mathematik darstellen. Axiome sind vergleichbar mit den Spielregeln eines Gesellschaftsspiels. Sie stecken den Rahmen ab, wo, mit was und wie gespielt wird. Ändert man die Spielregeln ergibt sich ein neues Spiel.

Hier nochmal zur Verdeutlichung: Unser Ziel ist es eine Geomtrie, konkreter in unserem Fall die Geometrie der euklidischen Ebene, mit Hilfe einer definierenden Liste von Eigenschaften zu beschreiben. Diese Eigenschaften heißen *Axiome*.

Beispiel: Axiomensysteme und Modelle

- Axiome sind wie Spielregeln für die zu betreibende Mathematik. Ein Axiom entspricht einer Regel. Ein Axiomensatz gleicht einer gesamten Spielanleitung, mit der es zu arbeiten gilt.
- Gegeben ein festes Axiomensystem, also eine feste Menge an Axiomen, so werden alle Aussagen (in dem Axiomensystem) als wahr betrachtet, die aus diesen Axiomen ohne zusätzliche Annahmen abgeleitet werden können.
- Aussagen, die nicht aus den Axiomen abgeleitet werden können, werden nicht als wahr betrachtet. Sie sind nicht beweisbar aber auch nicht widerlegbar. Über ihren Wahrheitsgehalt kann im Axiomensystem nicht entschieden werden.

Im Gegensatz zu einem Axiomensystem, das grundlegende, definierende Eigenschaften einer Geometrie festlegt, ist ein Modell ein konkretes Beispiele oder eine Realisierungen eines Axiomensystems. Modelle belegen, dass es tatsächlich ein mathematisches Objekt gibt, das alle Eigenschaften erfüllt, die durch die Axiome beschrieben werden.

Man kann also Modelle als Existenzbelege der axiomatisch festgelegten Geometrie sehen. Das Modell der euklidischen Ebene im Beispiel auf 187 ist so ein Beleg für die Existenz der euklidischen Geometrie.

Aus heutiger Sicht weist der axiomatische Aufbau Euklids einige Ungenauigkeiten und Lücken auf, weshalb auch im 19. Jahrhundert Mathematiker:innen sich damit beschäftigten bessere Axiomensysteme aufzustellen. Ein Beispiel dafür ist in David Hilberts Werk „Grundlagen der Geometrie" [17] zu finden. Er entwickelte darin ein Axiomensystem, das die euklidische Geometrie, wie wir sie heute verstehen, bis auf

Isometrie eindeutig beschreibt. Ein solches Axiomensystem muss zudem die reellen Zahlen beschreiben, da alle Abstände in (nicht-negativen) reellen Zahlen gemessen werden und die Geraden jeweils Kopien der reellen Zahlengerade darstellen. Allerdings hat dies den Nachteil, dass die erforderliche Liste von etwa 20 Axiomen relativ lang ist.

George Birkhoff hat ein Axiomensystem für die euklidische Ebene aufgestellt, das Kenntnisse über die reellen Zahlen und das Wissen um einen metrischen Raum voraussetzt, deshalb aber auch wesentlich kürzer ist. Dieses Axiomensystem wollen wir im nächsten Teilkapitel beschreiben. Vergleiche dazu auch [19] und die Referenzen auf Birkhoffs Originalarbeiten dort.

> **Denkanstoß**
> Ist Ihnen an anderer Stelle schon ein Axiomensystem begegnet? Kennen Sie Beispiele für mathematische Objekte, die durch eine Liste von Eigenschaften festgelegt oder definiert werden?

9.2.1 Ein Axiomensystem der Euklidische Geometrie

Wir beschreiben jetzt die Birkhoffschen Axiome für die Euklidische Ebene. Damit wir mit nur 5 Axiomen auskommen müssen wir ein paar Begriffe voraussetzen.

Wir gehen davon aus, dass Sie grundlegende Rechnungen in den reellen Zahlen $\mathbb{R}$ durchführen und modulo 2π ($\equiv$) rechnen können. Letzteres betrachtet zwei Zahlen als äquivalent, wenn sie sich um ein ganzzahliges Vielfaches von 2π unterscheiden. Beispielsweise ist $1 \equiv 1 + k2\pi$ für eine beliebige ganze Zahl k.

Weiter nehmen wir an, dass Ihnen der Begriff eines metrischen Raumes bekannt ist. Unter einem Winkel in einem metrischen Raum wollen wir in diesem Kapitel eine Konfiguration zweier Strecken oder Halbgeraden verstehen, die sich in einem Punkt treffen und dazwischen einen Bereich, den Winkel, einschließen. Ein Winkel $\angle xoy$ ist für uns durch eine geordnete Liste dreier Punkte x, o, y gegeben, wobei o im allgemeinen die Spitze des Winkels bezeichnet. Vergleiche dazu auch Abb. 9.5.

Die euklidische Ebene lässt sich unter diesen Voraussetzungen durch folgende fünf Axiome beschreiben:

> **Definition: Euklidische Ebene**
> Die *Euklidische Ebene* ist eine Menge X, für die gilt:
>
> (1) X ist ein metrischer Raum mit Metrik d, der mindestens zwei Punkte enthält.
> (2) Für je zwei verschiedene Punkte x, y in X existiert genau eine Gerade[1], auf der die Punkte x und y liegen.

(3) Jeder Winkel $\angle xoy$ in X definiert eine Zahl im Intervall $(-\pi, \pi]$, genannt das *Maß des Winkels*. Schreibe $\angle xoy$. Das Maß hat folgende Eigenschaften:

   (a) *Eindeutigkeit:* Für jede gegebene Halbgerade $[ox)$ und jedes Winkelmaß $\alpha \in (-\pi, \pi]$ existiert genau eine Halbgerade $[oy)$, die mit der ersten einen Winkel mit Maß α einschließt.
   (b) *Additivität*: Winkelmaße von anliegenden Winkeln addieren sich. Genauer gilt für alle x, y, z verschieden von o, dass die Summe der Winkelmaße von $\angle xoy$ und $\angle yoz$ gerade das Winkelmaß von $\angle xoz$ ergibt. Als Formel dafür schreiben wir:

   $$\angle xoy + \angle yoz \equiv \angle xoz.$$

   (c) *Stetigkeit:* Die Winkelfunktion $\angle : (x, o, z) \mapsto \angle xoz$ ist stetig in jedem Tripel (x, o, z) mit $x \neq o \neq z$ und $\angle xoz \neq \pi$. Ändert man einen der drei definierenden Punkte stetig, so ändert sich auch das Maß des Winkels stetig.

(4) *Seite-Winkel-Seite-Kongruenz:* Zwei Dreiecke $\triangle$ auf den Ecken x, y, z und $\triangle'$ auf den Ecken x', y', z' sind genau dann kongruent, geschrieben als $\triangle xyz \cong \triangle x'y'z'$, wenn der Winkel an x das gleiche Maß hat wie der Winkel an x', d. h. $\angle z'x'y' = \pm \angle zxy$ und zwei (und damit alle) ihrer Seitenlängen übereinstimmen, d. h. $d(x', y') = d(x, y)$, und $d(x', z') = d(x, z)$.

(5) *Winkelsatz:* Gilt für zwei Dreiecke $\triangle xyz$ und $\triangle xy'z'$ und $k > 0$, dass y auf der Seite mit Ecken x, y' liegt[2], z auf der Seite mit Ecken x, z' und $d(x, y) = k \cdot d(x, y')$ sowie $d(x, z) = k \cdot d(x, z')$ ist, dann gilt auch $d(y, z) = k \cdot d(y', z')$, $\angle xyz = \angle xy'z'$ und $\angle xzy = \angle xz'y'$.

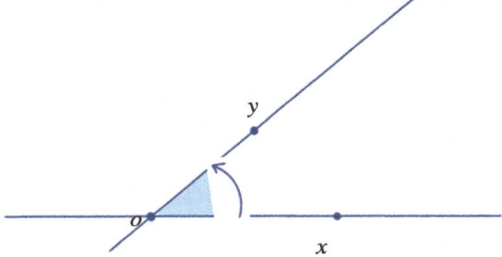

Abb. 9.5 Ein Winkel zwischen zwei Geraden wird, wie hier gezeigt, durch den Schnittpunkt o der Geraden, sowie je einen Punkt x bzw. y auf den Geraden charakterisiert. Dabei messen wir den Winkel immer gegen den Uhrzeigersinn und nennen den Punkt zuerst von dessen Gerade aus gemessen wird

---

[1] Unter einer Geraden verstehen wir hier ein isometrisches Bild von $\mathbb{R}$ in X.

Man kann nachrechnen, dass das auf Seite 187 eingeführte Modell $\mathbb{E}^2$ der euklidischen Koordinatenebene alle gelisteten Eigenschaften erfüllt.

> **Denkanstoß**
> Überlegen Sie sich anhand von kleinen Skizzen, was die einzelnen Axiome wirklich bedeuten. Für Axiom 5 haben wir das in Abb. 9.6 übernommen.
> Versuchen Sie sich dann klarzumachen, warum das bekannte Modell der euklidischen Koordinatenebene alle Axiome erfüllt.

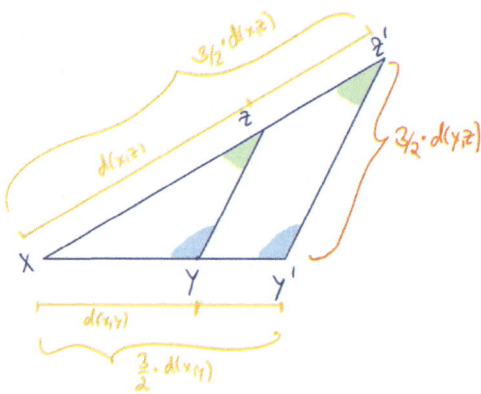

Abb. 9.6 Diese Abbildung illustriert Axiom (5) der Definition der Euklidischen Ebene. Dabei setzen wir die Relationen der gelb Markierten Maße voraus und verlangen, dass man daraus folgern kann, dass auch die vertikalen Seiten mit Ecken y, z bzw. y', z' im gleichen Verhältnis stehen. Ebenfalls erwarten wir, dass man Gleichheit der gleichfarbigen Winkel folgern kann. In dieser Abbildung ist das gesucht $k = \frac{3}{2}$

Im Rest dieses Unterkapitels bezeichne (X, d) immer die durch die in der Definitionsbox gelisteten Axiome definierte euklidische Ebene. Mit x, y, z bezeichnen wir Punkte in X. Die folgenden beiden Lemmata zeigen beispielhaft, wie man Aussagen über die euklidische Ebene mit Hilfe der Axiome formal beweisen kann - ohne das konkrete Modell zu verwenden.

Lemma 9.1 *Die euklidische Ebene enthält unendlich viele Punkte und Geraden.*

---

[2] oder, alternativ, y' auf der Seite mit Ecken x, y und z' auf der Seite mit Ecken x, z.

9.2 Wie kann man geometrische Objekte angeben?

Beweis Aus Axiom (1) und (2) wissen wir, dass es mindestens zwei Punkte x_1, x_2 in X gibt, sowie eine Gerade l, die x_1 und x_2 enthält. Die Teilmenge $l \subset X$ enthält aber selbst unendlich viele Punkte, weil sie isomorph zu $\mathbb{R}$ ist. Es gibt also unendlich viele Punkte in X. Mit Hilfe von Axiom (3) wissen wir, dass es unendlich viele Geraden durch den Punkt x gibt, die von l verschieden sein müssen. □

Die nächste Aussage zeigen wir mit einem Widerspruchsbeweis. Wir nehmen also das Gegenteil dessen an, was wir zeigen wollen, und führen so lange logische Schlüsse durch, bis wir zu widersprüchlichen Aussagen gelangen.

Lemma 9.2 *Zwei verschiedene Geraden schneiden sich in höchstens einem Punkt.*

Beweis Wir nehmen an es existieren zwei verschiedene Geraden l, l' mit zwei Schnittpunkten x und y. Aus Axiom (2) folgt dann, dass l und l' übereinstimmen müssen, was im Widerspruch zur Annahme steht, dass diese beiden Geraden verschieden sind. □

> **Denkanstoß**
> Sie haben gerade einen Widerspruchsbeweis gesehen. Kennen Sie weitere Aussagen, die mit Widerspruchsbeweis gezeigt werden? Welche Beweisformen kennen Sie noch?

Ein wesentlicher Satz der euklidischen Geometrie besagt, dass es zu einer Geraden und einem Punkt außerhalb dieser Geraden genau eine weitere Grade gibt, die durch den Punkt geht und zur ersten Gerade parallel ist. Diese Aussage war Teil der Postulate Euklids, also eines der Axiome der Geometrie, und wird auch das *Parallelenpostulat* genannt.

Dazu benötigen wir zunächst eine Definition von Parallelität:

> **Definition: Parallele Geraden**
> Zwei Geraden heißen *parallel*, wenn sie sich nicht schneiden.

Vielleicht hatten Sie eine andere Definition von Parallelität im Sinn, zum Beispiel über gleichbleibende Abstände. In der euklidischen Ebene sind die beiden Definitionen äquivalent und somit austauschbar, aber das ist nicht in allen Geometrien der Fall.

> **Parallelenpostulat**
> Seien eine Gerade l und ein Punkt p in der euklidischen Ebene gegeben, so dass p nicht auf l liegt. Dann existiert genau eine Gerade l' durch p, die zu l parallel ist.

Im Rahmen der Birkhoffschen Beschreibung der euklidischen Ebene können – und müssen – wir diese Aussage beweisen, da sie nicht Teil der Birkhoffschen Axiomatik ist. Der Beweis des Parallelenpostulats benutzt ganz wesentlich das fünfte Axiom. Dieses Axiom garantiert hier die Eindeutigkeit der Parallelen und macht die Aussage erst möglich.

Um besser zwischen unseren (also Birkhoffs) Axiomen und denen von Euklid zu unterscheiden werden wir die Bedingungen Euklids hier immer Postulate nennen.

Euklid versuchte vergeblich das Parallelenpostulat mit Hilfe der (restlichen) euklidischen Postulate zu beweisen. Also hat Euklid dieses Postulat zusätzlich in die Liste der seiner Postulate aufgenommen und sich viele Gedanken darüber gemacht, ob es nötig ist diese Aussage anzunehmen oder ob sie vielleicht doch aus den restlichen Postulaten beweisbar ist.

Diese Frage blieb tausende von Jahre ungelöst bis im 19. Jahrhundert gleich mehrere Mathematiker in Russland und Frankreich Modelle hyperbolischer Geometrien konstruierten, die ohne das Parallelenpostulat auskommen. Diese nichteuklidischen Geometrien werden auch in Projekt 9.2 behandelt. Inzwischen ist uns bestens bekannt, dass das Parallelenpostulat innerhalb Euklids System eben nicht beweisbar ist.

Wir aber haben in unserem Axiomensystem das Parallelenpostulat nicht gefordert und behaupten dennoch, dass unsere fünf Axiome die euklidische Ebene beschreiben. Also wird für uns das Parallelenpostulat als Satz aus den fünf Axiomen beweisbar sein (müssen).

Um das Parallelenpostulat zu beweisen, müssen wir zwei Dinge zeigen: Zum einen die Existenz der Parallelen, also die Tatsache, dass es überhaupt so eine Grade l' mit der geforderten Eigenschaft gibt. Dann müssen wir noch Eindeutigkeit beweisen, das heißt nachweisen, dass es keine zweite Gerade geben kann, die ebenfalls die gesuchten Bedingungen erfüllt.

Der Beweis des Parallelenpostulates benutzt ganz wesentlich folgende Aussage:

> **Existenz von Senkrechten**
> Gegeben eine Grade l und ein Punkt p. Dann gibt es eine eindeutige Gerade l', die senkrecht zu l ist und p enthält.

9.2 Wie kann man geometrische Objekte angeben?

> **Denkanstoß**
> Versuchen Sie die Existenz der Parallelen im Parallelenpostulat zu zeigen. Nutzen sie die oben formulierte Aussage über die Existenz von Senkrechten. Ein Hinweis für den Beweis der Existenz ist in Abb. 9.7 zu sehen.
>
> Wenn Sie eine Herausforderung suchen, dann probieren Sie auch die Eindeutigkeit nachzuweisen.

Abb. 9.7 Um eine Parallele zu l durch p zu konstruieren, konstruiere nacheinander eine Senkrechte l' auf l und dann eine weitere Senkrechte l'' auf l'

9.2.2 Sphärische Geometrie

Es ist offensichtlich, dass wir statt euklidischer Geometrie eigentlich Geometrie auf einer Kugeloberfläche betrachten müssen, um reale Phänomene der Landvermessung auf der Erde zu beschreiben. Dass dies vielleicht Euklid noch nicht bewusst war, liegt an der schieren Größe der Kugel, auf der wir leben. Je größer die betrachtete Kugel ist, also je größer ihr Umfang oder Radius, desto mehr gleicht die Geometrie ihrer Oberfläche der Geometrie der euklidischen Ebene. Was genau damit gemeint ist, lässt sich zum Beispiel mit dem Begriff der Krümmung einer Fläche, in diesem Fall einer Kugeloberfläche, darstellen.

In diesem Abschnitt behandeln wir elementare Eigenschaften der Geometrie der Sphären anhand eines Modells. Dabei gehen wir nicht streng axiomatisch vor, obwohl das durchaus möglich ist, vergleiche [19], sondern betrachten Geometrie auf der Sphäre von einem elementaren Blickwinkel. Wir betrachten die Sphäre eingebettet in den $\mathbb{R}^3$.

Wenn Sie mehr darüber wissen möchten, kann das folgende Buch von Andreas Filler hilfreich sein: „Euklidische und nicht-Euklidische Geometrie", siehe [16].

> **Definition: Die Sphäre**
> Eine *Sphäre* mit Radius r und Mittelpunkt o im 3-dimensionalen euklidischen Raum $\mathbb{E}^3$ ist die Menge aller Punkte, die von o Abstand r haben, d. h.
>
> $$S_{r,o} = \{x \in \mathbb{E}^3 : \mathrm{d}(x, o) = r\}.$$

Punkte auf der Sphäre lassen sich mit zwei Parametern beschreiben, wie Sie im nächsten Beispiel sehen können. Die sphärische Geometrie ist damit (genau wie die euklidische Ebene) zweidimensional.

Kugel-/Polarkoordinaten

Wir definieren die Kugelkoordinaten für eine Sphäre um den Ursprung o im $\mathbb{R}^3$. Dabei handelt es sich um zwei Parameter, mit deren Hilfe sich Punkte auf der Sphäre eindeutig lokalisieren lassen.

Sei o der Ursprung im $\mathbb{E}^3$ und p ein beliebiger Punkt auf der Sphäre $S_{r,o}$. Bezeichne mit p' den Fußpunkt von p auf der $x_1 x_2$-Ebene. Diese Situation ist in Abb. 9.8 dargestellt.

Die Lage von p kann nun durch zwei Parameter $\lambda \in (-\pi, \pi]$ und $\Phi \in [-\frac{\pi}{2}, \frac{\pi}{2}]$ beschrieben werden. Der erste Parameter λ entspricht dem Winkelmaß des Winkels an o zwischen der Gerade durch o und p', sowie der x_1-Achse (in der Abbildung dargestellt durch den grünen Pfeil). Der Wert des zweiten Parameters $\Phi = \angle p'op$ ist das Winkelmaß an o des Dreiecks mit Ecken p, o, p' (in der Abbildung dargestellt durch den roten Pfeil).

Alle Paare (λ, Φ), bei denen Φ verschieden von $\frac{\pi}{2}$ und $-\frac{\pi}{2}$ ist, bestimmen einen eindeutigen Punkt, der durch keine anderen Koordinaten gegeben ist. Solche Punkte haben also eindeutige Polarkoordinaten.

Ist Φ gleich $\pm\frac{\pi}{2}$ so fallen viele Koordinaten zu einem Punkt zusammen. Genauer gilt: Jedes Paar $(\lambda, \frac{\pi}{2})$ beschreibt den selben Punkt, genannt *Nordpol*, und jedes Paar $(\lambda, -\frac{\pi}{2})$ den *Südpol*.

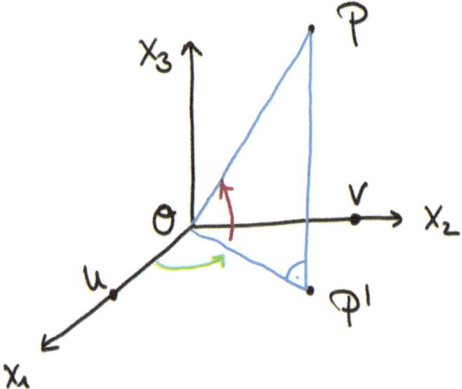

Abb. 9.8 Kugelkoordinaten des Punktes p sind durch den grünen Winkel λ und pinken Winkel Φ gegeben

Um ein besseres Verständnis der Geometrie der Sphäre zu bekommen, schauen wir uns noch an, wie die kürzesten Verbindungen zwischen zwei Punkten auf der Sphäre verlaufen.

9.2 Wie kann man geometrische Objekte angeben?

Denkanstoß

Bevor Sie weiterlesen, probieren Sie mal aus, die kürzesten Verbindungen auf einer Kugel selbst zu bestimmen. Nehmen Sie einen Tennisball und ein paar Haushaltsgummis oder einen größeren Ball und ein längeres Stück Wolle oder Schnur.

Markieren Sie auf dem Ball zwei Punkte und versuchen Sie ein möglichst kurzes Stück Schnur als Verbindungsstrecke auf der Oberfläche zwischen den beiden Punkten zu spannen. Was können Sie beobachten? Wie verändert sich die kürzeste Verbindung, wenn Sie die Endpunkte bewegen? Können Sie ein Haushaltsgummi so um einen Ball spannen, dass es nicht wieder wegrutscht? Wenn ja, was können Sie daraus über kürzeste Verbindungen zwischen Punkten lernen?

Grundsätzlich lässt sich für die Abstände zweier Punkte auf der Einheitssphäre eine Abstandsformel angeben. Aus dieser Abstandsformel lässt sich herleiten, wie die kürzesten Verbindungen zwischen zwei Punkten auf der Kugeloberfläche verlaufen. Vielleicht ist es Ihnen durch die kleinen Experimente im Denkanstoß oben schon aufgefallen: Kürzeste Verbindungen zwischen Punkten verlaufen anhand von ganz bestimmten Kreisbögen auf der Sphäre, den sogenannten Großkreisen.

Definition: Großkreis

Ein *Großkreis* auf einer Sphäre ist die Schnittmenge einer Ebene durch den Ursprung mit der Sphäre.

Großkreise sind tatsächlich die größtmöglichen Kreise auf der Kugeloberfläche. Sie entstehen, wie oben beschrieben, durch Schnitte von Ebenen mit der Sphäre, wenn die Ebenen den Ursprung des 3-dimensionalen umgebenden Koordinatensystems enthalten. Eine äquivalente Beschreibung von Großkreisen erhalten wir, wenn wir fordern, dass ein Kreis zwei sich auf der Kugel gegenüberliegende Punkte enthält.

In Abb. 9.9 sind ein paar Großkreise abgebildet. Fluglinien von Flugzeugen verlaufen oft entlang solcher Großkreise. Durch die verzerrte Kartenabbildung in der Ebene sehen diese kürzesten Flugstrecken dann wie gebogene Linien aus und wirken für unser Auge gar nicht mal kurz. Das ist folgender Tatsache geschuldet: es gibt wesentliche Unterschiede zwischen der sphärischen und der euklidischen Geometrie, die es beweisbar unmöglich machen die Kugeloberfläche als flache Karte darzustellen. Zum Thema Kartenabbildungen verweisen wir auf Projekt 9.3. Vergleichen Sie zum Thema Kartographie auch Abschn. 8.3.2 und Projekt 8.12 dort.

Abb. 9.9 Der weiße, rote und blaue Kreis ist ein jeweils ein Großkreis. Sie entstehen als Schnitte von Ebenen (mit passender Farbe) durch den Ursprung o mit der 2-Sphäre. Der gelbe Kreis ist kein Großkreis, da die gelbe Ebene den Ursprung o nicht enthält

> **Denkanstoß**
> Wir haben in der euklidischen Geometrie das Parallelenpostulat bewiesen. Wie verhält es sich mit Parallelen in der sphärischen Geometrie? Erinnern Sie sich an die Definition von „Gerade" in der Sphäre und prüfen Sie, ob das Parallelenpostulat erfüllt ist.

9.3 Wo begegnet uns Geometrie?

Methoden und Ergebnisse der Geometrie sind in unserem Alltag allgegenwärtig. Geometrie begegnet uns in der Natur, in der Kunst, aber auch in der Architektur, im Ingenieurswesen oder in der Fertigung. Ein paar wenige solcher Anwendungen sollen in diesem Kapitel vorgestellt werden.

9.3.1 Geometrie und Architektur

Mathematik und Architektur sind eng miteinander verbunden. Mathematische Konzepte sind nötig, um die Statik von Gebäuden zu berechnen, damit diese überhaupt stabil gebaut werden können. Symmetrie und geometrische Formen sind die Grundbausteine für ästhetisch ansprechende Bauten und erlauben uns, Lichteinfall und Luftzirkulation zu beeinflussen. Geometrische Prinzipien finden zum Beispiel Anwendung in der konkreten Gestaltung von Räumen. Proportionen und Maßstab haben einen großen Einfluss darauf, wie ein Raum von Menschen wahrgenommen wird.

Symmetrische Anordnungen von Gebäudeteilen, wie zum Beispiel Fenstern und Balkonen, können ein Gefühl von Ordnung und Ruhe erzeugen, während asymmetrische Designs Dynamik und Spannung schaffen können. Durch die geometrische Platzierung von Fenstern und Öffnungen kann auch Licht oder Luft gelenkt werden und dadurch die Atmosphäre und Nutzungsmöglichkeiten des Raumes beeinflussen. Kosten für Beleuchtung oder Klimatisierung eines Gebäudes können durch clever gewählte geometrische Bauformen optimiert werden. Selbst Themen wie Ergonomie eines Gebäudes oder die Baukosten können durch die Wahl verschiedenster geometrischer Formen beeinflusst werden. Nicht zuletzt sind Fassadenverzierungen und geometrische Ornamente schon immer wesentliche Bestandteile von Architektur.

> **Beispiel: Geodätische Kuppeln**
> Ein besonders schönes Beispiel für die Verknüpfung von Geometrie und Architektur sind die geodätischen[3] Kuppeln, die Mitte des 20. Jahrhunderts vom amerikanischen Architekten Richard Buckminster Fuller entwickelt wurden.
> Halbkugelförmige Gebäude, oft aus Glas, werden aus Dreiecken oder anderen polyhedrischen Strukturen zusammengesetzt. Solche geodätischen Kuppeln sind besonders stabil, haben ein geringes Eigengewicht und können dabei auch eine große Fläche überspannen.
>
>

9.3.2 Geometrie in der Kunst

Seit Jahrhunderten wird Geometrie in der Kunst verwendet und hat bis heute einen großen Einfluss auf sie. Ein Begriff, an dem sich ein frühes Zusammenspiel von Mathematik und Kunst sehr gut deutlich machen lässt, ist die Perspektive. Unsere Wahrnehmung der Welt ist geprägt durch ihre Dreidimensionalität. Dinge, die weiter weg oder hinter anderen angeordnet sind, erscheinen kleiner. Parallele Geraden, wie zum Beispiel die beiden Seiten einer schnurgeraden Straße, scheinen in der Ferne aufeinander zu zu laufen. Diese Beobachtungen lassen sich mit Hilfe der projektiven Geometrie und der darstellenden Geometrie sehr genau fassen.

---

[3] Warum Fuller den kugeligen Gebäuden den Namen „geodesic dome" gab ist unklar. Mit dem Verlauf der Geodätischen auf der Kugelgeometrie hat es (zumindest aus Sicht der Mathematik) nichts zu tun.

Geometrische Konstruktionen sind nötig, um unsere dreidimensionale Welt perspektivisch korrekt abzubilden. Historisch geht die Untersuchung der Perspektive sehr weit zurück. Viele große Künstler:innen haben sich mit der Frage beschäftigt, wie man perspektivisch korrekt zeichnen kann und sie haben dabei jede Menge dreidimensionaler Geometrie erforscht. Sehr einflussreich war hier Albrecht Dürer, der eine Apparatur erfand, die eben genau das macht: Dreidimensionale Objekte werden mittels Zentralprojektion korrekt auf eine zweidimensionale Fläche abgebildet. Seine Erkenntnisse hielt er 1525 in einem vierteiligen Werk mit Titel *Underweysung der messung mit dem zirckel und richtscheyt in Linien ebnen unnd gantzen corporen* fest. Dieses Werk ist vermutlich das erste Mathematikbuch in deutscher Sprache und enthält viele bemerkenswerte geometrische Resultate.

Heute sind mathematische Einflüsse bei vielen Künstler:innen zu finden. Ein besonders bemerkenswertes Beispiel der neueren Zeit ist Maurits Cornelius Escher, der in engem Austausch mit Harold Scott Macdonald Coxeter stand. Vergleiche dazu die Podcast Episode über Escher von $\pi = 3$, siehe [18]. Escher ist insbesondere bekannt für seine bemerkenswerten Holzschnitte mit Ebenenparkettierungen und Mustertransformationen, denen geometrische Prinzipien zugrunde liegen.

9.3.3 Geometrie in der Natur

Geometrische Strukturen und Prinzipien tauchen auch in der Natur auf. Viele Pflanzen, wie zum Beispiel Farne oder Blumen, zeigen Muster, die der Fibonacci-Folge folgen. Zum Beispiel sind die Kerne der Sonnenblume oft in Fibonacci-Zahlen angeordnet. Die Samen eines Tannenzapfen folgen ebenfalls oft dieser Zahlenreihe. Die Fibonacci-Zahlen haben wir im Abschn. 7.2.1 bereits ausführlich kennen gelernt. Sie bilden schöne Muster und sind eng mit dem Goldenen Schnitt verknüpft, weshalb sie auch in der Geometrie eine Rolle spielen.

Wir holen ein bisschen aus und schauen uns zunächst einmal den *goldenen Schnitt* an.

> **Definition**
> Ein Teilungsverhältnis heißt *Goldener Schnitt,* wenn das Verhältnis des Ganzen zum größeren Teil dem Verhältnis des größeren zum kleineren Teil entspricht.

Etwas genauer und in Formeln liest sich das wie folgt. Stellen Sie sich dabei für das Ganze $a + b$ eine Strecke vor, aufgeteilt in die Abschnitte a und b. Dabei sei a der größere Teil und b der kleinere. Dann gilt:

$$\frac{a+b}{a} = \frac{a}{b}$$

Schauen wir uns nun den Zusammenhang zu den Fibonacci-Zahlen $F(n)$ für $n \in \mathbb{N}$ an, die wir bereits in Abschn. 7.2.1 über Kombinatorik kennen gelernt haben. Diese Zahlenfolge ist rekursiv gegeben durch die Formel

$$F(n) = F(n-1) + F(n-2)$$

und startet mit den Werten $F(0) = 1$, $F(1) = 1$.

Die Fibonacci Folge und die goldene Spirale
Aus den Fibonacci Zahlen lässt sich nun geometrisch eine logarithmische Spirale konstruieren. Dazu ordnet man Quadrate der Seitenlängen der Fibonacci Zahlen so nebeneinander an, dass diese ein Rechteck bilden, dessen Fläche die Summer aller Fibonacci-Quadrate ist. Vergleiche dazu die Abbildung in dieser Box.

Die Seitenlängen der in der Figur auftretenden Rechtecke erfüllen die Bedingung des goldenen Schnittes. Verbindet man dann gegenüberliegende Ecken der Quadrate passend mit einem Viertel eines Kreisbogens, so bilden diese eine Spirale, die auch als *Goldene Spirale* bezeichnet wird.

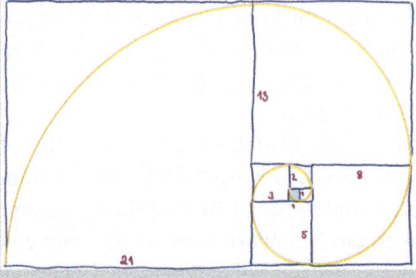

Manche Tiere oder Blumen weisen spiralförmige Muster auf, so zum Beispiel die Häuser von Schnecken, oder auch gedrehte Muscheln. Sie folgen der logarithmischen Spirale. Diese Geometrie minimiert den Raum, den das Tier benötigt, während es wächst, und sorgt gleichzeitig für strukturelle Festigkeit.

Nicht erwähnt haben wir bisher das Thema Symmetrie. An dieser Stelle hat die Geometrie ganz enge Bezüge zur Algebra und Gruppentheorie. Schauen Sie mal am Anfang des Kapitels über Gruppen und lesen Sie dort etwas über Symmetrien.

9.4 Ein Ausblick auf weitere Themen

Viele geometrische Fragen hängen eng mit der Gruppentheorie und somit auch mit der Algebra zusammen. In der Geometrischen Gruppentheorie wird erforscht wie geometrische Eigenschaften eines Objektes mit den algebraischen Eigenschaften seiner Symmetriegruppe zusammenhängen. Eine Eigenschaft, die diesen Zusammenhang wesentlich beeinflusst, ist die Krümmung des Objektes. Krümmungsbegriffe sind Kenngrößen, die messen, wie gebogen ein Objekt ist. Referenzobjekte sind dafür oft die euklidische, hyperbolische oder Kugelgeometrie.

Klassischere Fragen beschäftigen sich zum Beispiel mit Kartenabbildungen der Kugelgeometrie in der Ebene. Ein wichtiger Satz sagt hier, dass es keine vollständige Landkarte der Erde geben kann, die gleichzeitig Flächen, Längen von Strecken und Winkel zwischen Strecken korrekt abbildet. Jede beliebige Karte hat also Abbildungsfehler in irgendeinem Sinne und verzerrt zum Beispiel die Größen der abgebildeten Länder. Dieses Phänomen wird in Projekt 9.3 weiter untersucht.

Netzwürfe sind ebenfalls Gegenstand der Untersuchung in der diskreten Geometrie. Salopp gesagt sucht man Bastelbögen von dreidimensionalen Objekten, also überschneidungsfreie Auffaltungen der Oberflächen der Objekte in die Ebene (Beispiele siehe Abb. 9.10). Eine naheliegende Frage, die überraschenderweise immer noch unbeantwortet ist, ist das sogenannte *Bastelbogenproblem:*

Das Bastelbogenproblem

Vielleicht haben Sie schon einmal einen Würfel aus einem Bastelbogen gebastelt. Meist schneidet man ein kreuzförmiges Gebilde aus 6 Quadraten plus Klebelaschen aus und biegt und klebt dieses dann in der geeigneten Form zusammen. Ein Würfel mit einem solchen Bastelbogen ist als zweites Muster von links in Abb. 9.10 zu sehen.

Mathematisch formuliert handelt es sich bei den Bastelbögen in Abb. 9.10 um Netzwürfe der platonischen Körper. Projekt 9.5 widmet sich den platonischen Körpern. Dort erfahren Sie mehr über diese faszinierenden Objekte.

Man spricht von einem Netzwurf, wenn es sich um eine überschneidungsfreie Auffaltung eines konvexen Polyeders in die Ebene handelt, die den Polyeder längs seiner Kanten aufschneidet. Konvex bedeutet in diesem Kontext lose gesagt, dass jede kürzeste Verbindungskurve im dreidimensionalen Raum zwischen zwei Oberflächenpunkten des Polyeders komplett im Inneren des Polyeders verläuft.

Folgende Frage ist überraschenderweise noch offen: Gibt es für jeden beliebigen konvexen Polyeder im dreidimensionalen Raum einen Bastelbogen? Existiert also immer ein überschneidungsfreier Netzwurf, der längs von Kanten schneidet?

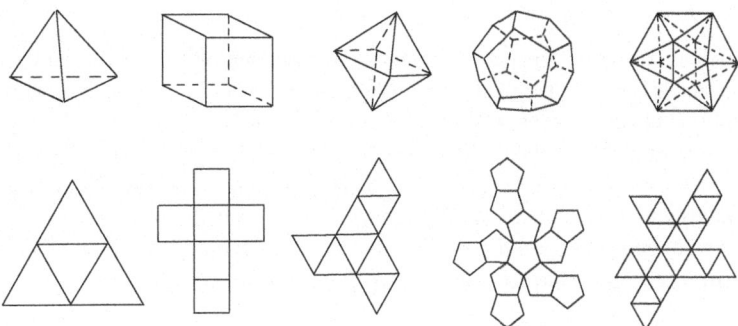

Abb. 9.10 Abgebildet sind die platonischen Körper zusammen mit je einem Bastelbogen, also einem überschneidungsfreien Netzwurf der Oberfläche in die Ebene

Geometrie spielt heute eine große Rolle in vielen Bereichen: bei der Optimierung von Verpackungen, in der Entwicklung von Falttechniken für Satelliten, um diese möglichst klein ins All transportieren zu können und dann oben die Segel auszuklappen. Geometrische Prinzipien sind unerlässlich für das Design und die Analyse von Bauwerken, Brücken und Maschinen. Ingenieur:innen verwenden Geometrie, um Strukturen zu berechnen und sicherzustellen, dass sie stabil und effizient sind. Mit Hilfe von computergestützten Konstruktionen (CAD) werden geometrische Modelle erstellt, um präzise technische Zeichnungen und 3D-Modelle von Bauteilen und Bauwerken zu entwerfen. Geometrie hilft darüber hinaus bei der Planung und Steuerung von Roboterbewegungen. Die Kinematik und Dynamik von Robotern basieren auf geometrischen Berechnungen, um präzise Bewegungen und Positionierungen zu ermöglichen. In der Luftfahrt spielt Geometrie eine Rolle bei der Gestaltung aerodynamischer und hydrodynamischer Formen, um Effizienz und Leistung zu maximieren.

Wir könnten diese Liste noch lange fortsetzen. Die Geometrie ist somit eines der ältesten und zugleich eines der hoch relevanten Teilgebiete der Mathematik mit vielen unerforschten Fragen.

9.5 Projekte

Auf https://aspekte.rwth-aachen.de/ finden Sie interaktive Jupyter-Notebooks zu ausgewählten Projekten, sowie weitere Materialien zum Buch.

9.1 Kugelgeometrie
Motiviert durch die „krumme" Flugstrecke von Frankfurt nach New York beschäftigen wir uns mit der Frage nach kürzesten Wegen auf der Kugel. Ein sinnvoller Wegbegriff wird eingeführt (keine Teleportationen!) und Wegen in

metrischen Räumen wird eine Weglänge zugeordnet. Wir modellieren für die Frage nach kürzesten Flugstrecken die Erde als Kugel und vereinfachen die Situation auf den kürzesten Weg zum Nordpol auf der Einheitssphäre S^2 mittels Skalierung und Rotation. Anhand der Begriffe „Breitengrad" und „Großkreis" wird bewiesen, dass kürzeste Wege in S^2 auf Großkreisen liegen. In der Rückblickaufgabe werden die vorgeführten Methoden schließlich auf ein konkretes Beispiel angewandt: Es soll eine Parametrisierung der eingangs thematisierten Flugstrecke von Frankfurt nach New York bestimmt werden.

9.2 Hyperbolische Geometrie und Krümmung
Geometrie in der Ebene kennen Sie bereits aus ihrer Schulzeit. In diesem Notebook möchten wir uns gekrümmten Flächen widmen. Objekte wie zum Beispiel die hyperbolische Ebene verhalten sich fundamental anders als die euklidische Geometrie. In diesem Kontext widmen wir uns einer wichtigen Invariante, die uns hilft verschiedene Räume zu unterscheiden: der sogenannten Gauß'schen Krümmung. Veranschaulichen Sie wesentliche Unterschiede der hyperbolischen Ebene und der euklidischen Geometrie. Finden Sie Möglichkeiten Gauß'sche Krümmung zu visualisieren.

9.3 Kartenabbildungen
Es ist beweisbar unmöglich die Geometrie der Sphäre korrekt in der Ebene abzubilden. Landkarten sind aus diesem Grund zwingend mit Fehlern behaftet. Entweder Flächeninhalte, Winkel oder Streckenlängen werden verzerrt abgebildet. Implementieren und visualisieren Sie verschiedene Kartenabbildungen, wie zum Beispiel die Mercator Projektion, stereographische Projektion oder andere Ihrer Wahl. Ein guter Startpunkt ist die deutsche Wikipedia Seite über Kartennetzwürfe. Faszinierende Einblicke in die Kartographie liefert das Buch [21] von Jochen Schiewe.

9.4 Fraktale Dimensionen
Dimension ist ein zentraler Begriff in der Geometrie. Manchen geometrischen Objekten lässt sich nicht eindeutig eine Dimension im herkömmlichen Sinne zuordnen. Dazu zählen die Schneeflockenkurve, das Sierpinsky Dreieck oder vergleichbare Dinge. Was ist fraktale Dimension? Wie kann sie berechnet werden? Konstruieren Sie Visualisierungen von Objekten mit nicht-ganzzahliger (fraktaler) Dimension.

9.5 Platonische Körper
In diesem Projekt erforschen wir die Mathematik und Geschichte der fünf platonischen Körper: Tetraeder, Hexaeder (Würfel), Oktaeder, Dodekaeder und Ikosaeder. Diese perfekten, symmetrischen 3D-Formen, die in Platons Philosophie tief verwurzelt sind, repräsentieren die Grundbausteine des Universums. Wir untersuchen ihre geometrischen Eigenschaften und betrachten ihre Rolle in der Geschichte der Mathematik und Philosophie, von der Antike bis heute. Ziel ist es, ein tiefes Verständnis für ihre mathematische Eleganz und historische Bedeutung zu entwickeln.

9.6 Das Einstein-Problem
Ebenenparkettierungen sind ein faszinierendes Thema der Geometrie. Vor kurzem wurde hier eine überraschende Entdeckung gemacht: Die Ebene lässt sich ohne wiederkehrende Muster mit nur einem einzigen Teil parkettieren. Dieses sogenannte *Einstein-Problem* war lange ungelöst. Im Jahr 2023 wurde schließlich ein Puzzleteil gefunden mit dem das möglich ist. Beschäftigen Sie sich in diesem Projekt mit diesem Problem. Eine gute Einführung und weiterführende Links sind auf der englisch-sprachigen Wikipedia Seite zum Thema *Einstein Problem* zu finden.

9.7 Finsler-Metriken
Wer schon einmal in den Bergen mit dem Rad unterwegs war, oder im Dschungel von Einbahnstraßen einer Innenstadt feststeckte kennt das Problem: Der Weg von a nach b ist nicht immer gleich weit (oder anstrengend) wie der Weg von b nach a. Das Konzept einer Metrik gaukelt uns das aber vor, denn Symmetrie liefert $d(a,b) = d(b,a)$. Das mathematische Konzept der Finsler-Metriken ermöglicht aber auch solche asymmetrischen Abstände zu modellieren. Beschäftigen Sie sich in diesem Projekt mit Finsler-Geometrie. Was ist das? Was ist anders als in der klassischen Theorie der metrischen Räume? Welche Beispiele und Phänomene gibt es in diesem Kontext?

9.8 Das Kartenspiel SET

Das Kartenspiel SET ist auf vielfältige Weise mathematisch interpretierbar. Dieses Projekt soll den Zusammenhang zu endlichen Geometrien herstellen. In einer Jugend-forscht Arbeit (siehe https://www.behrenhoff.de/set/) wird das Spiel SET aus mathematischer Perspektive untersucht. Wie können einige der Ergebnisse visualisiert werden? Wie könnte das Material für eine Unterrichtseinheit aufbereitet werden?

9.9 Metriken im $\mathbb{R}^2$

Eine Menge allein macht noch keinen metrischen Raum. Finden, beschreiben und visualisieren Sie verschiedene Metriken auf $\mathbb{R}^2$. zB Metrik induziert durch die ℓ_1 Norm, Holzfällermetrik, Mannheimer-Metrik (auch taxicab metric genannt), SNCF Metrik, ... Wie verhalten sich die kürzesten Verbindungen zwischen zwei Punkten in so einer Metrik?

9.10 Origami-Mathematik

Manche geometrischen Probleme, wie die Dreiteilung eines Winkels, lassen sich nicht mit Zirkel und Lineal lösen. Mit Faltungen lassen sich manchmal mehrere Punkte oder Geradenschnitte gleichzeitig konstruieren. Das bietet zusätzliche Flexibilität. Daher sind manche Konstruktionen mittels Falttechniken und Origami lösbar, die mit Zirkel und Lineal nicht machbar sind. Beschreiben Sie welche Fragen mit Origami lösbar sind und warum. Konstruieren Sie Lösungen.

9.11 Inzidenzgeometrie

Man kann tatsächlich sinnvoll mit wenigen Informationen Geometrie betreiben. Es genügt, einen Begriff für Punkte und Geraden zu haben und erklären zu können, wann ein Punkt auf einer Geraden liegt. Die letzte Eigenschaft ist die sogenannte Inzidenz.

Die Inzidenzgeometrie beschäftigt sich genau damit: Wie viel Geometrie kann man betreiben und welche Eigenschaften gelten für Ansammlungen von Punkten die zu gewissen Geraden inzident sind? Stellen Sie in diesem Projekt die Inzidenzgeometrie vor uns finden Sie heraus welche spannende Eigenschaften in diesem ganz freien Kontext noch gelten.

Topologie 10

Die Topologie befasst sich mit den Eigenschaften von Räumen, die unter Verformungen erhalten bleiben. Dabei konzentrieren sie sich ausschließlich auf kontinuierliche (oder stetige) Deformationen, wie Dehnen, Biegen, Verzerren, Aufdicken, Stauchen oder Strecken. Schneiden, Reißen oder Kleben hingegen sind in diesem Kontext nicht erlaubt.

Ein anschauliches Beispiel ist ein Luftballon, der aufgeblasen wird. Seine Form verändert sich kontinuierlich. Da in der Topologie zwischen diesen Verformungen nicht unterschieden wird, ist ein aufgeblasener Luftballon also topologisch identisch mit einem unaufgeblasenen Ballon. Man bezeichnet diese Zustände als topologisch äquivalent, also ununterscheidbar. Sobald der Luftballon jedoch platzt, handelt es sich um ein neues Objekt, da Risse keine stetige Deformation mehr darstellen.

Zu den grundlegenden Konzepten der Topologie gehören neben vielen anderen Konzepten solche stetigen Deformationen, die die Analyse eines Raumes unabhängig von metrischen Eigenschaften ermöglichen.

10.1 Was ist Topologie?

Topologie ist ein Bereich der Mathematik, der Strukturen und Eigenschaften von Räumen oder Objekten untersucht, die unabhängig sind von oder gleich bleiben unter Verformung des Raumes. Beispiele aus dem echten Leben für solche Verformungen sind Verbiegungen von Gummi, Draht oder Knete – oder das Aufblasen eines Luftballons. Die wesentliche Struktur eines Luftballons (ballförmiges Objekt aus Gummi mit einer Öffnung in die Luft einströmen kann) ändert sich durch das Aufblasen nicht. Die Form wird zwar größer oder kleiner, das Objekt ändert sich aber aus topologischer Sicht nicht. Erst wenn man ein Loch in die Oberfläche pikst, ändert sich fundamental etwas. Luft entweicht durch das zusätzliche Loch und der Ballon lässt sich nun gar nicht mehr aufpusten. Echte Löcher können nicht durch bloßes Deformieren des Ballons entstehen.

Topologie interessiert sich also für Eigenschaften, die unter Verformungen gleich bleiben – wir sagen, dass sie *invariant* sind – und sich nur durch grobe Änderungen wie Reißen, Schneiden oder Lochen verändern lassen. Zu diesen invarianten Konzepten gehören beispielsweise die Dimension von Räumen, Anzahl an Löchern oder die Anzahl zusammenhängender Teile. Solche Eigenschaften nennt man *topologische Eigenschaften*. Bei der Untersuchung dieser Eigenschaften bedient sich die Topologie unterschiedlicher Methoden der Mathematik.

> **Denkanstoß**
> Bevor Sie weiterlesen – überlegen Sie, welche Eigenschaften ein Luftballon mit einem Donut gemeinsam hat und worin sich die beiden Objekte so fundamental unterscheiden, dass man dies auch nach beliebigen kontinuierlichen Verformungen noch sehen kann.

Ein bekannter[1] Witz besagt: Ein Topologe ist ein Mensch, der eine Kaffeetasse nicht von einem Donut unterscheiden kann.

Tatsächlich sind eine Tasse[2] und ein Donut topologisch nicht zu unterscheiden. Um das zu sehen, erinnern wir uns nochmal daran, dass die Topologie Objekte als gleich betrachtet, wenn sie ohne Schneiden, Kleben und Reißen ineinander verformt werden können. Lässt sich also (es als wäre sie aus Gummi oder Knete) eine handelsübliche Kaffeetasse mit Henkel durch solch kontinuierliche Deformation ohne Reißen und Kleben in einen Donut umformen, dann sind Tasse und Donut topologisch nicht zu unterscheiden und somit aus Sicht der Topologie das selbe Objekt.

Man kann tatsächlich eine solche Verformung vornehmen! Ein Vorgang, der genau das macht, ist schematisch in Abb. 10.1 dargestellt. Topologisch unterscheidet sich eine Kaffeetasse also tatsächlich nicht vom süßen Gebäck.

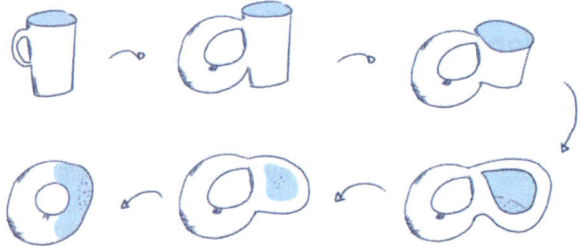

Abb. 10.1 Deformation einer handelsüblichen Bechertasse in einen Donut

---

[1] Naja, zumindest unter Mathematiker:innen bekannt...
[2] Hier müssen wir etwas präziser sein: Gemeint ist eine handelsübliche Bechertasse mit genau einem Henkel. Zwei Henkel liefern uns Probleme, und so etwas wie diese Tasse von Matt Parker auf der folgenden Webseite funktioniert leider auch nicht: https://mathsgear.co.uk/products/extreme-utilities-puzzle-mug.

10.1 Was ist Topologie?

Etwas formaler wird die gerade beobachtete Eigenschaft durch die Anzahl der Löcher des Objektes charakterisiert. Naiv betrachtet hat der Donut ein Loch in der Mitte. Ebenso wie der Henkel der Tasse ein Loch bildet. Wir sprechen hier genau dann von einem Loch, wenn wir einen Faden um die Figur knoten können, der sich ohne Aufknoten oder Schneiden nicht lösen oder abstreifen lässt. Knote beispielsweise einen Faden durch den Henkel der Tasse oder durch die Mitte des Donuts so kann dieser Faden lässt sich nur wieder entfernen, wenn man ihn zerschneidet. Ein Faden durch den Henkel der Tasse oder durch die Mitte des Donuts geknotet lässt sich nur wieder entfernen, wenn man ihn zerschneidet. Knotet man einen Faden um einen Ball herum, so kann dieser einfach abgestreift werden. Vergleichen Sie dazu auch Projekt 10.7.

Denkanstoß
Überlegen Sie mal: Welche Alltagsgegenstände sind noch topologisch äquivalent zur Tasse? Können Sie sich vorstellen, wie Dinge aussehen, die nicht in eine Tasse verformt werden können? Wie ändern sich Ihre Möglichkeiten, wenn Sie eine Tasse mit zwei Henkeln betrachten, oder auf einen Henkel verzichten und sich mit einem Becher begnügen?

Um ein weiteres Beispiel für zwei topologisch ununterscheidbare Objekte zu betrachten, stellen Sie sich den Rand eines Quadrates in der Ebene vor. Dieses Viereck kann beispielsweise innerhalb der Ebene zu einem Kreis deformiert werden, indem man die spitzen Ecken zunächst abflacht und dann die geraden Seiten stetig so verformt, bis sich am Ende ein Kreis ergibt. Diese Deformation kann so durchgeführt werden, dass die Kurve, die das Quadrat beschreibt, zu keinem Zeitpunkt zerrissen oder geklebt werden muss. In eine Acht, also eine Figur aus zwei in einem Punkt übereinstimmenden Kreisen, lässt sich das Viereck (oder ein einzelner Kreis) nicht verformen, ohne zwei Punkte auf dem Kreis zu verkleben, die an der selben Stelle zum Liegen kommen müssen. Topologisch ist ein Kreis also das gleiche wie ein Quadrat (tatsächlich sogar das Gleiche wie ein beliebiges n-Eck), aber verschieden von der Acht als Figur in der Ebene.

Der Begriff der stetigen Deformation ist eines der wesentlichen Grundkonzepte der Topologie. Wir machen uns im Folgenden auf den Weg, diesen Begriff zu formalisieren und präzise zu beschreiben.

10.1.1 Homotopie – der formale Deformationsbegriff

Eine Formalisierung von Deformationen ist beispielsweise der Begriff der Homotopie. Diesen wollen wir uns nun anhand des Kreis/Viereck-Beispiels herleiten.

Eine formale Möglichkeit, den Rand eines Quadrates oder einen Kreis zu beschreiben, ist mit einer stetigen Abbildung von einem geeignet langen Intervall in den reellen Zahlen, zum Beispiel dem Intervall [0, 1], in die Ebene (mehr über den Begriff der Stetigkeit gibt es in Kap. 8). Geben wir den Dingen Namen: Sei $f : [0, 1] \to \mathbb{R}^2$ eine stetige Abbildung, deren Bild gerade ein Quadrat in der Ebene beschreibt. Sei weiter $g : [0, 1] \to \mathbb{R}^2$ eine stetige Abbildung, deren Bild einen Kreis in der Ebene beschreibt. Unter dem *Bild* einer Abbildung f verstehen wir wie üblich die Menge

$$Im(f) = \{y \in \mathbb{R}^2 | y = f(x) \text{ für ein } x \in [0, 1]\}.$$

Es soll jetzt eine Deformation vom Quadrat, also $Q := Im(f)$ erfolgen, die den Kreis, also $K := Im(g)$ als Endergebnis hat. Dieser Prozess ist ein zeitabhängiger Vorgang. Zum Zeitpunkt 0 haben wir den Zustand *Quadrat* und zum Zeitpunkt 1 den Zustand *Kreis*. Man kann sich also den Deformationsprozess selbst auch als Abbildung vorstellen, die abhängig vom Zeitpunkt t ein Bild produziert. Bei $t = 0$ soll das Quadrat Q produziert werden und zum Zeitpunkt $t = 1$ der Kreis K. Was dazwischen passiert ist uns erst einmal egal – abgesehen von der Annahme, dass wir beim Deformieren nicht reißen oder schneiden dürfen. Die Abbildung, die den Deformationsprozess beschreibt, muss also ebenfalls stetig sein.

Nochmal, etwas formaler: Der Deformationsprozess von Q nach K ist selbst eine stetige Abbildung, sagen wir F, die einen Zeitparameter t auf eine Figur in der Ebene abbildet. Dabei gelte $F(0) = Q$ und $F(1) = K$. Die Objekte Q und K sind aber selbst durch Abbildungen gegeben, nämlich f beziehungsweise g. Deshalb lässt sich der Deformationsprozess durch eine Familie von Abbildung $f_t : [0, 1] \to \mathbb{R}^2$ beschreiben. Diese Familie ist parametrisiert durch einen Zeitparameter t im Zeitintervall [0, 1]. Dabei bezeichnet 0 den Startpunkt und 1 das Ende des Zeitintervalls. Wir erzwingen, dass $f_0 = f$ und $f_1 = g$ gilt. Damit erreichen wir, dass zum Zeitpunkt 0 das Bild gerade das Quadrat Q und zum Zeitpunkt 1 das Bild gerade der Kreis ist.

Der Wert $f_t(x)$ gibt also an, wo sich der Bildpunkt von x zum Zeitpunkt t befindet. Zum Zeitpunkt 0 befinden sich insbesondere alle Bildpunkte $f_0(x) = f(x)$ auf dem Quadrat Q und zum Zeitpunkt $f_1(x) = g(x)$ alle Punkte auf dem Kreis K.

Eine Deformation ist also eine Familie von Abbildungen f_t abhängig vom Zeitparameter t oder, anders gesagt, eine Abbildung, die von zwei Parametern t und x abhängt. Wir können sie schreiben als $F : [0, 1] \times [0, 1] \to \mathbb{R}^2$. Wir haben gerade anhand des Quadrat/Kreis-Beispiels den Begriff einer Homotopie plausibel gemacht. Die formale Definition lautet wie folgt.

10.1 Was ist Topologie?

> **Definition: Homotopie**
> Eine *Homotopie* zwischen zwei Räumen[3] X und Y ist eine Familie von Abbildungen $f_t : X \to Y$ abhängig vom Parameter $t \in I = [0, 1]$. Dabei muss die Abbildung $F : X \times I \to Y$ gegeben durch $F(x, t) = f_t(x)$ stetig in beiden Einträgen sein. Zwei Abbildungen f und g sind *homotop*, wenn es eine Homotopie F gibt, so dass $f = F(\cdot, 0) = f_0(\cdot)$ und $g = F(\cdot, 1) = f_1(\cdot)$.

Im gerade definierten Sinne sind, wie oben betrachtet, Kreis und Quadrat homotop zueinander. Die Homotopie vom Quadrat auf den Kreis lässt sich, wie man sich leicht überlegen kann, selbstverständlich rückgängig machen. Das ist nicht immer der Fall. Deformiert man eine Kreisscheibe zu einem einzelnen Punkt, so lässt sich diese Deformation nicht mehr umkehren. Die Verformung der Tasse in einen Donut im Beispiel am Anfang des Kapitels lässt sich auch vom Donut zur Tasse in umgekehrter Richtung durchführen. Solche umkehrbaren Deformationen werden durch Homotopieäquivalenzen formalisiert.

> **Definition: Homotopieäquivalenz**
> Eine *Homotopieäquivalenz* zwischen Räumen[a] X und Y ist eine stetige Abbildung $f : X \to Y$ für die es eine stetige Abbildung $h : Y \to X$ gibt, sodass die Verknüpfungen $h \circ f$ homotop zur Identitätsabbildung auf X und die Verknüpfung $f \circ h$ homotop zur Identitätsabbildung auf Y ist. Wir nennen die Abbildung h dann *Homotopie-Inverse* von f.
> Zwei topologische Räume X und Y heißen *homotopieäquivalent*, wenn es eine Homotopieäquivalenz $f : X \to Y$ gibt.

Im Allgemeinen ist eine solche Abbildung h wie in der Definition oben nicht eindeutig bestimmt. Eine Abbildung f kann also mehrere Homotopie-Inverse besitzen.

Sind X und Y homotopieäquivalent, so sagen wir auch, dass sie *denselben Homotopietyp* haben.

---

[3] Man betrachtet hier im Allgemeinen *topologische Räume*, die wir in Abschn. 10.2.3 definieren werden.

> **Denkanstoß**
> Manche Räume lassen sich stetig zu einem Punkt verformen. Die euklidische Ebene ist zum Beispiel homotop zu einem Punkt. Überlegen Sie mal, wie man das sehen könnte. Überlegen Sie auch, warum eine Tasse (oder ein Donut) nicht homotop zu einem Punkt sein kann.

Ein paar erste faszinierende Einblicke in die Topologie und das wundersame Verhalten mancher Objekte konnten wir im Verlauf dieses Kapitels bereits bekommen. Mit der Homotopieäquivalenz haben wir ein erstes Beispiel für eine topologische Invariante gesehen – Was das genau ist und warum sie so wichtig sind, sehen wir noch in Abschn. 10.3.

10.1.2 Teilbereiche der Topologie

Zwei Hauptzweige der Topologie sind die mengentheoretische und die algebraische Topologie.

Die mengentheoretische Topologie untersucht ganz grundlegende Konzepte wie Offenheit, Abgeschlossenheit, Trennungseigenschaften, aber auch Begriffe wie Konvergenz und Stetigkeit von Funktionen. Drüber hinaus sind Konstruktionsweisen, besondere Beispielklassen und Eigenschaften von topologischen Räumen von Interesse. Es ist zum Beispiel zu beobachten, dass nicht auf jedem topologische Raum eine Metrik definiert werden kann. Vergleiche dazu Abschn. 9.1 und 8.1.

Der wesentliche Begriff der mengentheoretischen Topologie ist der eines topologischen Raumes, der in seiner ursprünglichen Form von Felix Hausdorff eingeführt wurde. Wir definieren topologische Räume in Abschn. 10.2.3. Motivation für die Definition der topologischen Räume war folgendes: Man möchte Räume ohne Metrik betrachten und gleichzeitig eine Beschreibung der Eigenschaften finden, die es möglich machen, dass man trotz fehlender Metrik über stetige Abbildungen sprechen kann. Dafür wesentlich ist folgendes: Wir müssen wissen, welche Teilmengen eines gegebenen Raumes offen sind. Dann können wir zum Beispiel prüfen, ob Urbilder offener Mengen wieder offen sind (wie das für stetige Abbildungen zwischen metrischen Räumen der Fall ist).

10.1 Was ist Topologie?

Wer war Felix Hausdorff?
Das Hausdorff Center for Mathematics, Bonn schreibt auf seiner Webseite[4] über seinen Namensgeber: „Hausdorff begründete in seinem Hauptwerk *Grundzüge der Mengenlehre* (1914) die allgemeine Topologie als eigenständige mathematische Disziplin. Dieses Buch war auch methodisch ein Meilenstein auf dem Wege zur modernen mengentheoretisch-axiomatisch fundierten Mathematik des 20. Jahrhunderts." Felix Hausdorff verfasste neben dieser Arbeit viele weitere fundamentale und thematisch vielfältige Beiträge zur Mathematik.

Er wurde im November 1868 in Wrocław (damals Breslau) als Sohn eines jüdischen Kaufmanns geboren und wuchs in Leipzig auf. Dort studierte er Mathematik und habilitierte sich im Jahr 1895. Er arbeitete als Professor zunächst in Greifswald und später an der Universität Bonn.

Neben seinen herausragenden mathematischen Leistungen war Hausdorff auch als Schriftsteller tätig. Unter dem Pseudonym Paul Mongré veröffentlichte er Essays und Gedichte.

Mit der Machtübernahme der Nationalsozialisten wurde Hausdorff aufgrund seiner jüdischen Herkunft zunehmend schikaniert und seiner Rechte beraubt. Angesichts der bevorstehenden Deportation in ein Konzentrationslager nahm er sich gemeinsam mit seiner Frau am 26. Januar 1942 das Leben.

Die algebraische Topologie verwendet im Gegensatz zur mengentheoretischen Topologie Werkzeuge der Algebra, um topologische Räume zu untersuchen und topologische Probleme zu lösen. Als erstes Beispiel ist hier die Homotopietheorie zu nennen. In diesem Bereich haben wir Homotopien und Homotopie-Äquivalenzen oben bereits kennen gelernt. Daneben spielen Homotopiegruppen eine zentrale Rolle. Siehe dazu auch Projekt 10.7. Ein weiteres Beispiel, auf das wir nicht näher eingehen werden, ist die Homologie- und Kohomologietheorie, die topologischen Räumen Gruppen zuordnet. Diese Invarianten beschreiben (höherdimensionale) Löcher und andere topologische Eigenschaften eines Raumes.

Darüber hinaus gibt es eine Vielzahl von weiteren algebraischen Objekten, die einem Topologischen Raum zugeordnet werden können. Wir möchten hier den interessierten Leser:innen das Buch *Algebraic Topology* von Allan Hatcher [44] empfehlen, das auch kostenlos über die Webseite des Autors verfügbar ist.

---

[4] https://hcm-application.uni-bonn.de/de/das-hcm/felix-hausdorff/ueber-felix-hausdorff/

10.2 Welche Objekte spielen in der Topologie eine Rolle?

Um diese Frage genauer zu beleuchten, basteln wir ein paar Beispiele.

10.2.1 Das Möbius-Band und verwandte Objekte

Als **Material** benötigen Sie Papier, eine Schere und Kleber oder Klebeband, und optional noch zwei bis drei verschieden farbige Stifte, um Markierungen auf dem Papier machen zu können.

Schneiden Sie vom Papier einen Streifen von ca. 30 cm Länge und 4 cm Breite ab. Markieren Sie optional die beiden Seiten mit verschiedenen Farben, indem Sie einen Streifen längs der Mitte zeichnen, wie in Abb. 10.2 dargestellt. Nehmen Sie den Papierstreifen an den beiden Enden in die Hände. Wenn wir den Streifen so verkleben würden wie im linken unteren Bild der Abb. 10.2, bekämen wir einen Zylinder.

Abb. 10.2 Bauanleitung für ein Möbiusband: Klebe einen Papierstreifen einmal getwistet an den kurzen Enden zusammen

10.2 Welche Objekte spielen in der Topologie eine Rolle?

Wir machen stattdessen Folgendes: Drehen Sie, wie im rechten unteren Bild der Abb. 10.2, ein Ende des Papierstreifens um 180 Grad. Das bedeutet, dass die Oberseite dieses Endes nun auf die Unterseite des anderen Endes zeigt und sich an der kurzen Kante zwei verschiedene Farben treffen.

Bringen Sie die beiden Enden des Streifens zusammen und kleben Sie diese mit Klebeband oder Kleber zusammen, sodass eine Schleife entsteht. Wichtig: Achten Sie darauf, dass der Streifen um 180 Grad verdreht ist, bevor er verbunden wird.

Fertig! Das Ergebnis ist ein Möbiusband wie in Abb. 10.3.

Das Möbiusband hat ganz besondere topologische Eigenschaften. Fahren Sie zum Beispiel mit einem Finger entlang der Oberfläche des Möbiusbandes. Sie werden feststellen, dass man ohne Absetzen auf beiden Seiten des Streifens landet. Das ist einfacher zu beobachten, wenn diese Seiten am Anfang bunt markiert wurde. Diese Beobachtung zeigt, dass das Möbiusband nur eine einzige Oberfläche hat.

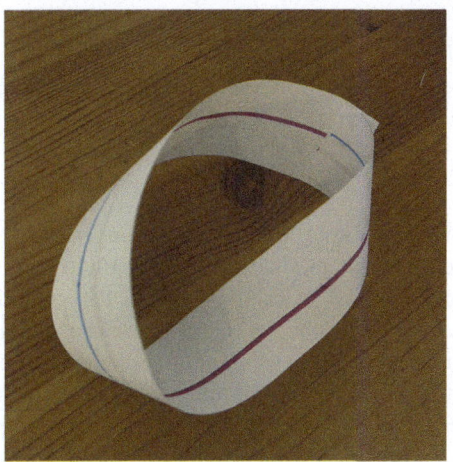

Abb. 10.3 Ein fertiges Möbiusband. Man kann gut sehen, wie die beiden verschiedenfarbigen Linien sich treffen und nun eine einzige Kurve auf dem Band bilden

Denkanstoß

Wir experimentieren noch ein bisschen mit dem Möbiusband:

- Schneiden Sie das Möbiusband der Länge nach in der Mitte durch (zum Beispiel längs des bunten Mittelstreifens). Das Ergebnis wird Sie vielleicht überraschen! Was passiert, wenn man nochmal durchschneidest?
- Was passiert, wenn man ein Objekt ähnlich zum Möbiusband bastelt, nur zweifach getwistet mit einer 360 Grad Drehung des Papierstreifens? Also so, dass gleichfarbige Striche sich beim Zusammenkleben treffen? Wie viele Seiten hat das Objekt jetzt? Was passiert beim Auseinanderschneiden?

Wer nicht genug von solchen Experimenten bekommt, sollte sich online das Video von Matt Parker mit Titel *Romantic Mathematical Shape: möbius-loop hearts* anschauen. Es lohnt sich! Und verblüfft.

> **Exkurs: Wer war August Möbius?**
> August Ferdinand Möbius wurde 1790 im Burgenlandkreis in Sachsen-Anhalt geboren. Nach dem Abitur studierte er zunächst Rechtswissenschaften an der Uni Leipzig und entdeckte schon bald seine Leidenschaft für die Mathematik und Astronomie. Er promovierte mit einer Arbeit über die Berechnung von Bedeckungen von Fixsternen durch Planeten.
>
> Im Jahr 1815 habilitierte er sich mit astronomischen Studien und ein Jahr später empfahl ihn der berühmte Carl Friedrich Gauß zum außerordentlichen Professor und Observator der Leipziger Sternwarte. Im Jahr 1848 wurde Möbius sogar zum Direktor dieser renommierten Einrichtung ernannt.
>
> Möbius hinterließ ein beeindruckendes Erbe mit zahlreichen Abhandlungen und Schriften, die sich mit Astronomie, Geometrie und Statik befassten. Als Pionier der Topologie prägte er das Gebiet nachhaltig.

Eine Sache ergänzen wir an dieser Stelle noch um uns das Leben später im Kapitel etwas leichter zu machen. Mathematiker:innen haben sich eine Kurzschreibweise für die Bastelanleitung des Möbiusbandes überlegt. Der Papierstreifen wird einfach als Rechteck dargestellt. Das Verkleben der Seiten markiert man mit kleinen Pfeilen an den Kanten, die miteinander verklebt werden. Dabei sollen die Kanten so miteinander identifiziert werden, dass die Pfeile in die selbe Richtung zeigen.

In Abb. 10.4 haben wir diese Vereinfachung noch einmal schematisch dargestellt, und in Abb. 10.5 mit einigen Beispielen fortgeführt. Um einen Zylinder darzustellen,

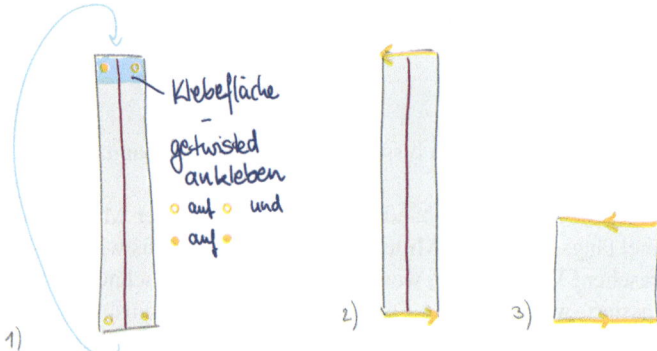

Abb. 10.4 Vereinfachte, graphische Darstellung der Bauanleitung des Möbiusbandes. Wir reduzieren die Darstellung des Papierstreifens zu einem Quadrat. Dabei werden gleichfarbige Pfeile miteinander identifiziert, also aufeinander geklebt

Abb. 10.5 Von links nach rechts sind hier die vereinfachten, graphische Darstellungen der Bauanleitung eines Zylinders, Möbiusbandes, eines Donuts und einer weiteren Figur zu sehen. Gleichfarbige Pfeile werden identifiziert, also aufeinander geklebt

zeigen die Pfeile (wie ganz links in Abb. 10.5 dargestellt) in die selbe Richtung. Für ein Möbiusband (zweites Quadrat von links in der selben Abbildung) zeigen die Pfeile in verschiedene Richtungen, und kommen dann korrekt aufeinander zum Liegen, wenn wir den Streifen vor dem Kleben in sich verdrehen.

Den Donut aus unserem Beispiel ganz am Anfang des Kapitels können wir übrigens auch aus einem Rechteck basteln. Die Kurzanleitung, dargestellt als Rechteck mit Verklebepfeilen, sieht man als drittes Diagramm von links in Abb. 10.5. Wie daraus ein Donut wird, sehen wir in Abb. 10.6.

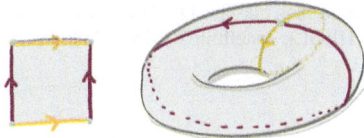

Abb. 10.6 Abbildung einer Bastelanleitung und der fertigen Verklebung eines Donuts

Wir haben Kanten eines Zylinders verklebt und einen Donut erhalten. Was passiert wohl mit dem Möbiusband, wenn wir die Außenkante noch verkleben? Oder anders gefragt: Was ist das für ein Objekt, das in Abb. 10.5 durch das Quadrat ganz rechts beschrieben wird? Ein weiterer Felix, nämlich Felix Klein[5], experimentierte im späten 19. Jahrhundert mit topologischen Räumen und stellte sich genau diese Frage.

Die Konstruktion lässt sich in Worten wie folgt beschreiben: Verklebe ein Rechteck längs der langen (pinken) Kante zu einem Zylinder. Verklebe nun die beiden kreisförmigen Enden getwistet miteinander, wie das auch für das Möbiusband gemacht wurde (gelbe Pfeilkante). Dieser letzte Schritt, das getwistete Verkleben, ist im dreidimensionalen Raum nicht durchführbar. Das Resultat des Prozesses ist eine verrückte Flasche mit nur einer Seite und ohne Äußeres und Inneres wie in Abb. 10.7.

Leider können Kleinsche Flaschen in unserem Universum nicht existieren. Es sieht so aus, als würde die Oberfläche sich selbst durchdringen müssen. Das ist aber eigentlich nicht der Fall. Nur reicht der Platz in unseren drei Dimensionen nicht aus, um eine echte, durchdringungsfreie Version der Kleinschen Flasche zu bauen. Kleinsche Flaschen haben kein Innen oder Außen, also auch kein Volumen.

---

[5] Von Felix Klein haben wir schon im Kapitel über Algebra auf S. 36 im Zusammenhang mit Emmy Noether erzählt.

Abb. 10.7 Abbildung einer Kleinschen Flasche. Das Foto wurde bereitgestellt durch das Heidelberg Experimental Geometry Lab (HEGL), erstellt in 2024 von Mathias Häberle and Ricardo Waibel

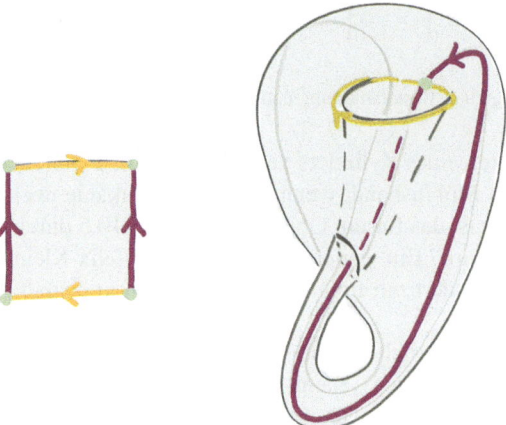

Abb. 10.8 Abbildung einer Bastelanleitung, sowie einer 3-dimensionalen Projektion einer Kleinschen Flasche

Wunderbar illustriert ist die Konstruktion der Kleinschen Flasche im Buche *Bilder der Mathematik* von Glaeser und Polthier [42], siehe Kapitel [43]. Eine 3-dimensionale Darstellung des 4-dimensionalen Objektes ist in Abb. 10.7 zu sehen. Genau wie ein 3-dimensionaler Würfel in der 2-dimensionalen Ebene gezeichnet werden kann, können 3-dimensionale Objekte konstruiert werden, die das Abbild von eigentlich 4-dimensionalen Dingen sind. Eine weitere Illustration als handgezeichnete Skizze zusammen mit einer kleinen Konstruktionsskizze ist in Abb. 10.8 zu sehen. Dort finden wir auch die vierte Konstruktionsvorschrift aus Abb. 10.5 wieder. Das weitere, mysteriöse Objekt dieser Abbildung war also eine Kleinsche Flasche.

10.2.2 Simpliziale Komplexe

Eine weitere wichtige Klasse von Räumen sind die simplizialen Komplexe. Es handelt sich dabei um geometrisch-topologische Strukturen, die aus einer Sammlung von Simplizes zusammengesetzt sind. Ein Simplex wiederum ist eine konvexe Hülle von $k+1$ (affin unabhängigen) Punkten in allgemeiner Lage im k-dimensionalen Raum.

Ein 0-Simplex ist einfach ein Punkt, ein 1-Simplex ist ein Geradenstück, ein 2-Simplex ist ein Dreieck. Wählt man 4 Eckpunkte im dreidimensionalen Raum, so erhält man als konvexe Hülle ein (ausgefülltes) Tetraeder, oder in unserer neuen Sprache ein 3-Simplex. Abb. 10.9 zeigt solche Simplizes. In höheren Dimensionen erhält man analoge Objekte, die immer eine Ecke mehr als die Dimension des umgebenden Raumes haben. Ein n-Simplex hat also immer $n+1$ Ecken.

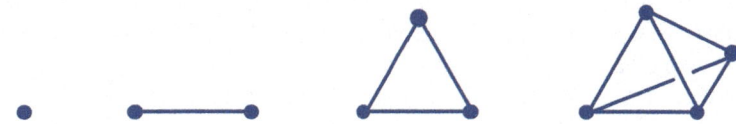

Abb. 10.9 Beispiele für Simplizes. Von links nach recht: 0-Simplex, 1-Simplex, 2-Simplex und ein 3-Simplex

Wir betrachten n-Simplizes nun losgelöst von ihren umgebenden Räumen und wollen uns insbesondere auch keine Gedanken über die Länge der Kanten machen. Eine Menge von Simplizes lässt sich nun längs seiner Kanten und Seiten verkleben, um kompliziertere und interessantere Räume zu erhalten. Ein Viereck kann zum Beispiel aus zwei Dreiecken gebaut werden, die längs einer Kante verklebt sind. Das Resultat solcher Verklebungen nennt man *Simplizialkomplex*.

Beispiele für Simplizialkomplexe wurden im Kap. 9 bereits erwähnt. Die geodätischen Kuppeln von Buckminster Fuller sind perfekte simpliziale Komplexe, die aus lauter Dreiecken zusammengesetzt wurden.

Man nutzt Simplizialkomplexe beispielsweise, um topologische Räume zu analysieren. So kann man sich zum Beispiel fragen, ob sich ein gegebener Raum simplizial zerlegen lässt. Man sucht also einen Simplizialkomplex, der den Ausgangsraum gut beschreibt. In Abb. 10.10 sind gleich mehrere simpliziale Zerlegungen eines Torus zu sehen. Hierbei benutzen wir wieder die Darstellung des Torus über die graphische Bastelanleitung. Hier tauchen Triangulierungen wieder auf, die wir schon in Abschn. 7.2.2 im Kontext der Catalan Zahlen gesehen haben!

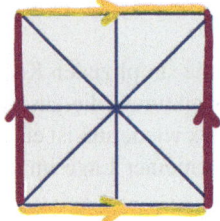 

Abb. 10.10 Zwei (triangulierte) Tori, die auf verschiedene Weisen aus Simplizes gebaut wurden

> **Denkanstoß**
> Überlegen Sie: Wie viele Simplizes braucht man mindestens um einen Kreis zu zerlegen? Wie viele verschiedene simpliziale Zerlegungen eines Kreises können Sie sich vorstellen? D.h. auf wie viele verschiedene Weisen können Sie einen Kreis aus Simplizes bauen? Wie kann aus Simplizes eine Kugeloberfläche, also eine 2-Sphäre gebaut werden? Wie viele Simplizes braucht man mindestens dafür? Welche Objekte können Sie noch aus Simplizes bauen?

Simplizialkomplexe sind wichtige Werkzeuge in der Topologie, um topologische Räume zu modellieren und zu untersuchen. Sie ermöglichen es, komplexe Strukturen auf einfache Weise darzustellen und sind daher von grundlegender Bedeutung in vielen Bereichen der Mathematik.

10.2.3 Topologische Räume

In diesem Unterkapitel werden wir nun den Begriff eines topologischen Raumes näher beleuchten und starten mit der gängigen, abstrakten Definition.

> **Definition: Topologischer Raum**
> Sei M eine Menge. Eine Teilmenge $\mathcal{M}$ der Potenzmenge von M ist eine *Topologie* auf M, wenn sie folgende Eigenschaften besitzt:
>
> - Die leere Menge $\emptyset$ und M selbst sind in $\mathcal{M}$ enthalten,
> - beliebige Vereinigungen von Elementen aus $\mathcal{M}$ sind in $\mathcal{M}$, und
> - Schnitte von endlich vielen Elementen aus $\mathcal{M}$ sind ebenfalls wieder in $\mathcal{M}$ enthalten.
>
> Das Paar $(M, \mathcal{M})$ nennen wir *topologischen Raum*. Die Elemente aus $\mathcal{M}$ nennen wir *offene Mengen*.

Schauen wir uns zwei Beispiele an, denn jede Menge M besitzt in jedem Fall zwei Topologien. Zunächst betrachte für $\mathcal{M}$ die Menge, die nur die Menge M selbst und die leere Menge $\emptyset$ enthält. Dieses Paar erfüllt alle oben geforderten Eigenschaften. Der erste Punkt ist nach Konstruktion erfüllt und im zweiten Punkt bekommen wir ebenfalls nur M und $\emptyset$ als Vereinigung und Schnitte. Weil diese Wahl die offensichtlich Einfachste ist, nennt man diese Topologie auch *die triviale Topologie*. Eine weitere Topologie auf einer beliebigen Menge M ist die sogenannte *diskrete Topologie* $\mathcal{M}_{discrete}$, die identisch mit der Potenzmenge von M ist und somit alle Teilmengen aus M enthält. Neben diesen beiden Extremen, der diskreten und der trivialen Topologie, gibt es oft jede Menge anderer natürlicher Topologien.

10.2.4 Räume mit und ohne Metrik

Eine weitere schöne Beispielklasse für topologische Räume sind die metrischen Räume, die auch in Kap. 9 genauer betrachtet werden. Die Abstandsfunktion erlaubt uns ganz natürliche Topologien zu definieren.

Sei also (X, d) ein metrischer Raum, wie im Kapitel über Geometrie definiert. Dann können wir mit Hilfe von d eine *metrische Topologie* auf X definieren. Dazu sei $\mathcal{X}$ die Menge aller offenen Teilmengen von X, d.h.

$$\mathcal{X} = \{U \mid U \text{ offen in } X\}.$$

Eine einfach Möglichkeit sich diese Topologie vorzustellen ist die Folgende: Erste Beispiele für Elemente in $\mathcal{X}$ sind offene Bälle von beliebigem Radius um ebenfalls beliebig gewählte Punkte in X. Weitere Elemente in $\mathcal{X}$ kann man sich dann als beliebige endliche Vereinigungen und beliebige Schnitte von Elementen in $\mathcal{X}$ konstruieren.

Für eine Menge X kann man beobachten, dass es manchmal mehrere Abstandfunktionen gibt, die X zu einem metrischen Raum machen. Betrachtet man zu zwei verschiedenen Abstandsfunktionen die wie oben definierte metrische Topologien, so können aber müssen diese Topologien nicht übereinstimmen.

Schaut man sich Eigenschaften von Topologien an, die durch eine Metrik definiert werden, dann stellt man fest, dass alle eine wesentliche Eigenschaft gemeinsam haben. Sie erfüllen das *Hausdorff Axiom:*

Definition: Das Hausdorff Axiom

Sei M ein topologischer Raum mit Topologie $\mathcal{M}$. Wir sagen M erfüllt das *Hausdorff Axiom* – oder einfach, *M ist hausdorffsch* – wenn gilt:
Gegeben zwei verschiedene Elemente x, y in M, dann gibt es zwei disjunkte Teilmengen $U, V \in \mathcal{M}$ für die gilt $x \in U$ und $y \in V$.

Die Wahl der Mengen U und V erlaubt uns Punkte zu trennen. Das bedeutet, Teilmengen zu finden, die jeweils nur eines der Elemente x bzw. y zu enthalten.

Ist M ein metrischer Raum mit Metrik d, dann haben die Punkte x, y einen positiven Abstand $d(x, y)$. Wähle dann als Umgebung U von x einen offenen Ball um x, dessen Radius ε kleiner als die Hälfte des Abstandes von x nach y ist. Also wähle $\varepsilon < \frac{1}{2}d(x, y)$. Als Menge V wähle einen offenen Ball um y mit gleichem Radius ε. Die beiden offenen Bälle U und V haben dann automatisch leeren Schnitt und sind auch Elemente der durch die Metrik definierten Topologie.

Wir haben also eine Eigenschaft gefunden, die alle Topologien gemeinsam haben, die von einer Metrik kommen. Können wir für einen topologischen Raum nachweisen, dass dieser das Hausdorff Axiom nicht erfüllt, so kann dessen Topologie nicht von einer Metrik kommen.

Es gibt also topologische Räume M mit Topologie $\mathcal{M}$, für die das System $\mathcal{M}$ der offenen Mengen nicht von einer Metrik kommen kann. Solche Räume nennt man *nicht-metrisierbar*.

Beispiel: Raum ohne Metrik
Ein einfach zu visualisierendes Beispiel für einen nicht-metrisierbaren Raum ist die *Gerade mit zwei Ursprüngen*. Dieser Raum X entsteht, indem man zwei Kopien der reellen Zahlen in allen Punkten außer dem Ursprung identifiziert. Also Menge lässt sich X schreiben als

$$X = (-\infty, 0) \cup \{0_1, 0_2\} \cup (0, \infty)$$

Dabei sind 0_1 und 0_2 die beiden Ursprünge aus den beiden Kopien der reellen Zahlen. Die Topologie $\mathcal{X}$ auf X besteht aus beliebigen Vereinigungen von Mengen der folgenden Form:

- offene Teilmengen (a, b) in $\mathbb{R}$ mit entweder a und b negativ oder a und b positiv,
- Mengen der Form $(-a, 0) \cup \{0_1\} \cup (0, b)$,
- Mengen der Form $(-a, 0) \cup \{0_2\} \cup (0, b)$, sowie
- beliebige Vereinigungen obiger Mengen.

Die gelisteten Mengen stimmen jeweils in einer Kopie der verklebten reellen Geraden mit den üblichen offenen Mengen dort überein. Nehmen wir an, dass d eine Metrik wäre, die genau die gelisteten Mengen als offene Mengen induziert. Dann muss also – eingeschränkt auf $X \setminus 0_1$ und eingeschränkt auf $X \setminus 0_2$ – diese Metrik d mit der euklidischen Metrik übereinstimmen. Man kann sich überlegen, dass man damit zwingenderweise erhält, dass der Abstand zwischen 0_1 und 0_2 gleich null sein muss. Das kann in einem metrischen Raum für verschiedene Punkte aber nicht der Fall sein.

10.3 Was macht man mit Topologie?

Wir haben gesehen, dass Topologie Eigenschaften von Formen und Räumen untersucht, die sich unter kontinuierlichen Deformationen, wie Dehnen und Verformen, nicht verändern. Es werden Eigenschaften von geometrischen Objekten, wie zum Beispiel Löcher, oder auch Konstruktionsvorschriften für geometrische Objekte beschrieben. Dabei wird viel abstrahiert und vereinfacht, um die Betrachtungen möglichst auf das Wesentliche zu reduzieren.

Topologie beschäftigen sich aber auch damit, wie man Objekte voneinander unterscheiden oder etwa Objekte mit bestimmten Eigenschaften auflisten kann. Dieses Auflisten nennen Mathematiker:innen auch *Klassifizieren*. Insgesamt ermöglicht die Topologie ein tieferes Verständnis der grundlegenden Eigenschaften von Formen und deren Beziehungen, was in vielen mathematischen und praktischen Kontexten wichtig ist.

10.3.1 Wesentliche Fragen und Konzepte der Topologie

Typische Fragen, die sich Topolog:innen stellen, um Objekte oder Räume genauer zu untersuchen, sind:

- Ist das Objekt oder der Raum zusammenhängend?
- Wie viele Löcher hat das Objekt?
- Was ist der Rand eines Objektes?
- Welche Eigenschaften bleiben unter Homotopie erhalten?
- Wie erkennen wir, ob zwei topologische Objekte gleich oder verschieden sind?

Bei vielen dieser Fragen geht es darum, Gemeinsamkeiten von Objekten oder topologischen Räumen zu erkennen oder auch die Objekte voneinander zu unterscheiden. Die Topologie nutzt verschiedene Methoden und Werkzeuge, um Räume anhand ihrer Eigenschaften zu kategorisieren und zu verstehen.

> **Denkanstoß**
> Versuchen Sie einmal selbst zu überlegen, welche Merkmale helfen könnten geometrische Objekte in Klassen einzuteilen. Welche der Eigenschaften, die Sie gefunden haben, bleiben unter Deformation erhalten?

10.3.2 Topologische Invarianten

Topologische Invarianten oder *Homotopieinvarianten* sind mathematische Objekte, Kenngrößen oder Eigenschaften, die einem topologischen Raum zugeordnet werden können und die sich bei Deformation des Raumes nicht verändern.

> **Definition: Invariante**
> Eine *Invariante* ist selbst ein mathematisches Objekt, das einem topologischen Raum oder geometrischen Objekt zugeordnet wird. Der Wert der Invariante soll sich unter stetiger Deformation nicht verändern.

Invarianten können Zahlen sein, wie zum Beispiel die Anzahl der Löcher eines Raumes. Die Anzahl der Löcher ist eine topologische Invariante. Ein Donut oder eine Tasse haben beide ein Loch, während eine Sphäre kein Loch besitzt. Rein intuitiv verstehen wir, was mit Löchern gemeint sein muss. Ein Tasse oder auch das Möbiusband in Abb. 10.1 haben jeweils einen Durchgang. Eine Brezel hat intuitiv drei Löcher. Doch schon bei der Kleinschen Flasche ist es nicht so leicht zu sehen, was hier eigentlich mit Löchern gemeint sein soll.

Eine weiteres Beispiel für eine Invariante ist der *Zusammenhang* eines Raumes X. Anschaulich gesprochen geht es darum, festzustellen, ob ein Raum aus einem Stück besteht oder in mehrere Teile zerlegt ist. Es gibt viele Möglichkeiten, diese Frage mathematisch präzise zu machen.

Eine Möglichkeit der Formalisierung ist durch den Begriff des *Wegzusammenhangs* gegeben. Dabei untersucht man, ob jedes Paar von Punkten x, y in einem topologischen Raum X durch eine stetige Kurve in X verbunden werden kann. Man sucht also eine stetige Abbildung $f : [0, 1] \to X$ derart, dass $f(0) = x$ und $f(1) = y$ ist. Das Bild der Abbildung f ist dann ein Pfad von x nach y im Raum X, der belegt, dass der Raum zusammenhängend ist.

Invarianten können selbst kompliziertere und insbesondere algebraische Objekte sein, die oft nicht ganz so einfach auszurechnen sind. Ein schönes Beispiel für eine Invariante im Kontext simplizialer Komplexe lernen wir im nächsten Unterkapitel kennen.

10.3.3 Euler-Charakteristik

Wir lernen jetzt eine magische Zahl kennen, die leicht zu berechnen ist, und dennoch komplexe topologische Eigenschaften von Räumen beschreibt.

Die *Euler-Charakteristik* wurde ursprünglich für Polyeder eingeführt und später auf allgemeinere topologische Räume erweitert. Ein Polyeder ist eine dreidimensionale Figur, die von flachen, polygonalen Flächen begrenzt wird. Wir nennen ein Polyeder *konvex*, wenn es eine konvexe Menge im Raum umschließt. Jedes konvexe

10.3 Was macht man mit Topologie?

Polyeder kann als konvexe Hülle seiner Eckpunkte konstruiert werden. Würfel und Tetraeder sind Beispiele für Polyeder.

Definition: Euler-Charakteristik für Polyeder

Die Euler-Charakteristik $\chi(P)$ eines Polyeders P ist die Summe der Zahl der Ecken V und der Flächen F des Polyeders abzüglich der Zahl E der Seiten des Polyeders. Kurz:

$$\chi(P) = V - E + F$$

Die Buchstaben V, E und F sind dabei Abkürzungen für die englischen Bezeichnungen der jeweiligen Objekte. Die Anzahl der Ecken, also *vertices*, wird durch V angegeben, die der Kanten, also *edges*, mit E und die Zahl der Seitenflächen, also *faces*, mit F.

Betrachten wir ein paar einfache Beispiele für Polyeder und berechnen die Euler-Charakteristik. Sei W ein Würfel. Dieser hat 8 Ecken, 12 Kanten und 6 Seitenflächen. Die Euler-Charakteristik berechnet sich zu $\chi(W) = 8 - 12 + 6 = 2$. Sei T nun ein Tetraeder. Dann besteht T aus 4 Ecken, 6 Kanten und ebenfalls 4 Seitenflächen und hat ebenfalls Euler-Charakteristik $\chi(T) = 4 - 6 + 4 = 2$.

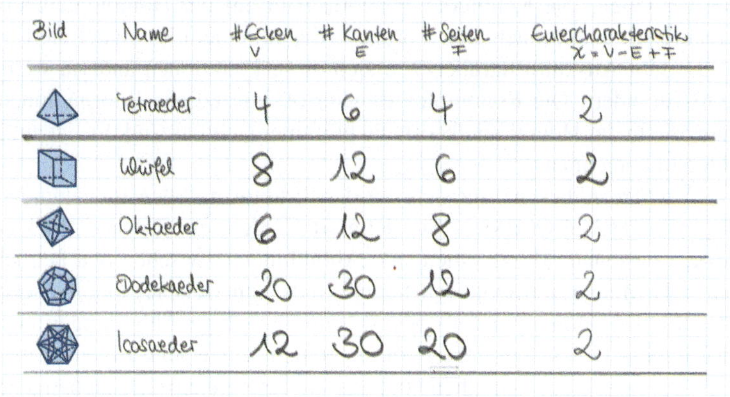

Bild	Name	#Ecken V	#Kanten E	#Seiten F	Eulercharakteristik $\chi = V - E + F$
	Tetraeder	4	6	4	2
	Würfel	8	12	6	2
	Oktaeder	6	12	8	2
	Dodekaeder	20	30	12	2
	Icosaeder	12	30	20	2

Abb. 10.11 Berechnung der Euler-Charakteristik für alle platonischen Körper

In Abb. 10.11 finden Sie eine Liste aller Euler-Charakteristiken der platonischen Körper. Wie man beobachten kann, haben alle diese Objekte die gleiche Euler-Charakteristik. Diese magische Zahl beschreibt eine gemeinsame zugrunde liegende Eigenschaft: Alle diese Objekte sind triangulierte Sphären. Triangulierte Sphären sind die einzigen Objekte mit Euler-Charakteristik 2. Der Torus und die Kleinsche Flasche haben Euler-Charakteristik 0.

> **Denkanstoß**
> Gehen Sie nochmal zurück zu den triangulierten Räumen von vorhin, entweder zu ihren eigenen Beispielen oder denen in Abb. 10.10. Was liefert ihnen in diesem Fall die Formel der Euler-Charakteristik als Ergebnis? Finden Sie ein Beispiel, bei dem die Euler-Charakteristik nicht 2 ist?

Wie bereits erwähnt kann man die Euler-Charakteristik auch für allgemeinere topologische Räume definieren und nicht nur für Polyedern betrachten. Es gibt verschiedene Verallgemeinerungen, die in der algebraischen Topologie und der Geometrie relevant sind.

10.4 Ein Ausblick auf weitere Themen

Es gibt noch unglaublich viele Themen in der Topologie, die wir bisher überhaupt nicht angesprochen haben.

Die *Homologie- und Kohomologietheorie* sind zwei wichtige Konzepte, die helfen, Form und Struktur von Räumen zu verstehen. In der Homologietheorie möchte man insbesondere genauer die Beschaffenheit der Löcher eines Raumes in den Griff bekommen. Dabei ist „Loch" recht allgemein und insbesondere auch höherdimensional zu verstehen. Die Kohomologietheorie baut auf der Homologietheorie auf und betrachtet die Funktionen und „Formen", die auf einem Raum definiert werden können. Sie gibt Auskunft darüber, wie sich diese Funktionen ändern, wenn man den Raum verändert. Die Kohomologie bietet oft zusätzliche Informationen über den Raum, die in der Homologietheorie nicht immer sichtbar sind. Sie ist außerdem oft leichter zu berechnen.

Kategorientheorie beschäftigt sich mit der Struktur und den Beziehungen zwischen mathematischen Objekten. Sie definiert Kategorien, die aus Objekten und Morphismen bestehen. Morphismen sind Abbildungen zwischen den betrachteten Objekten. Als Menge von Objekten könnte man zum Beispiel topologische oder metrische Räume nehmen, und als Morphismen beliebige Abbildungen zwischen solchen Räumen. Die Kategorientheorie untersucht universelle Eigenschaften und ermöglicht es, verschiedene mathematische Konzepte gleichzeitig zu betrachten.

Ein schönes Teilgebiet der Topologie ist die *Knotentheorie*. Unter einem Knoten versteht man eine geschlossene Kurven im dreidimensionalen Raum. Wichtige Konzepte sind Knoteninvarianten, die Eigenschaften von Knoten beschreiben, die unter Deformationen erhalten bleiben. Beispiele für solche Invarianten sind oft Polynome, die man einem Knoten anhand einer bestimmten Regel zuordnet, die die Über- und Unterkreuzungen der Stränge berücksichtigt. Ziel ist auch die Klassifikation von Knoten nach ihrer Komplexität. Für Details siehe beispielsweise [47] oder Projekt 10.9.

Topologie hat zahlreiche *praktische Anwendungen*. Allen voran ist hier die Topologische Datenanalyse zu nennen. Topologische Datenanalyse (TDA) wird verwendet, um komplexe Datensätze zu analysieren und Muster zu identifizieren, die mit traditionellen Methoden möglicherweise nicht sichtbar sind. Sie wird in verschiedenen Bereichen wie der Medizin, der Finanzanalyse, der Bildverarbeitung und der biologischen Datenanalyse eingesetzt.

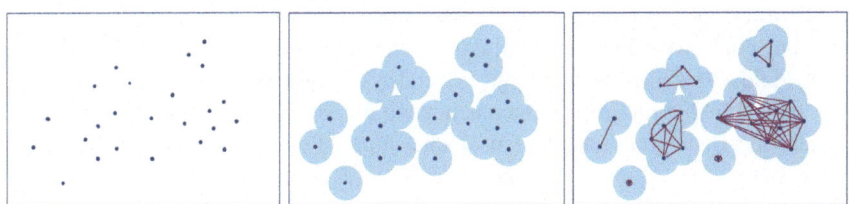

Abb. 10.12 Wie aus einer losen Datenwolke ein Simplizialkomplex entsteht

Der erste Schritt in der topologischen Datenanalyse ist, aus einer Sammlung von Daten, oft gegeben als Punktwolke in einem Raum, einen topologischen Raum zu machen. Eine Sorte topologischer Räume, die sich perfekt dafür eignet kennen wir schon: die simplizialen Komplexe. In Abb. 10.12 ist dargestellt, wie aus einer losen Datenwolke ein Simplizialkomplex entstehen kann. Ganz links in der Abbildung ist schematisch eine Datenmenge gegeben. Bei jedem blauen Punkt handelt es sich um einen Messpunkt. Man wählt sich (abhängig davon, was man durch die Daten herausfinden will) einen Radius. Dann zeichnet man um jeden Punkt der Datenwolke einen Kreis vom vorgegebenen Radius. Das Ergebnis ist in der Mitte der Abb. 10.12 zu sehen. Verbinde dann alle Datenpunkte, deren Umgebungen sich im Innern schneiden, mit einer Kante. Oben in der Mitte der Datenpunkte entsteht so zum Beispiel ein Dreieck, das nicht mit dem darunter liegenden Simplex auf 5 Ecken verbunden ist, da sich die Umgebungen nur im Rand, aber nicht im Inneren schneiden.

Das Resultat der Konstruktion ist eine Sammlung verschieden großer Simplizes. In unserem Beispiel sehen wir zwei einzelne Datenpunkte, eine Kante und zwei Dreiecke, also zwei 2-Simplizes. Dann gibt es noch zwei weitere, größere Simplizes, bei denen sich die Datenpunkte zu häufen scheinen. Durch diese Darstellung lassen sich die Daten nun schon viel leichter clustern und ganz anders wahrnehmen. Natürlich hängt das Ergebnis der Konstruktion vom gewählten Radius ab. Man kann aber auch untersuchen, wie sich das Ergebnis ändert, wenn man den gewählten Radius größer oder kleiner macht. Auf diese Weise lassen sich vielfältige neue Erkenntnisse über die gesammelten Daten erhalten.

Die Topologie ist vielfältig und wieder haben wir nur an der Oberfläche gekratzt. Wir hoffen, dass wir Ihnen einen Eindruck vermitteln konnten, warum es sich lohnt, Objekte mit der topologischen Brille auf der Nase zu betrachten.

10.5 Projekte

Auf https://aspekte.rwth-aachen.de/ finden Sie interaktive Jupyter-Notebooks zu ausgewählten Projekten, sowie weitere Materialien zum Buch.

10.1 Poincaré-Vermutung
Die Poincaré-Vermutung wurde nach knapp 100 Jahren bewiesen. Perelman gelang ein Beweis und hierfür erhielt er den wichtigsten Preis der Mathematik, die Fields-Medaille. Aber was hat es mit der Vermutung auf sich? Worum geht es dabei? In diesem Projekt untersuchen wir die Vermutung selbst, ihre mathematische Bedeutung und die Geschichte hinter Perelmans bemerkenswerter Leistung.

10.2 Überlagerungen
Überlagerungen sind ein zentrales Konzept in der algebraischen Topologie. In diesem Projekt berechnen und visualisieren wir konkrete Überlagerungen von Flächen vom Geschlecht g. Dabei untersuchen wir, welche polyedrischen Komplexe erforderlich sind, um diese Überlagerungen zu konstruieren. Entdecken Sie die faszinierenden Strukturen und Anwendungen dieses wichtigen topologischen Werkzeugs.

10.3 Trennungsaxiome
Trennungsaxiome sind ein grundlegendes Konzept in der Topologie, das verschiedene Arten von topologischen Räumen charakterisiert. In diesem Projekt untersuchen wir die verschiedenen Trennungsaxiome (auch für Hausdorffräume, reguläre und normale Räume) und ihre Bedeutung. Wir berechnen und visualisieren konkrete Beispiele von topologischen Räumen, die diese Axiome erfüllen, und diskutieren ihre Anwendungen und Implikationen in der Mathematik. Entdecken Sie, wie diese Axiome helfen, die Struktur und Eigenschaften topologischer Räume zu verstehen und zu klassifizieren.

10.4 Klassifikation der Flächen in Dimension zwei

Die Klassifikation von Flächen in der Dimension zwei ist ein zentrales Thema in der Topologie. In diesem Projekt untersuchen wir, wie sich verschiedene Flächen, wie Sphären, Toren und projektive Ebenen, klassifizieren lassen. Dabei betrachten wir die fundamentalen Gruppen und andere topologische Invarianten, die uns helfen, diese Flächen eindeutig zu unterscheiden. Ziel des Projekts ist es, ein tiefes Verständnis der zweidimensionalen Flächen und ihrer Struktur zu erlangen und diese Erkenntnisse visuell darzustellen.

10.5 CW-Komplexe

CW-Komplexe sind ein zentrales Konzept in der algebraischen Topologie, das eine flexible und leistungsfähige Methode zur Untersuchung topologischer Räume bietet. In diesem Projekt werden wir die Definition und Konstruktion von CW-Komplexen untersuchen, einschließlich Zellenanbau und -kleben. Wir werden konkrete Beispiele berechnen und visualisieren, um ein tieferes Verständnis für diese Strukturen zu entwickeln.

10.6 Sperners Lemma

Sperners Lemma ist ein fundamentales Resultat der kombinatorischen Topologie, das häufig in Beweisen von Fixpunktsätzen verwendet wird. In diesem Projekt untersuchen wir die Aussage und den Beweis von Sperners Lemma und wenden es auf konkrete Probleme an. Wir visualisieren das Lemma an einfachen Beispielen und zeigen, wie es zur Lösung von Problemen in der Topologie und der Spieltheorie eingesetzt werden kann. Erleben Sie die Eleganz und die vielseitigen Anwendungen dieses bemerkenswerten Lemmas.

10.7 Die Fundamentalgruppe

Die Fundamentalgruppe ist ein zentrales Konzept der algebraischen Topologie, das hilft, topologische Räume durch Gruppen zu untersuchen. In diesem Projekt führen wir den Begriff der Fundamentalgruppe ein und betrachten einfache Beispiele zur Veranschaulichung, wie das Zusammenziehen einer Kugel. Wir werfen auch einen Blick auf Homotopiegruppen als Erweiterung dieses Konzepts. Besonders betonen wir die Idee des Funktors, der es ermöglicht, Gruppen zur Unterscheidung punktierter topologischer Räume zu nutzen und so die Kategorie zu wechseln. Entdecken Sie die tiefen Verbindungen zwischen Topologie und Algebra durch dieses faszinierende Projekt.

10.8 Konvergenz in topologischen Räumen

In diesem Notebook fragen wir uns, was für Eigenschaften ein Raum überhaupt haben muss, damit man in ihm sinnvoll von Konvergenz sprechen kann. Dadurch kommen wir auf natürliche Art und Weise zum Begriff des topologischen Raums. Auf dem Weg dort hin beleuchten wir, wie man in der Mathematik überhaupt zu neuen Definitionen kommen kann und abstrahieren eigenständig bekannte Konzepte.

10.9 Knotentheorie

Die Knotentheorie, ein faszinierendes Gebiet der Mathematik, untersucht die Eigenschaften von Knoten – kompliziert verwobene Schlaufen ohne freie Enden. Das Studium der Knotentheorie kann die Problemlösungsfähigkeiten verbessern und das Verständnis der Topologie, einem wichtigen Zweig der Mathematik, vertiefen. Zudem hat sie praktische Anwendungen in Bereichen wie der Biologie, wo sie hilft, die Komplexität von DNA-Strukturen zu entschlüsseln, und in der Physik, wo sie zum Verständnis der Quantenfeldtheorie beiträgt. Durch die Beschäftigung mit der Knotentheorie lösen Sie nicht nur spannende mathematische Rätsel, sondern öffnen auch Türen zu interdisziplinärer Forschung und Innovation.

10.10 Homöomorphismen und Euler Charakteristik

Ein Donut ist das Gleiche wie eine Kaffeetasse, aber eine Brezel ist kein Brötchen. Diese Aussage wirkt für die meisten Menschen auf den ersten Blick unsinnig, aber eine Topologin könnte diese Aussage rechtfertigen. In diesem Notebook werden Sie selbst nachrechnen, warum obige Behauptung aus topologischer Sicht stimmt und was es generell bedeutet, wenn zwei Objekte topologisch gesehen gleich sind.

Vorschläge für Querschnitts-Seminare A

Im Folgenden werden beispielhafte Seminare oder Proseminare vorgestellt. Dozierende haben die Möglichkeit, diese fertigen Seminare inklusive Einführungen, Projekten und Literaturangaben für ihre Veranstaltungen zu nutzen. Es sei darauf hingewiesen, dass diese Liste nicht abschließend ist und gerne um weitere Beiträge ergänzt werden kann. Auf https://aspekte.rwth-aachen.de/ finden Sie interaktive Jupyter-Notebooks zu ausgewählten Projekten.

1. Klassische Probleme und offene Fragen
2. Symmetrien
3. Mathematische Anwendungen
4. Computergestützte Mathematik
5. Mathematische Persönlichkeiten
6. Geschichten der Mathematik

Als weitere Querschnittsthemen würden sich die Schlagwörter *Unendlichkeit* oder *algorithmische Fragen* sehr gut eignen. Schauen Sie einmal im Index nach und folgen Sie den Verweisen dort.

A.1 Klassische Probleme und offene Fragen

In diesem Kapitel finden sich ausgewählte Projekte, die sich vor allem mit klassischen Problemen oder offenen Fragen beschäftigen. Die vorgeschlagenen Projekte stammen aus verschiedenen Kapiteln; jeder Bereich der Mathematik hat eigene wichtige offene Fragen. Einige sind in der Populärwissenschaft bekannt, wie das Primzahlzwilling-Problem oder die Frage „P = NP?", während andere eher im spezialisierten Umfeld bekannt sind. Wir schlagen die folgenden Projekte aus den folgenden Fachgebieten vor:

1 **Zahlentheorie**: Dieser Bereich ist vielleicht der klassischste aller mathematischen Disziplinen. Primzahlen, Fermats Letzter Satz und vieles mehr haben die Mathematik seit Jahrhunderten inspiriert und vorangetrieben.

4 **Gruppen**: Hier lassen sich relativ elementare Probleme der reinen Mathematik formulieren, die jedoch sehr schwer zu lösen sind.

2 **Algebra**: Dieses Feld hat über Jahrhunderte hinweg die Mathematik mit der Suche nach Lösungen polynomieller Gleichungen beeinflusst. Hier haben Persönlichkeiten wie Hilbert und Noether Maßstäbe für die Formulierung der modernen Mathematik gesetzt.

5 **Graphen**: Das gesamte Gebiet der Graphentheorie wurde durch die Lösung eines Problems begründet. Viele Probleme lassen sich heute anschaulich erklären, auch wenn ihre Lösung keineswegs einfach ist.

6 **Optimierung**: Dieser Bereich beeinflusst unser tägliches Leben vielleicht mehr als jeder andere. Die Probleme und offenen Fragen aus der Optimierung haben daher eine besondere Bedeutung.

10 **Topologie**: Die Topologie ist besonders anschaulich, wenn man einen Donut mit einer Kaffeetasse vergleicht. Klassische Probleme sind in diesem Bereich oft greifbar und spannend.

1.5 Primzahlzwillinge
Ein Primzahlzwilling ist ein Paar von zwei Primzahlen $(x, x+2)$. Eine immer noch offene Vermutung lautet, dass es unendlich viele Primzahlzwillinge gibt. Ziel des Projektes ist es, den aktuellen Stand zu Primzahlzwillingen zu beschreiben. Teil des Projektes ist eine Umsetzung in einem jupyter-Notebook um Primzahlzwillinge zu berechnen.

1.4 Der goldene Schnitt
Was ist der goldene Schnitt? In diesem Projekt wollen wir die Entdeckung des goldenen Schnitts und seine Bedeutung in der Kultur und Natur verstehen. Dabei beschäftigen wir uns auch mit unterschiedlichen Arten diesen zu konstruieren.

1.1 Die Kreiszahl π
Fast jeder weiß, dass Pi das Verhältnis von Durchmesser und Umfang eines Kreises ist. Verblüffenderweise lässt sich die Kreiszahl aber in vielen weiteren Stellen der Natur wiederfinden, nicht nur bei der Konstruktion des Kreises. Das glauben Sie nicht? Rechnen Sie selbst nach!

4.3 Kachelungen
Wenn man eine Ebene lückenlos mit einem Kachelmuster bedeckt spricht man von Kachelungen. Man kann diese sehr anschauliche Theorie mathematisch präzisieren und stößt dabei auf spannende Muster. Wir werden in diesem Notebook auf aperiodische Kachelungen eingehen, das sind Kachelmuster, die sich in gewissem Sinne nicht wiederholen. Dabei gehen wir auf eine spannendes aktuelles Forschungsergebnis ein: Man kann die Ebene mit einer einzigen Kachelform aperiodisch kacheln!

4.8 Wortproblem
Wenn wir eine Gruppe durch Erzeuger und Relationen beschreiben, dann stellt sich die Frage, wie wir Elemente der Gruppe aufschreiben können. Das Wortproblem beschreibt die Schwierigkeit herauszufinden, ob zwei Wörter in den Erzeugern das selbe Element der Gruppe ergeben.

2.6 Hilberts 3.Problem: zerlegungsgleiche Polyeder
Wann lassen sich zwei Körper so in endlich viele Teile zerlegen, dass sich die einzelnen Teile des ersten wieder zum zweiten Körper zusammenfügen lassen? Wir wollen das in einen historischen Kontext setzen und Beispiele betrachten. Für zweidimensionale Polyeder werden wir die Lösung des Problems besprechen und für dreidimensionale die Dehn-Invariante kennenlernen.

2.4 Lösungsformeln für polynomiale Gleichungen
In diesem Projekt wollen wir uns Verallgemeinerungen der bekannten pq-Formel angucken. Diese funktioniert für Polynome von Grad 2, ähnliche Formeln gibt es auch für Polynome vom Grad 3 oder 4. Und dann wird es es richtig spannend, man kann beweisen, dass man niemals eine allgemeine Lösungsformel für Polynome vom Grad 5 oder höher finden kann.

2.8 Quadratur des Kreises
In diesem Projekt wollen wir verstehen, was die *Quadratur des Kreises* eigentlich bedeutet und dann erläutern, wieso diese nicht möglich ist. Weitere klassische Algebra-Probleme wie Winkeldrittelung und Volumenverdopplung sollten angesprochen werden.

5.3 Färbbarkeit von Graphen
Wir betrachten Färbbarkeit eines Graphen näher. Den Vier-Farben-Satz haben wir bereits kennen gelernt; in diesem Projekt möchten wir uns unter anderem mit der leichteren Version, dem Fünf-Farben-Satz, beschäftigen.

5.2 Touren in Graphen
Das bekannte Königsberger Brückenproblem aus dem 18. Jahrhundert beschäftigt sich mit der Frage, wie man die perfekte Route für einen Spaziergang findet. Erst der Mathematiker Leonard Euler konnte dieses Problem zuerst lösen. In diesem Notebook nehmen wir dieses Rätsel genau unter die Lupe, entwickeln selbst eine Lösung und untersuchen einen Lösungsalgorithmus.

6.6 Travelling Salesman-Problem
Ein Handlungsreisender möchte seine Handelsroute optimieren: Ausgehend von seiner Heimatstadt möchte er in alle zuvor festgelegten Orte genau einmal reisen, bevor er in seine Heimatstadt zurückkehrt, und diese Tour soll so kurz wie möglich sein. Wie kann man vorgehen, um diese optimale Tour zu finden? Dieses Projekt beinhaltet einen Exkurs zur Komplexitätstheorie sowie dem „P-NP-Problem".

10.9 Knotentheorie
Was ist ein Knoten? Wir wollen in diesem Notebook Knoten mathematisch aufziehen und verstehen, wie man diese voneinander unterscheiden kann. Unser Hauptfokus liegt auf den Invarianten, die eine große Rolle in der aktuellen Forschung spielen.

A.2 Symmetrien

Mathematik wird auch als die Wissenschaft der Symmetrien angesehen. Symmetrie, als sehr weit gefasster Begriff von Ähnlichkeiten und Mustern, bietet sich daher wie kaum ein anderes Thema als Querschnittsthema durch alle Aspekte der Mathematik an. Wir haben einige wenige Kapitel ausgesucht und darin Projekte, die sich im Besonderen mit Symmetrien beschäftigen-
4 **Gruppen**, weil Gruppen und ihre Operationen der Inbegriff von Symmetrien sind.
2 **Algebra**, weil die Symmetrien in der Algebra die moderne Mathematik entscheidend geprägt haben.
1 **Zahlentheorie**, weil nach Pythagoras „Alles Zahl ist" und Symmetrien von ganzen Zahlen und noch am natürlichsten erscheinen.
3 **Lineare Algebra**, weil wir Symmetrien schon sehr früh im Studium kennenlernen, bei den Normalformen von Matrizen haben wir die ersten und sehr wichtigen Beispiele.

Die folgenden Projekte befassen sich mit dem Begriff der „Symmetrie".

1.5 Primzahlzwillinge
Ein Primzahlzwilling ist ein Paar von zwei Primzahlen $(x, x+2)$. Eine immer noch offene Vermutung lautet, dass es unendlich viele Primzahlzwillinge gibt. Ziel des Projektes ist es, den aktuellen Stand zu Primzahlzwillingen zu beschreiben. Teil des Projektes ist eine Umsetzung in einem jupyter-Notebook um Primzahlzwillinge zu berechnen.

1.2 Vollkommene Zahlen
Was sind vollkommene Zahlen? Warum sind die interessant? Wie viele gibt es? Was sind fast perfekte Zahlen (abundante, dezimiante Zahlen)? Ist die Summe der Teiler größer oder kleiner als gegebene Zahl? Wir finden mit Euklid heraus, dass es keine keine leicht abundante Zahl gibt.

1.4 Der goldene Schnitt
Was ist der goldene Schnitt? In diesem Projekt wollen wir Symmetrien in der Natur und Kultur wiederfinden.

4.1 Sudoku und Gruppentheorie
Sudoku ist ein weit verbreiteter Denksport. In diesem Projekt wollen wir verstehen, wie viele Sudokus es gibt. Dabei wollen wir Symmetrien erkennen und bestimmen, wie viele Orbiten – und damit eigentliche Sudokus – unter einer passenden Gruppenoperation existieren.

4.2 Penrose-Parkettierungen
Penrose-Parkettierungen sind eine Familie von sogenannten aperiodischen Kachel-Mustern, welche eine Ebene lückenlos parkettieren kann, ohne dass sich dabei ein Grundschema periodisch wiederholt.

4.6 Die symmetrische Gruppe und der Satz von Cayley
Was ist die symmetrische Gruppe? Können wir für diese Gruppe die drei Schreibweisen einer Gruppe finden? Wir zeigen, dass jede endliche Gruppe Untergruppe einer symmetrischen Gruppe ist.

4.3 Kachelungen
Wenn man eine Ebene lückenlos mit einem Kachelmuster bedeckt spricht man von Kachelungen. Man kann diese sehr anschauliche Theorie mathematisch präzisieren und stößt dabei auf spannende Muster. Wir werden in diesem Notebook auf aperiodische Kachelungen eingehen, das sind Kachelmuster, die sich in gewissem Sinne nicht wiederholen. Dabei gehen wir auf eine spannendes aktuelles Forschungsergebnis ein: Man kann die Ebene mit einer einzigen Kachelform aperiodisch kacheln!

4.7 Tapetengruppen
Wir untersuchen Symmetrien von Tapetenmustern, die sich in zwei verschiedenen Richtungen wiederholen. Ziel ist es, solche Muster zu klassifizieren.

4.4 Bahnen von Gruppenoperationen
Warum liefert die Gruppenoperation eine Äquivalenzrelation? Warum liefert diese eine Partition? Was sind trennende Invarianten?

2.6 Hilberts 3. Problem: Zerlegungsgleiche Polyeder
Wann lassen sich zwei Körper so in endlich viele Teile zerlegen, dass sich die einzelnen Teile des ersten wieder zum zweiten Körper zusammenfügen lassen?

4.11 Klassifikationen der Isometrien des R^3
Eine Isometrie ist eine abstandserhaltende Abbildung zwischen zwei metrischen Räumen. Wir wollen uns diese für den $\mathbb{R}^3$ betrachten und versuchen diese zu klassifizieren. Es wird eine Visualisierung der Normalform der Isometrie erwartet, also Drehachse, Eigenvektoren usw.

2.9 Origami
Manche geometrischen Probleme, wie die Dreiteilung eines Winkels, lassen sich nicht mit Zirkel und Lineal lösen. Lösungen mittels Falttechniken sind aber möglich. Beschreiben Sie welche Fragen lösbar sind, konstruieren Sie Lösungen.

3.6 Quadratische Formen
Das Fermatsche Problem, welche ganzen Zahlen lassen sich als Summe zweier Quadrate schreiben, lässt sich darin übersetzen, ob es ganzzahlige Lösungen der quadratischen Form gibt. In diesem Projekt wollen wir quadratische Formen im Allgemeinen betrachten und deren Normalformen. Eine historische Einordnung quadratischer Formen wird erwartet, ebenso eine Visualisierung der Lösungsmengen in niedrigen Dimensionen.

A.3 Mathematische Anwendungen

Mathematik ist nicht nur eine abstrakte Lehre, sondern hat vor allem auch ihre Berechtigung in vielfachen Anwendungen. In diesem Querschnittsseminar wollen wir uns einige davon ansehen. Wir behandeln hier insbesondere die Kapitel
1 **Zahlentheorie**, als das Gebiet, welches maßgebliche heutige Verschlüsselungstechniken bestimmt und damit große Teile des Datenverkehrs erst ermöglicht hat.
5 **Graphen**, als ein Gebiet, welches aus der Lösung eines konkreten Anwendungsproblems entstand.
6 **Optimierung**, als sicherlich eines der anwendungsorientiersten Gebiete der Mathematik
7 **Kombinatorik**, als Nanotechnologie der Mathematik, die Reduzierung des Abstrakten auf etwas konkretes, welches berechenbar ist, ist die Kombinatorik die Übersetzungshilfe von der Anwendung in die Theorie.

1.8 Error correcting codes
Dieser Vortrag beschäftigt sich mit der sicheren Datenübertragung und Techniken wie Fehler in der Übermittlung beseitigt werden können.
Inhalt: grundlegende Begriffe, Hamming Abstand, Hamming codes, Beispiele für lineare Codes, Eigenschaften des Hamming Codes

---

5.2 Touren in Graphen
Das bekannte Königsberger Brückenproblem aus dem 18. Jahrhundert beschäftigt sich mit der Frage, wie man die perfekte Route für einen Spaziergang findet. Erst der Mathematiker Leonard Euler konnte dieses Problem zuerst lösen. In diesem Notebook nehmen wir dieses Rätsel genau unter die Lupe, entwickeln selbst eine Lösung und untersuchen einen Lösungsalgorithmus.

6.6 Travelling Salesman-Problem
Ein Handlungsreisender möchte seine Handelsroute optimieren: Ausgehend von seiner Heimatstadt möchte er in alle zuvor festgelegten Orte genau einmal reisen, bevor er in seine Heimatstadt zurückkehrt, und diese Tour soll so kurz wie möglich sein. Wie kann man vorgehen, um diese optimale Tour zu finden? Dieses Projekt beinhaltet einen Exkurs zur Komplexitätstheorie sowie dem „P-NP-Problem".

6.9 Minimale Kostenflüsse in Netzwerken
Wie finden wir in einem Netzwerk den günstigsten Fluss, der die Knotenbedarfe b deckt? Was ist ein b-Fluss und wie finde ich ihn? Was sind Optimimalitätsbedindungen (beispielsweise keine negativen Kreise)? Wir betrachten verschiedene Verfahren wir Min-mean-cycle-Algo und successive-shortest-path-Algo uner verlgeichen ihre Laufzeiten.

7.7 Sitzverteilungsmodelle bei Wahlen
Der Bundestag soll die Egebnisse der Wahlen repräsentieren, aber wie wird die Auswahl getroffen? Es gibt nur relativ wenige Sitze im Vergleich zu den abgegebenen Stimmen und die Verteilung ist diskret (jede/r Abgeordnete hat eine ganze Stimme und nicht nur Anteile). Welche Modelle gibt es hier, was sind jeweils Vor- und Nachteile. Bezug zu aktuellen Diskussionen.

A.4 Computergestützte Mathematik

In diesem Querschnittsseminar wollen wir uns vor allem mit dem Nutzen des Computers in der Mathematik beschäftigen. Ein bekanntes Beispiel ist der erste Beweise des Vier-Farben-Satzes, bei dem die letzten Fälle per Computer bestimmt wurden. Für die Projekte im Bereich der computergestützten Mathematik fokussieren wir uns auf die folgenden Kapitel
1 **Zahlentheorie**, welche sehr große Primzahlen berechnen möchte.
4 **Gruppen**, welche komplexe Symmetrien in Objekten untersuchen möchte.
2 **Algebra**, Objekte berechenbar machen möchte, welche uns durch ihre mathematische Schönheit begeistern.
3 **Lineare Algebra**, welche die Werkzeuge liefert um die reale Welt zu berechnen.
5 **Graphen**, welche den ersten computergestützten Beweis lieferten.
6 **Optimierung**, welche die Grundlage jeglicher Logistik liefert und beste Lösungen sucht.
7 **Kombinatorik**, welche aufgrund der kombinatorischen Explosion den Computer dringend benötigt.

1.7 Mersenne und Fermatsche Primzahlen
Was sind Mersenne und Fermatsche Primzahlen? Wieso sind die besonders interessant und wieso so schwer zu finden? Was ist die aktuell größte Mersenne Primzahl? Können wir mit Hilfe eines CAS Mersenne Primzahlen bestimmen?

1.9 Kryptographie
Was ist eigentlich Kryptographie und was hat das mit Zahlentheorie zu tun? Wir betrachten erste „naive" Verschlüsselungen und steigern uns dann zu Primzahl-Verschlüsselungen. Hier betrachten wir die RSA-Verschlüsselung und versuchen diese in einem CAS umzusetzen?

4.1 Sudoku und Gruppentheorie
Sudoku ist ein weit verbreiteter Denksport. In diesem Projekt wollen wir verstehen, wie viele Sudokus es gibt. Dabei wollen wir Symmetrien erkennen und bestimmen, wie viele Orbiten – und damit eigentliche Sudokus – unter einer passenden Gruppenoperation existieren.

2.7 Visualierungen von Varietäten
Nullstellen von Polynomen in einer Variablen müssen schon in der Schule bestimmt werden. Aber wie sieht es mit mehreren Variablen aus? Die Nullstellenmenge heißt dann algebraische Varietät. Was kann man darüber aussagen, welche gibt es? Ud vor allem, wie kann man diese visualisieren? Wir lernen hier *imagine* kennen, ein Programm um diese Varietäten darzustellen.

3.3 Matrix-Zerlegungen und andere Algorithmen: LR, LDU, Cholesky
Matrix Zerlegungen sind wichtige Werkzeuge, um Matrizen vergleichbarer zu machen und aus den vielen Informationen einer Matrix, genau die nötigen zu extrahieren. Wie man mit solchen z. B. Bilder komprimieren oder Gleichungssysteme einfacher lösen kann, wollen wir uns in diesem Projekt anschauen.

5.3 Färbbarkeit
Wir betrachten Färbbarkeit eines Graphen näher. Den Vier-Farben-Satz haben wir bereits kennen gelernt; in diesem Projekt möchten wir uns unter anderem mit der leichteren Version, dem Fünf-Farben-Satz, beschäftigen.

6.6 Travelling Salesman-Problem
Ein Handlungsreisender möchte seine Handelsroute optimieren: Ausgehend von seiner Heimatstadt möchte er in alle zuvor festgelegten Orte genau einmal reisen, bevor er in seine Heimatstadt zurückkehrt, und diese Tour soll so kurz wie möglich sein. Wie kann man vorgehen, um diese optimale Tour zu finden? Dieses Projekt beinhaltet einen Exkurs zur Komplexitätstheorie sowie dem „P-NP-Problem".

6.1 Lineare Optimierung
Das lineare Optimierungsproblem zählt zu einem der wichtigsten und bekanntesten Probleme der kombinatorischen Optimierung. Unter anderem, weil es in so vielfältigen Bereichen eine Anwendung findet: z. B. in der Produktionsplanung, der Spieltheorie, Transportplanung, Landwirtschaft oder Marketingplanung lässt sich heute nicht mehr auf lineare Programme und seinen ältesten Lösungsalgorithmus, das Simplex-Verfahren, verzichten. Hier rechnen Sie selbst nach, was jeden Tag auf den Computern von mehreren Millionen Unternehmen in Deutschland passiert.

7.1 Sortieralgorithmen
Es sollen n ganze Zahlen der Größe nach sortiert werden, welche Möglichkeiten gibt es, welche Vorteile haben diese? In einem jupyter-Notebook sollen diese umgesetzt werden und die Laufzeit verglichen werden. Beispiele sind Bubble-, Quick-, Merge-Sort.

A.5 Mathematische Persönlichkeiten

Mathematik, so abstrakt und formal sie auch immer ist, ist maßgeblich von besonderen Persönlichkeiten geprägt, beispielsweise Pythagoras, Newton, Gauss, Hilbert. In diesem Seminar wollen wir uns einige davon genauer angucken, jeweils in Beziehung zu einem der wichtigeren ihrer Ergebnisse

1 **Zahlentheorie**, weil Zahlentheorie seit Pythagoras immer interessante Persönlichkeiten hervorgebracht hat.
4 **Gruppen**, weil Galois immer eine spannende Geschichte liefert.
2 **Algebra**, weil die moderne Mathematik hier ihren Ursprung hat.
5 **Graphentheorie**, weil manchmal eine Person alleine ein ganzes Gebiet begründet.
8 **Analysis**, weil ohne Newton und Leibniz wir immer noch keine Berechnungen der realen Welt durchführen könnten.
7 **Kombinatorik**, weil manche Probleme schnell verständlich sind und eine lange Geschichte nach sich ziehen.
10 **Topologie**, weil die Geschichte von Perelman vielleicht eine der verrücktesten der Mathematik ist.

1.10 Riemannsche Vermutung
Eine der berühmtesten Vermutungen ist die Riemannsche Vermutung über die Nullstellen seine Zeta-Funktion. Was sagt die Vermutung eigentlich aus? Was hat das mit Primzahlen zu tun? Wieso ist die Vermutung wichtig? Und wie weit sind wir von einem Beweis entfernt?

1.11 Gauss und seine Mathematik
Carl Friedrich Gauss gilt als einer der größten Mathematiker aller Zeiten. Wir wollen uns hier mit seiner Rolle in der Zahlentheorie beschäftigen. Dbaie betrachten wir das quadratische Reziprozitätsgesetz und den Primzahlsatz über die vverteilung der Primzahlen unterhalb einer gegebenen Zahl. Darüber hinaus werden wir eine historische Einordnung von Gauss sehen, in welchen Bereichen der Mathematik er Einfluss hat.

4.2 Penrose-Parkettierungen
Penrose-Parkettierungen sind eine Familie von sogenannten aperiodischen Kachel-Mustern, welche eine Ebene lückenlos parkettieren kann, ohne dass sich dabei ein Grundschema periodisch wiederholt.

A.5 Mathematische Persönlichkeiten

2.6 Hilberts 3. Problem: Zerlegungsgleiche Polyeder
Wann lassen sich zwei Körper so in endlich viele Teile zerlegen, dass sich die einzelnen Teile des ersten wieder zum zweiten Körper zusammenfügen lassen? Wir wollen das in einen historischen Kontext setzen und Beispiele betrachten. Für zweidimensionale Polyeder werden wir die Lösung des Problems besprechen und für dreidimensionale die Dehn-Invariante kennenlernen.

2.10 Hilbert
Wie hat Hilberts Basissatz die moderne Mathematik geprägt, den Existenzbeweis als Beweisprinzip gegen erhebliche Widerstände in der Mathematik etabliert. Was ist diese Basissatz und wieso war der wichtig. Wir betrachten den (relativ elementaren) Beweis und eine historische Einordnung.

5.2 Euler und Touren in Graphen
Das bekannte Königsberger Brückenproblem aus dem 18. Jahrhundert beschäftigt sich mit der Frage, wie man die perfekte Route für einen Spaziergang findet. Erst der Mathematiker Leonard Euler konnte dieses Problem zuerst lösen. In diesem Notebook nehmen wir dieses Rätsel genau unter die Lupe, entwickeln selbst eine Lösung und untersuchen einen Lösungsalgorithmus.

7.2 Spieltheorie nach Conway
Die Spieltheorie, wie Conway sie erforscht hat, betrachtet insb. zwei-Spieler-Spiele und interessiert sich dafür, welcher Spieler gewinnt bzw. verliert. Dabei unterteilt man große Spiele in Teilspiele, die sich getrennt analysieren lassen. In diesem Projekt beschäftigen wir uns mit der Formalisierung des Spiels Domineering. Dazu führen wir eine neue Zahlenmenge die Games ein, die eine Erweiterung der surrealen Zahlen sind.

8.6 Möbiustransformationen
Möbiustransformationen sind Abbildungen der komplexen Zahlen auf sich selbst, die Winkel, Geraden und Kreise erhalten. Dieses Projekt führt diese Abbildungen ein und betrachtet erste Strukturresultate.

8.13 Leibniz und seine Mathematik
Wir betrachten in diesem Projekt Leibniz und seine Beiträge zur Mathematik, beispielsweise die Infinitesimalrechnung und das Binärsystem (die Grundlage der modernen Computertechnologie). Unter welchen Bedingungen hat er Mathematik gemacht, wie lässt sich sein Wirken historisch einordnen und was war der Streit mit Newton?

10.1 Poincaré-Vermutung
Die Poincaré-Vermutung wurde nach knapp 100 Jahren bewiesen. Perelman gelang ein Beweis und hierfür erhielt er den wichtigsten Preis der Mathematik, die Fields-Medaille. Aber was hat es mit der Vermutung auf sich? Worum geht es dabei? Darüber hinaus möchten wir in dem Projekt noch auf die Geschichte von Perelman eingehen.

A.6 Geschichten der Mathematik

Wir wollen in diesem Querschnitts-Seminar vor allem spannende Geschichten der Mathematik näher studieren: Wieso hatte Galois „keine Zeit", was ist der „Atlas" und andere. Projekte kommen dabei vor allem aus den Kapiteln
4 **Gruppen**, weil der Atlas geschrieben wurde.
2 **Algebra**, weil Duelle in der Mathematik selten sind.
5 **Graphen**, weil eine einfache Frage ein ganzes Forschungsgebiet begründet hat.
7 **Kombinatorik**, weil wir diese viel besser verstehen sollten um gerechtere Verteilungen zu ermöglichen.
8 **Analysis**, weil wir den Zahlenstrahl schon lange kennen aber wissen wollen, wer ihn eigentlich begründet hat.

In diesen Kapitel finden sich ausgewählte Projekte, die vor allem historische Entwicklungen, Ereignisse, Einordnungen der Mathematik erlauben:

4.10 Einfache Gruppen
Was sind eigentlich die *kleinsten* Gruppen? In diesem Projekt soll der Begriff eines Normalteilers erläutert werden und wie jede endliche Gruppe aus einfachen Gruppen zusammengesetzt ist. Welche endlichen, einfachen Gruppen existieren, sind diese bekannt?

2.4 Lösungsformeln für polynomiale Gleichungen
In diesem Projekt wollen wir uns Verallgemeinerungen der bekannten pq-Formel angucken. Diese funktioniert für Polynome von Grad 2, ähnliche Formeln gibt es auch für Polynome vom Grad 3 oder 4. Und dann wird es es richtig spannend, man kann beweisen, dass man niemals eine allgemeine Lösungsformel für Polynome vom Grad 5 oder höher finden kann.

2.8 Quadratur des Kreises
In diesem Projekt wollen wir verstehen, was die *Quadratur des Kreises* eigentlich bedeutet und dann erläutern, wieso diese nicht möglich ist. Weitere klassische Algebra-Probleme wie Winkeldrittelung und Volumenverdopplung sollten angesprochen werden.

2.10 Hilbert
Wie hat Hilberts Basissatz die moderne Mathematik geprägt, den Existenzbeweis als Beweisprinzip gegen erhebliche Widerstände in der Mathematik etabliert. Was ist diese Basissatz und wieso war der wichtig. Wir betrachten den (relativ elementaren) Beweis und eine historische Einordnung.

2.11 Galoistheorie
Evariste Galois hat die Grundlagen dafür gelegt, dass wir beweisen können, dass wir keine pq-Formal für Polynome von Grad 5 oder höher finden können. Er hat die Algebra mit der Zahlentheorie und der Gruppentheorie verknüpft. Seine Galosikorrespondenz ist die Blaupause für viele weitere Korrespondenzen und Zusammenhänge der Mathematik. Was ist denn die Korrespondenz und wieso endete sein mathematisches Werk schon nach wenigen Jahren?

5.3 Färbbarkeit
Wir betrachten Färbbarkeit eines Graphen näher. Den Vier-Farben-Satz haben wir bereits kennen gelernt; in diesem Projekt möchten wir uns unter anderem mit der leichteren Version, dem Fünf-Farben-Satz, beschäftigen.

7.7 Sitzverteilungsmodelle bei Wahlen
Der Bundestag soll die Egebnisse der Wahlen repräsentieren, aber wie wird die Auswahl getroffen? Es gibt nur relativ wenige Sitze im Vergleich zu den abgegebenen Stimmen und die Verteilung ist diskret (jede/r Abgeordnete hat eine ganze Stimme und nicht nur Anteile). Welche Modelle gibt es hier, was sind jeweils Vor- und Nachteile. Bezug zu aktuellen Diskussionen.

8.1 Vollständigkeit und die Konstruktion der reellen Zahlen
Sie haben sich in ihrem Mathematikstudium intensiv mit den reellen Zahlen beschäftigt. Aber warum sind die reellen Zahlen eigentlich so eine natürliche Konstruktion, dass sie so einen wichtigen Platz in ihrem Studium einnehmen? In diesem Notebook werden wir uns die reellen Zahlen auf natürlichem Wege selbst herleiten, indem wir von der sogenannten Vervollständigung Gebrauch machen, die man so für jeden metrischen Raum durchführen kann. Dabei werden wir wichtige topologische Begriffe diskutieren.

Wie liest man mathematische Texte? B

Dieses Buch wird nicht der erste Kontakt sein, den Sie mit mathematischen Schriften haben: Egal ob Vorlesungsskript, Buch oder Paper – Beim Arbeiten mit mathematischen Texten werden Sie bereits gemerkt haben, dass sich diese anders lesen als beispielsweise ein Roman. Im Folgenden möchten wir Ihnen ein paar Tipps geben, die Ihnen das Lesen mathematischer Texte erleichtern sollen, damit Sie besser mit einem Skript lernen können, einen größeren Mehrwert durch mathematische Bücher erfahren oder erste mathematische Paper lesen können.

B.1 Welche mathematischen Texte gibt es?

Auch in der Mathematik gibt es verschiedene Arten von Texten, die verschiedene Ziele verfolgen und Ihnen in verschiedenen Kontexten weiterhelfen. Die wesentlichen Textarten in der Mathematik möchten wir Ihnen im Folgenden kurz vorstellen, damit Sie sich daran orientieren können, wenn Sie nach geeigneter Literatur suchen.

1. **(Lehr-)Bücher.**
   Bücher gibt es zu verschiedenen Themenbereichen der Mathematik, wie etwa zu den Vorlesungen zur Analysis oder Linearen Algebra. Die Zielgruppe solcher Bücher sind oft Studierende, die im entsprechenden Buch eine begleitende Lektüre bzw. ein Nachschlagewerk zur Vorlesung finden können. Lehrbücher bemühen sich häufig, Inhalte möglichst umfassend darzustellen: Sie sammeln alle relevanten Definitionen, Theoreme und Beweise, geben häufig Beispiele und umfassen manchmal Übungsaufgaben. Deshalb können Lehrbücher eine Anlaufstelle sein, wenn Sie ein begleitendes Werk zu einer Vorlesung suchen oder in einen Ihnen noch unbekannten Bereich der Mathematik einsteigen möchten. Empfehlungen für Bücher werden häufig in der Vorlesung gegeben, und in der Online-Bibliothek Ihrer Universität werden Sie auch gut nach Büchern schauen können.

2. **Skripte, Mitschriften, oder ähnliche Texte.**
   Häufig geben Lehrstühle an Universitäten Skripte zu den Vorlesungen heraus, die der Lehrstuhl hält. Im Vergleich zu einem Lehrbuch finden Sie im Skript dieselben Inhalte wie in der Vorlesung – insbesondere in derselben Notation; der Detailgrad kann sich unterscheiden. Das Skript kann Sie bei der Erstellung Ihrer persönlichen Notizen unterstützen, und ist eine wesentliche Quelle zur Vorbereitung auf Prüfungen.
3. **Paper.**
   Bei einem *Paper* handelt es sich um eine wissenschaftliche Veröffentlichung in der Mathematik. Diese werden häufig in mathematischen Zeitschriften publiziert und können zum Beispiel über *zbMATH* gefunden werden. Ebenfalls Sie finden viele Paper im Online-Portal *arXiv*. Im Gegensatz zu einem Buch sind Paper deutlich kürzer und behandeln ein spezifisches Thema. Das Ziel eines Papers ist es üblicherweise, eine neue wissenschaftliche Erkenntnis zu publizieren. Entsprechend sind Paper sehr spezialisiert und selten ohne Kenntnisse des entsprechenden Spezialgebiets verständlich. Häufig werden weitere Quellen zurate gezogen, wenn ein Paper zu einem Thema gelesen wird, in dem man sich noch nicht gut auskennt. Entsprechend empfehlen wir Ihnen, Paper dann zu nutzen, wenn Sie fachlich tief in ein Thema einsteigen möchten, in dem Sie schon einen gewissen Kenntnisstand besitzen. Auch können Sie in Paper schauen, wenn Sie den neusten Stand wissenschaftlicher Erkenntnisse erfahren wollen, da Lehrbücher nicht immer aktuell gehalten werden, jedoch mit jeder neuen Erkenntnis üblicherweise ein Paper dazu veröffentlicht wird.

B.2 Tipps zum Lesen mathematischer Texte

Vermutlich werden Sie in Ihren bereits belegten mathematischen Veranstaltungen auch mathematische Texte wie ein Skript oder ein ergänzendes Lehrbuch gelesen haben, und dabei schon bemerkt haben, dass diese Texte anders zu lesen sind als beispielsweise Romane. Der inhaltliche Anspruch ist oft hoch und gerade beim ersten Lesen erscheinen die Texte häufig schwer zugänglich. Um bestmöglich von der Literatur zu profitieren, können Sie sich an den folgenden Hinweisen orientieren; wir beginnen mit allgemeinen Tipps, die Sie das ganze Lesen über nutzen können (Punkt 0), bevor wir uns chronologisch durch den Leseprozess vorarbeiten (Punkte 1–6).

0. **Allgemeine Tipps.**

- Nehmen Sie sich Zeit. Mathematik wird so gut wie nie beim ersten Lesen verstanden – Lesen Sie Stellen mehrfach, machen Sie Denkpausen, schlagen Sie vergessene Begriffe nach, machen Sie sich Notizen.

- Finden Sie die für Sie persönlich richtige Balance zwischen Dranbleiben und Weitermachen. Ja, Mathematik zu verstehen benötigt Zeit, aber achten Sie auch darauf, sich insbesondere beim ersten Lesen und Verstehen nicht in Details zu verlieren. Schreiben Sie sich dazu zum Beispiel Reminder für später, um nicht essentielle Lücken zu schließen.
- Reden Sie mit anderen Personen über Mathematik. Zwei Menschen, die denselben Text lesen, nehmen dennoch häufig unterschiedliche Dinge daraus mit. Also helfen Sie sich gegenseitig weiter, stellen Sie sich Fragen, und diskutieren Sie die Inhalte gemeinsam. Auch wenn Sie die Inhalte verstanden haben, festigt es Ihr Verständnis ungemein, wenn Sie die Inhalte selbst wiedergeben.
- Je nachdem, welcher Lerntyp Sie sind, kann es Ihnen auch helfen, Inhalte aufzuschreiben oder einzusprechen und abzuhören. Das können zum Beispiel Definitionen sein, die Ihnen Schwierigkeiten bereiten, oder auch kurze Zusammenfassungen von Themenbereichen und dort relevanten Begriffen.
- Wenn Sie an einem Punkt Schwierigkeiten beim Verständnis haben, versuchen Sie, sich selbst oder anderen möglichst konkrete Fragen zu stellen. Dazu kann gehören: Warum ist diese Definition wohldefiniert? Oder auch: Warum benötigt dieses Theorem genau diese Bedingungen?
- Es kann natürlich auch passieren, dass Sie gerade zu Anfang eines neuen Themas noch nicht ausreichend verstanden haben, um wirklich konkrete Fragen stellen zu können, und das ist okay. Beschäftigen Sie sich in dem Fall erneut von Beginn an mit dem Thema, und suchen Sie ein Lernmedium, das für Sie persönlich hilfreich ist. Das kann ein (anderes) Lehrbuch oder ein Skript sein, das kann aber auch die Erklärung einer Kommilitonin sein, ein gutes YouTube-Video, ein Wikipedia-Eintrag, ... Mit technischem Fortschritt kann sich auch das Lernen verändern: Fragen Sie z. B. ChatGPT, ob es Ihnen ein neues Konzept erklären kann. ChatGPT kann das neue Konzept so oft in verschiedenen Formulierungen erklären, dass Ihnen viele neue Zugänge zum Thema geboten werden. Genießen Sie die Vorzüge von ChatGPT jedoch mit der wissenschaftlichen Vorsicht, dass nicht alle dort befindlichen Informationen wahr sind, und überprüfen Sie deshalb dort getroffene Aussagen im Zweifelsfall mit z. B. Lehrbüchern. Achten Sie ebenfalls darauf, sich von ChatGPT lediglich in einem angemessenen Rahmen unterstützen zu lassen: Es kann sehr hilfreich sein, sich dort Konzepte erklären zu lassen oder nach Beispielen zum eigenen Verständnis zu suchen. Es wird jedoch ausdrücklich nicht empfohlen, Übungsaufgaben mit dessen Hilfe zu lösen, da das eigenständige Lösen von Übungsaufgaben einen essentiellen Baustein für das eigene Verständnis der Mathematik darstellt, und Übungsaufgaben nicht „nur" eine Frage der Klausurzulassung sind.

1. **Machen Sie sich klar, zu welchem Zweck Sie einen mathematischen Text lesen.**
Wie im obigen Abschnitt erwähnt, eignen sich verschiedene Textarten besser oder schlechter, je nachdem, welches Ziel Sie verfolgen. Wenn Sie sich also selbst Literatur aussuchen wollen, denken Sie an die verschiedenen Textformen. Wenn

Ihnen, zum Beispiel in der Vorlesung, Literatur empfohlen wurde, überlegen Sie sich trotzdem vor dem Lesen, warum Sie sich die Literatur anschauen. Wollen Sie z. B. einen bestimmten Themenabschnitt besser verstehen, oder wollen Sie sich generell einen umfassenden Überblick zu einem Thema bilden? Im ersten Fall würden Sie sich in der Literatur den entsprechenden Themenabschnitt vornehmen (ggf. mit vorigen Abschnitten, die zum Verständnis benötigt werden), während Sie im zweiten Fall zunächst das Inhaltsverzeichnis lesen würden.

2. **Verschaffen Sie sich einen Überblick.**

Nehmen wir einmal an, dass Sie sich in einem Lehrbuch zum Thema Stetigkeit von Funktionen einlesen wollen, um dieses nach der Vorlesung besser zu verstehen. Dann kann es Ihnen helfen, sich zuerst einen Überblick darüber zu machen, wie das Thema im Buch aufgearbeitet wird. Standardmäßig gibt es in mathematischen Texten die Ihnen vermutlich bekannten Bausteine:

- Definitionen
- Sätze oder Theoreme
- Korollare
- Beweise (von Sätzen, Theoremen, Korollaren)
- Bemerkungen
- Beispiele.

Schauen Sie sich zu Anfang an, wie das zu lesende Kapitel aufgebaut ist: Gibt es viele neue Definitionen, die Sie verstehen müssen? Gibt es viele oder lange Beweise? Gibt es ein wesentliches Theorem, das für das Kapitel relevant ist? Das hilft Ihnen dabei, zu erkennen, was die wichtigsten Ideen im gewählten Kapitel sind. Auch können Sie bereits eine Einschätzung davon gewinnen, welcher Teil des Kapitels für Sie persönlich schwierig aussieht und entsprechend vermutlich viel Verständnisarbeit benötigt. Ebenfalls hilft Ihnen die Struktur des Kapitels: Wenn es zum Beispiel Unterkapitel im Buch gibt, eignen sich diese als Arbeitspakete bzw. Leseabschnitte für Sie.

3. **Verstehen Sie das Wesentliche.**

Zu Beginn brauchen Sie nicht den Anspruch an sich selbst zu haben, beim ersten Lesen alles zu verstehen. Im Gegenteil – nehmen Sie sich gerne vor, zuerst einmal das Wesentliche zu verstehen! Das *Wesentliche* sind meist wichtige Definitionen und Aussagen; mit den Beweisen dieser Aussagen können Sie sich im nächsten Schritt befassen. Versuchen Sie, die wesentlichen Gedanken des Kapitels nicht nur zu lesen, sondern auch zu verstehen. Dazu helfen Ihnen folgende Fragen:

- Was sagt eine Definition aus – wird ein neues Objekt definiert, oder eine Eigenschaft eines schon bekannten Objekts? Welche Bedingungen stecken in der Definition drin?
- Warum ist ein definierter Begriff wohldefiniert?
- Wozu wird der definierte Begriff gebraucht oder in welchem Kontext taucht er auf?

- Überlegen Sie sich zu jeder Definition Beispiele, damit der neue Begriff für Sie griffiger wird und Sie immer ein konkretes Beispiel im Hinterkopf haben können. Häufig finden Sie Beispiele in den zu lesenden Texten; machen Sie sich dann klar, warum es sich bei den gegebenen Beispielen tatsächlich um Beispiele für die definierten Begriffe handelt.
- Überlegen Sie sich genau so zu jeder Definition Gegenbeispiele – welche Objekte kennen Sie, die nicht der Definition entsprechen? Auch das hilft Ihnen, ein tieferes Verständnis für den definierten Begriff zu entwickeln.

Ebenfalls können Sie Theoreme, Sätze und Korollare besser verstehen, wenn Sie überlegen, was jeweils genannte Voraussetzungen und Forderungen sind. In vielen Fällen können Sie die Beispiele, die Sie sich zu den Definitionen überlegt haben, hier anwenden, um zu überlegen, was das Theorem auf Ihr Beispiel angewandt aussagt.

4. **Beweise verstehen**
Nachdem Sie die wesentlichen Aussagen des Texts verstanden haben, können Sie daran arbeiten, die Beweise zu lesen und zu verstehen. Beweise in mathematischen Texten beweisen natürlich getätigte Aussagen, doch darüber hinaus können Beweise Ihnen helfen, ein besseres Verständnis der Mathematik zu erlangen. In Beweisen werden meist die Zusammenhänge zwischen verschiedenen Objekten und Eigenschaften klarer: So sieht man zum Beispiel, an welchen Stellen Voraussetzungen aus der zu beweisenden Aussage relevant sind.

Um Beweise besser verstehen zu können, können Sie wie folgt vorgehen:

- Überfliegen Sie den Beweis zunächst. Dadurch sehen Sie, welche Beweistechnik (z. B. Beweis durch Widerspruch, vollständige Induktion, ...) verwendet wird. Manche Beweise benutzen auch Zwischenschritte, wie z. B. Unterbehauptungen. Sie bekommen auch einen Eindruck davon, welcher Teil des Beweises schwierig erscheint, wo die Voraussetzungen benutzt werden und was die Idee des Beweises ist. Möglicherweise haben Sie auch bereits einen ähnlichen Beweis gesehen.
- Mit einem ersten Eindruck über die Struktur des Beweises lesen Sie diesen nun chronologisch und in Ruhe. Versuchen Sie, die einzelnen Umformungen und Schritte nachzuvollziehen. Um schwierige Stellen des Beweises zu verstehen, kann es in manchen Fällen helfen, an ein konkretes Beispiel zu denken.
- Fassen Sie den Beweis zusammen. Dazu gehören die Voraussetzungen und wo sie genutzt werden, sowie auch die wichtigsten Ideen oder Zwischenschritte.

5. **Übungsaufgaben lösen**
Nach den vorigen Schritten haben Sie den mathematischen Text, den Sie lesen wollten, schon sehr gut verstanden. Dieses Verständnis können Sie nun auf die Probe stellen und festigen, indem Sie das Gelernte anwenden – in Übungsaufgaben. Übungsaufgaben finden Sie häufig in Lehrbüchern, und in den meisten Vorlesungen werden Übungsaufgaben gestellt. Diese Übungsaufgaben helfen Ihnen,

den Stoff noch besser zu verstehen, da Sie sich selbst Beispiele für neue Konzepte anschauen, in eigenen Beweisen Zusammenhänge verstehen oder Algorithmen anwenden. Auch wenn Sie die mathematischen Inhalte eines gelesenen Kapitels gut verstanden haben, impliziert dies nicht, dass Sie die Übungsaufgaben auf Anhieb problemlos lösen können. Nehmen Sie sich genug Zeit, um konzentriert an den Übungsaufgaben arbeiten zu können.

Finden Sie beim Bearbeiten von Übungsaufgaben eine für Sie persönlich gute Balance zwischen selbstständigem Arbeiten und gemeinschaftlicher Arbeit. Übungsaufgaben sind häufig so konzipiert, dass sie als Paar oder in der Gruppe bearbeitet werden, und dadurch oft in der Einzelarbeit noch schwieriger erscheinen. Dennoch kann es – gerade auch in der Hinsicht auf Prüfungen, die Sie allein schreiben werden – sinnvoll sein, sich leichtere Aufgaben auch mal allein anzusehen oder zum Beispiel die Aufgaben zuerst allein zu lesen, bevor Sie sich mit anderen Menschen zusammentun. Mathematik profitiert immens von der gemeinsamen Arbeit, also suchen Sie sich Arbeitsgruppen mit Personen, mit denen Sie gut arbeiten können. Reden Sie über die Aufgaben und über Mathematik.

Schreiben Sie Ihre Lösung der Übungsaufgaben auf. Wenn Sie Aufgaben nur im Kopf lösen, laufen Sie Gefahr, Lücken in Beweisen zu übersehen oder Details nicht zu Ende zu denken. Auch werden Sie sich beim Aufschreiben z. B. die Notation nochmal klar machen.

Mathematik lebt vom Verständnis, und Übungsaufgaben helfen Ihnen immens dabei, Ihr Verständnis zu vertiefen. Entsprechend sollten Sie Übungsaufgaben einer Vorlesung nicht nur als Mittel zur Klausurzulassung sehen, sondern insbesondere als Lernhilfe für Sie. Auch wenn es mittlerweile Möglichkeiten gibt, Lösungen für Übungsaufgaben nachzuschlagen und abzuschreiben, würden Sie mit diesem Vorgehen Ihr eigenes Verständnis vernachlässigen, und das Resultat entsprechend im Laufe der Vorlesung und in der Prüfung sehen. Entsprechend wichtig ist es, dass Sie sich ausreichend Zeit für Übungsaufgaben nehmen, da die eigene Bearbeitung von Aufgaben immens auf Ihr Verständnis einzahlt.

6. **Überblick verschaffen**
Zum Abschluss eines Themas bietet es sich an, das Thema nochmal Revue passieren zu lassen: Was waren die wichtigen Definitionen und Aussagen, was die wichtigsten Ideen? Ebenfalls können Sie für sich persönlich überlegen, was Sie am Thema interessant fanden und was Ihnen vielleicht Probleme gemacht hat. Dinge, die Ihnen nach dem Beenden des Themas noch unklar sind oder schwer fallen, können Sie sich separat notieren, um diese Dinge zu einem späteren Zeitpunkt zu wiederholen.

B.3 Tipps abseits vom Lesen

B.3 Tipps abseits vom Lesen

Auch wenn sich dieses Kapitel des Anhangs damit beschäftigt, wie man mathematische Texte liest, sind Texte bei Weitem nicht das einzige Medium, auf das für Mathematik zurückgegriffen werden kann. Der Vorteil bei mathematischen Texten ist, dass diese vor der Veröffentlichung (z. B. von einem Lehrbuch) bereits verifiziert wurden und entsprechende Expertise beinhalten. Ein weiterer Grund, weshalb häufig Bücher in Vorlesungen empfohlen werden, ist der einfache Grund, dass es BÜcher als solche schon lange gibt und die lehrende Person damals vermutlich selbst mit Büchern die mathematischen Inhalte der Vorlesung gelernt hat, die sie nun selbst hält.

Doch bei Büchern und anderen Texten hören die Medien, mit denen man Mathematik lernen kann, längst nicht auf. Die Art des Lernens ändert sich mit Veränderungen in der Gesellschaft und in Technologien, und es wäre fatal, diese Änderungen zu ignorieren: So steigt zum Beispiel der Konsum von Videos, aber genauso steigt auch das Angebot an Videos. Darunter finden Sie auch zahlreiche sehr gut gestaltete Videos, in denen Mathematik erklärt wird. Da das Internet ein freier Ort ist, finden Sie aber natürlich auch schlechtere Videos, in denen Mathematik erklärt werden soll. Es gibt auch Podcasts, in denen es um Mathematik geht. Wie zuvor erwähnt können Sie auch mit künstlichen Intelligenzen wie ChatGPT arbeiten und sich dort Mathematik erklären lassen; auch hier wieder mit dem Zusatz, dass die Informationen, die Sie hier erhalten, nicht notwendigerweise wahr sind.

Es gibt eine Vielzahl moderner Medien, die Ihnen beim Verstehen und Lernen von Mathematik helfen können. Darunter können Sie auch die weniger klassischen Medien wählen – jeder Mensch ist anders und es gibt keine pauschale Empfehlung, welche Medien taugen und welche nicht. Es gilt jedoch, dass bei den moderneren Medien mehr Vorsicht geboten ist, da diese nicht notwendigerweise von Personen mit mathematischer Expertise stammen.

Ein wesentlicher Tipp, der unabhängig vom Lesen bereits häufig erwähnt wurde, lautet: Reden Sie mit anderen Personen über Mathematik. Suchen Sie Lerngruppen in der Vorlesung, stellen Sie Ihre Fragen im Tutorium, besuchen Sie Sprechstunden, erklären Sie Kommilitonen die Inhalte und bearbeiten Sie Aufgaben gemeinsam. Der Austausch über Mathematik fördert Ihr Verständnis enorm.

Literatur

1. Siegfried Bosch, *Algebra*, 7th edition, Springer, Berlin, Heidelberg, 2009, ISBN: 978-3-540-89730-0.
2. Serge Lang, *Einführung in die Algebra*, 7th edition, Springer, Berlin, Heidelberg, 2007, ISBN: 978-3-540-49313-4.
3. Bartel Leendert van der Waerden, *Moderne Algebra*, 7th edition, Springer, Berlin, Heidelberg, 2003, ISBN: 978-3-540-42622-5.
4. Harro Heuser, *Analysis*, 7th edition, De Gruyter, Berlin, Boston, 2008, ISBN: 978-3-11-020238-1.
5. Dirk Werner, *Funktionalanalysis*, 6. Auflage, Springer, Berlin, Heidelberg, 2018, ISBN: 978-3-662-58041-6.
6. Christian Clason, *Partielle Differentialgleichungen und Funktionalanalytische Grundlagen*, Springer Spektrum, Berlin, Heidelberg, 2016, ISBN: 978-3-662-47961-3.
7. Theo Gamelin, *Komplexe Analysis*, Vieweg+Teubner, Wiesbaden, 2003, ISBN: 978-3-519-42223-0.
8. Joachim Escher and Michael Kohler, *Maß- und Integrationstheorie*, Springer, Berlin, Heidelberg, 2009, ISBN: 978-3-540-89771-3.
9. Aigner, Martin, Ziegler, Günter,: Proofs from the Book. Springer, Berlin, 2014, https://doi.org/10.1007/978-3-662-44205-0.
10. Ilka Agricola und Thomas Friedrich, *Elementargeometrie*, Fachwissen für Studium und Mathematikunterricht, Textbook, Springer Spektrum, Heidelberg, 2015.
11. John Carlos Baetz and Richard Elwes, *Babylon and the Square Root of 2*, Azimuth Blog entry, https://johncarlosbaez.wordpress.com/2011/12/02/babylon-and-the-square-root-of-2/, letzter Zugriff September 2024.
12. Hartmut Bergenthum, *Elementargeometrie und Wirklichkeit*, Springer, Berlin, Heidelberg, 2010, ISBN: 978-3-642-04886-4.
13. Bill Casselmann, YBC 7289, https://personal.math.ubc.ca/~cass/Euclid/ybc/ybc.html, letzter Zugriff September, 2024.
14. Bill Casselmann, Textfragmente von Euklids Büchern auf Papyrus, https://personal.math.ubc.ca/~cass/Euclid/papyrus/papyrus.html, letzter Zugriff September, 2024.
15. Ulrich Dempwolff, *Geometrie*, Springer, Berlin, Heidelberg, 2015, ISBN: 978-3-662-46279-2.
16. Andreas Filler, *Euklidische und nichteuklidische Geometrie*, Math. Texte Vol. 7, Mannheim, BI-Wissenschaftsverlag, 1993.

17. David Hilbert, *Grundlagen der Geometrie. 7. Aufl.*, Wissenschaft und Hypothese Bd. 7. Leipzig: B. G. Teubner 326 S. 100 Fig, 1930.
18. Thomas Kahle und Petra Schwer, Mathe Podcast $\pi = 3$, Episode Escher, https://pi-ist-genau-3.de/escher/, 2020-2022.
19. Anton Petrunin, *Euclidean plane and its relatives; a minimalist introduction*, ArXiv: 1302.1630, 2023.
20. Hans Sachs, *Grundkurs Geometrie für Studierende der Mathematik und Physik*, Vieweg+Teubner, Wiesbaden, 2011, ISBN: 978-3-8348-1306-6.
21. Jochen Schiewe, *Kartenabbildungen*, In: Kartographie, Springer Spektrum, Berlin, Heidelberg, 2022.
22. Reinhard Diestel, *Graphentheorie*, 5. Auflage, Springer, Berlin, Heidelberg, 2010, ISBN: 978-3540654704.
23. Martin Aigner and Günter M. Ziegler, *Diskrete Mathematik*, 7. Auflage, Springer, Berlin, Heidelberg, 2012, ISBN: 978-3540799676.
24. Volker Turau, *Algorithmische Graphentheorie*, 5. Auflage, Springer, Berlin, Heidelberg, 2013, ISBN: 978-3642348880.
25. Christoph M. Hoffmann, *Graphenalgorithmen*, 2. Auflage, Vieweg+Teubner, Wiesbaden, 2010, ISBN: 978-3834808704.
26. Helmut Wielandt, *Gruppentheorie*, 2. Auflage, De Gruyter, Berlin, Boston, 1963, ISBN: 978-3110261339.
27. Uwe Jannsen and Jürgen Jost, *Gruppen, Ringe, Körper: Die Grundlagen der Algebra*, 5. Auflage, Springer, Berlin, Heidelberg, 2002, ISBN: 978-3540421990.
28. Jürgen Röhrich, *Gruppentheorie und ihre Anwendung in der Physik*, Springer, Berlin, Heidelberg, 2000, ISBN: 978-3540654162.
29. John H. Conway, Robert T. Curtis, Simon P. Norton, Richard A. Parker, and Robert A. Wilson, *ATLAS of Finite Groups*, Clarendon Press, Oxford, 1985, ISBN: 978-0198531999.
30. Richard P. Stanley, *Aufzählende Kombinatorik*, 2. Auflage, Springer, Berlin, Heidelberg, 2013, ISBN: 978-3642392647.
31. Miklós Bóna, *Ein Spaziergang durch die Kombinatorik: Eine Einführung in die Aufzählungs- und Graphentheorie*, 2. Auflage, Springer, Berlin, Heidelberg, 2014, ISBN: 978-3642398793.
32. Peter J. Cameron, *Kombinatorik: Themen, Techniken, Algorithmen*, Springer, Berlin, Heidelberg, 2012, ISBN: 978-3642298321.
33. Miklós Bóna, *Einführung in die aufzählende und analytische Kombinatorik*, Springer, Berlin, Heidelberg, 2018, ISBN: 978-3662563549.
34. László Lovász und Kati Vesztergombi, *Kombinatorische Probleme und Übungen*, Vieweg+Teubner, Wiesbaden, 2012, ISBN: 978-3834806632.
35. Gerd Fischer and Frank Röttger, *Lineare Algebra: Ein Lehrbuch über die Theorie mit Blick auf die Praxis*, 4. Auflage, Vieweg+Teubner, Wiesbaden, 2011, ISBN: 978-3834809947.
36. Thomas Richter, *Numerische Lineare Algebra*, 5. Auflage, Vieweg+Teubner, Wiesbaden, 2010, ISBN: 978-3834811179.
37. Hans F. Lorenz, *Numerische Methoden der Linearen Algebra*, 2. Auflage, Vieweg+Teubner, Wiesbaden, 2008, ISBN: 978-3834804348.
38. Bernhard Korte and Jens Vygen, *Kombinatorische Optimierung*, 5. Auflage, Springer, Berlin, Heidelberg, 2012, ISBN: 978-3642154466.
39. Walter J. Pfeil, *Optimierungsmethoden: Eine Einführung*, 2. Auflage, Springer, Berlin, Heidelberg, 2016, ISBN: 978-3662502503.
40. Dimitris Bertsimas and John N. Tsitsiklis, *Optimierung: Konzepte und Algorithmen*, 2. Auflage, Springer, Berlin, Heidelberg, 2006, ISBN: 978-3540278203.
41. Wilhelm Forst and Andreas Löhne, *Optimierung: Eine Einführung*, Springer, Berlin, Heidelberg, 2011, ISBN: 978-3642175300.
42. Georg Glaeser und Konrad Polthier, *Bilder der Mathematik*, Heidelberg Spektrum Akademischer Verlag, 2009.

43. Georg Glaeser und Konrad Polthier, *Bilder der Mathematik*, Online-Ressource, Kapitel zur Kleinschen Flasche, http://www.bilder-der-mathematik.de/picturebook/pages/picturebook_pages_130_131.pdf, 2009.
44. Allen Hatcher, *Algebraic topology*, Cambridge University Press, 2002.
45. Klaus Jänich, *Topologie: Eine grundlegende Einführung*, 3. Auflage, Springer, Berlin, Heidelberg, 2005, ISBN: 978-3540237071.
46. Klaus Jänich, *Elementare Topologie*, 2. Auflage, Springer, Berlin, Heidelberg, 2008, ISBN: 978-3540731927.
47. Victor V. Prasolov and Aleksei B. Sossinsky, *Knots, links, braids and 3-manifolds. An introduction to the new invariants in low-dimensional topology*, Translation by Sossinsky from an originally Russian manuscript, Providence, American Mathematical Society, 1997.
48. Herbert Seifert and William Threlfall, *Grundbegriffe der Topologie*, Springer, Berlin, Heidelberg, 1991, ISBN: 978-3540522735.
49. Wolfgang J. Thron, *Einführung in die Topologie*, Springer, Berlin, Heidelberg, 2005, ISBN: 978-3540237248.
50. Peter Bundschuh, *Einführung in die Zahlentheorie: Algebraische Zahlen und Funktionen*, Springer, Berlin, Heidelberg, 2016, ISBN: 978-3662524017.
51. Eberhard Freitag and Rolf Busam, *Zahlentheorie*, Springer, Berlin, Heidelberg, 2009, ISBN: 978-3540921770.
52. Edmund Hlawka, *Elementare Zahlentheorie*, 2. Auflage, Springer, Berlin, Heidelberg, 2009, ISBN: 978-3540885727.
53. Franz Halter-Koch, *Einführung in die Zahlentheorie und Algebra*, Springer, Berlin, Heidelberg, 2013, ISBN: 978-3642354829.
54. Peter Bundschuh, *Zahlentheorie: Algebraische Zahlen und Funktionen*, Springer, Berlin, Heidelberg, 2016, ISBN: 978-3662524017.
55. Edwin Hewitt and Kenneth Ross, *Einführung in die Zahlentheorie*, Springer, Berlin, Heidelberg, 2015, ISBN: 978-3662461613.
56. Johannes Buchmann, *Einführung in die Kryptographie*, 6. Auflage, Springer, Berlin, Heidelberg, 2019, ISBN: 978-3662594680.
57. Martin Gardner, *Mathematische Hexereien*, Vieweg+Teubner, Wiesbaden, 2009, ISBN: 978-3834804235.

The manufacturer's authorised representative in the EU is Springer Nature Customer Service Centre GmbH, Europaplatz 3, 69115 Heidelberg, Germany. If you have any concerns regarding our products, please contact ProductSafety@springernature.com

Printed and bound by CPI Group (UK) Ltd, Croydon, CR0 4YY
27/03/2026
02080265-0001